# Duden



WISSEN • ÜBEN • TESTEN

10. Klasse

# Mathematik

4., aktualisierte Auflage

**Dudenverlag**
Berlin

Bibliografische Information der Deutschen Nationalbibliothek
Die Deutsche Nationalbibliothek verzeichnet diese Publikation in der Deutschen Nationalbibliografie; detaillierte bibliografische Daten sind im Internet über http://dnb.dnb.de abrufbar.


Bibliographisches Institut GmbH
Mecklenburgische Straße 53, 14197 Berlin

**Redaktionelle Leitung** Constanze Schöder
**Redaktion** Dr. Wiebke Salzmann
**Autoren** Karin Hantschel, Katja Roth, Lutz Schreiner, Michaela Stein, Dr. Wiebke Salzmann (Klappe)

**Herstellung** Uwe Pahnke
**Layout** Bachmann Design, Weinheim
**Umschlaggestaltung** Büroecco, Augsburg; Bachmann Design, Weinheim
**Umschlagabbildung** Selina Bauer, Berlin

**Satz** LemmeDESIGN, Berlin
**Druck und Bindung** AZ Druck und Datentechnik GmbH
Heisinger Straße 16, 87437 Kempten
Printed in Germany

ISBN 978-3-411-72584-7
Auch als E-Book erhältlich unter: ISBN 978-3-411-91232-2

www.duden.de

# Inhaltsverzeichnis


## 1 Quadratische Gleichungen und Funktionen

1.1 Lösungsverfahren für quadratische Gleichungen 5
1.2 Graphen quadratischer Funktionen 9
1.3 Quadratwurzelgleichungen und Quadratwurzelfunktionen 13

**Klassenarbeit 1–2** 15

## 2 Potenzen und Potenzfunktionen

2.1 Potenzgesetze 18
2.2 Rationale Exponenten – Wurzeln 21
2.3 Eigenschaften von Potenzfunktionen 23
2.4 Wurzelfunktionen und ihre Graphen 27
2.5 Umkehrfunktionen 31

**Klassenarbeit 1–2** 33

## 3 Exponential- und Logarithmusfunktionen

3.1 Wachstums- und Abklingvorgänge 36
3.2 Exponentialfunktionen 39
3.3 Rechnen mit Logarithmen 41
3.4 Exponential- und Logarithmengleichungen 43
3.5 Logarithmusfunktionen 47

**Klassenarbeit 1–2** 49

## 4 Der Kreis

4.1 Umfang und Flächeninhalt 52
4.2 Kreisbogen und Bogenmaß 55

**Klassenarbeit 1** 57

## 5 Raumgeometrie

5.1 Prisma und Zylinder 59
5.2 Pyramide und Kegel 61
5.3 Die Kugel 64

**Klassenarbeit 1** 68

## 6 Trigonometrie

6.1 Seitenverhältnisse im rechtwinkligen Dreieck 70
6.2 Trigonometrische Funktionen 73
6.3 Sätze und Anwendungen 78

**Klassenarbeit 1** 83

## 7 Im Beruf: Prozent- und Zinsrechnung 85

**Klassenarbeit 1 – 2** 88

## 8 Zufallsversuche und Wahrscheinlichkeiten

8.1 Wichtige Begriffe und Erwartungswert 90
8.2 Bernoulli-Versuch und Bernoulli-Kette 92
8.3 Bedingte Wahrscheinlichkeiten 96

**Klassenarbeit 1 – 2** 99

## 9 Ganzrationale Funktionen

9.1 Nullstellen ganzrationaler Funktionen 101
9.2 Eigenschaften ganzrationaler Funktionen 105

**Klassenarbeit 1** 108

## 10 Ableitung und Eigenschaften von Funktionen

10.1 Änderungsrate und Differenzenquotient 109
10.2 Ableitung einer Funktion 111
10.3 Ableitungsfunktion und Ableitungsregeln 114
10.4 Untersuchung von Funktionen 119

**Klassenarbeit 1 – 2** 125

Stichwortfinder 127

# 1 Quadratische Gleichungen und Funktionen

## 1.1 Lösungsverfahren für quadratische Gleichungen

Eine Gleichung $ax^2 + bx + c = 0$ mit $a \neq 0$ heißt **allgemeine Form** der quadratischen Gleichung.

Jede quadratische Gleichung kann in die **Normalform** übergeführt werden, indem jeder Summand durch a dividiert wird.
**Normalform:** $x^2 + px + q = 0$

$ax^2 + bx + c = 0$

Division durch a ergibt $x^2 + \frac{b}{a}x + \frac{c}{a} = 0$.

Vereinfachen der Koeffizienten $\frac{b}{a} = p$ und $\frac{c}{a} = q$ führt auf die Normalform.

allgemeine Form: $5x^2 + 10x + 5 = 0 \;|:5$
Normalform: $x^2 + 2x + 1 = 0$

---

Die **Gleichung $x^2 = 0$** hat nur eine (doppelte) Lösung $x_1 = x_2 = 0$, d. h., $L = \{0\}$

---

**Rein quadratische Gleichungen:**
Gleichungen der Form $x^2 - q = 0$; $q > 0$ durch „Wurzelziehen" lösen:

$x^2 - q = 0 \,|\,$3. binomische Formel

$(x + \sqrt{q})(x - \sqrt{q}) = 0$

$x_1 = \sqrt{q}$; $x_2 = -\sqrt{q}$ d. h., $L = \{\sqrt{q}; -\sqrt{q}\}$

Eine Abkürzung zu diesem Weg findest du im Wissen⁺-Kasten auf S. 7.

*Merke:* Falls $q < 0$, gibt es keine Lösung.

$x^2 - 9 = 0$
$x^2 - 3^2 = 0$
$(x + 3) \cdot (x - 3) = 0$
$x_1 = -3$; $x_2 = 3$;
d. h., $L = \{-3; 3\}$

**3. binomische Formel**
$a^2 - b^2 = (a + b) \cdot (a - b)$

Die Gleichung $x^2 + 9 = 0$ hat keine Lösung; denn sie ist gleichbedeutend mit $x^2 = -9$ und die Wurzel aus einer negativen Zahl ist nicht definiert.

---

**Gemischt quadratische Gleichungen:**
Gleichungen der Form $x^2 + px = 0$ durch Faktorisieren („Ausklammern") lösen:

$x^2 + px = 0$
$x \cdot (x + p) = 0$
$x = 0$ oder $x + p = 0$
$x_1 = 0$; $x_2 = -p$; d. h., $L = \{0; -p\}$

$4x^2 + 12x = 0 \;|:4$
$x^2 + 3x = 0$
$x \cdot (x + 3) = 0$
$x_1 = 0$; $x_2 = -3$; d. h., $L = \{0; -3\}$

WISSEN

**Gleichungen der Form $x^2 + px + q = 0$** versucht man mithilfe der 1. oder 2. binomischen Formel umzuformen. Dies ist nur möglich, wenn

$$q = \left(\frac{p}{2}\right)^2,$$

sonst muss man eine **quadratische Ergänzung** vornehmen. Dies geht so:

$$x^2 + px + q = 0 \quad |-q$$

$$x^2 + 2 \cdot \frac{p}{2} \cdot x = -q \quad \left|+\left(\frac{p}{2}\right)^2\right. \text{(quadrat. Ergänzung)}$$

$$x^2 + 2 \cdot \frac{p}{2} \cdot x + \left(\frac{p}{2}\right)^2 = \left(\frac{p}{2}\right)^2 - q \quad |\text{1. binom. Formel}$$

$$\left(x + \frac{p}{2}\right)^2 = \left(\frac{p}{2}\right)^2 - q$$

$$\left(x + \frac{p}{2}\right)^2 - \left[\left(\frac{p}{2}\right)^2 - q\right] = 0 \quad |\text{3. binom. Formel}$$

$$\left[\left(x + \frac{p}{2}\right) + \sqrt{\left(\frac{p}{2}\right)^2 - q}\right] \cdot \left[\left(x + \frac{p}{2}\right) - \sqrt{\left(\frac{p}{2}\right)^2 - q}\right] = 0$$

Einer der Faktoren muss null sein:

$$\left(x + \frac{p}{2}\right) + \sqrt{\left(\frac{p}{2}\right)^2 - q} = 0 \text{ oder}$$

$$\left(x + \frac{p}{2}\right) - \sqrt{\left(\frac{p}{2}\right)^2 - q} = 0$$

Es ergibt sich die Lösungsformel für die Normalform einer quadratischen Gleichung, die sogenannte **p-q-Formel,** mit der du quadratische Gleichungen in der Normalform lösen kannst:

$$x_1 = -\frac{p}{2} + \sqrt{\left(\frac{p}{2}\right)^2 - q}; \; x_2 = -\frac{p}{2} - \sqrt{\left(\frac{p}{2}\right)^2 - q}$$

$L = \{x_1; x_2\}$

$x^2 + 4x + 4 = 0 \quad |\text{1. binom. Formel}$

$(x + 2)^2 = 0$

$(x + 2) \cdot (x + 2) = 0$

$L = \{-2\}$

**1. binomische Formel**
$a^2 + 2ab + b^2 = (a + b)^2$

**2. binomische Formel**
$a^2 - 2ab + b^2 = (a - b)^2$

Löse die Gleichung $x^2 + 6x + 5 = 0$.

$$x^2 + 6x + 5 = 0 \quad |-5$$

$$x^2 + 2 \cdot 3x = -5 \quad |+3^2 \text{ (quadrat. Ergänzung)}$$

$$x^2 + 2 \cdot 3x + 3^2 = 3^2 - 5 \quad |\text{1. binomische Formel}$$

$$(x + 3)^2 = 3^2 - 5$$

$$(x + 3)^2 - (3^2 - 5) = 0 \quad |\text{3. binomische Formel}$$

$$[(x + 3) + \sqrt{3^2 - 5}\,] \cdot [(x + 3) - \sqrt{3^2 - 5}\,] = 0$$

Einer der Faktoren muss null sein:

$[(x + 3) + \sqrt{3^2 - 5}\,] = 0$ oder

$[(x + 3) - \sqrt{3^2 - 5}\,] = 0$

$x_1 = -3 + \sqrt{3^2 - 5}$ $\qquad$ $x_2 = -3 - \sqrt{3^2 - 5}$

$x_1 = -3 + \sqrt{4} = -1$ $\qquad$ $x_2 = -3 - \sqrt{4} = -5$

$L = \{-1; -5\}$

Der Ausdruck unter der Wurzel $\left(\frac{p}{2}\right)^2 - q = D$ heißt **Diskriminante.**

D „entscheidet" über die Anzahl der Lösungen.

Anzahl der Lösungen:
- $D = 0$: eine Lösung
- $D > 0$: zwei Lösungen
- $D < 0$: keine reelle Lösung

*Beachte:* Eine quadratische Gleichung in der Form $ax^2 + bx + c = 0$ musst du zuerst in die Normalform überführen (alle Summanden durch a dividieren), bevor du die p-q-Formel anwenden kannst!

$$6x^2 - 12x - 18 = 0 \quad |:6$$

$$x^2 - 2x - 3 = 0$$

$$x_1 = -\frac{-2}{2} + \sqrt{\left(\frac{-2}{2}\right)^2 + 3} = 1 + \sqrt{4} = 3$$

$$x_2 = -\frac{-2}{2} - \sqrt{\left(\frac{-2}{2}\right)^2 + 3} = 1 - \sqrt{4} = -1$$

$x_1 = 3; \; x_2 = -1$

**ÜBUNG 1** **Bestimme die Lösungsmenge der Gleichungen. Verwende gegebenenfalls auch das Wissen aus dem Wissen+-Kasten unten.**

a) $x^2 - 16 = 0$ b) $5a^2 = 25$ c) $(y - 2) \cdot (y + 2) = 0$
d) $u \cdot (u - 3) = 0$ e) $7x^2 + 28x = 0$ f) $4z^2 = 8z$

**WISSEN +**

**Rechenabkürzung für $x^2 - q = 0$**
Kennst du den Begriff „Betrag einer Zahl", so verwende diesen kurzen Rechenweg:

$x^2 = q$

$\sqrt{x^2} = \sqrt{q}$

$|x| = \sqrt{q}$

$x_1 = +\sqrt{q}$; $x_2 = -\sqrt{q}$; $L = \{\sqrt{q}; -\sqrt{q}\}$

$x^2 - 16 = 0$

$x^2 = 16$

$\sqrt{x^2} = \sqrt{16}$

$|x| = \sqrt{16}$

$x_1 = +\sqrt{16}$; $x_2 = -\sqrt{16}$; $L = \{4; -4\}$

**ÜBUNG 2** **Ein schmales rechteckiges Gartenstück hat die Seitenlängen 2,5 m und 8,1 m. Berechne die Seitenlängen eines quadratischen Gartenstücks, das den gleichen Flächeninhalt hat.**

**WISSEN +**

**Satz von Vieta**
Sind $x_1$ und $x_2$ die Lösungen der quadratischen Gleichung $x^2 + px + q = 0$, so gilt:

$x_1 + x_2 = -p$ und $x_1 \cdot x_2 = q$

Mithilfe des Satzes von Vieta kannst du
- die **zweite Lösung** bestimmen, wenn dir eine Lösung bekannt ist (1),
- leicht eine **Probe** durchführen, wenn du die Lösungen einer quadratischen Gleichung bestimmt hast (2),
- **p und q** berechnen, wenn du die Lösungen, aber nicht die Gleichung kennst. Damit kannst du schließlich eine **Gleichung aufstellen** (3).

(1) Bestimme die zweite Lösung der Gleichung $x^2 + x - 6 = 0$; du kennst $x_1 = 2$. Es gilt: $2 + x_2 = -1$ und $2 \cdot x_2 = -6$;

es folgt: $x_2 = \frac{-6}{2} = -3$

(2) Prüfe, ob $x_1 = 7$ und $x_2 = -1$ Lösungen der quadratischen Gleichung $x^2 - 6x - 7 = 0$ sind:
$7 + (-1) = 6$ und
$7 \cdot (-1) = -7$

(3) Stelle eine quadratische Gleichung auf, deren Lösungen $x_1 = 2$ und $x_2 = 1{,}5$ sind.
$2 + 1{,}5 = 3{,}5$; also $p = -3{,}5$ und
$2 \cdot 1{,}5 = 3$; also $q = 3$
Die Gleichung in der Normalform lautet: $x^2 - 3{,}5x + 3 = 0$

**ÜBUNG 3** **Gegeben ist die Gleichung $x^2 - 8x - 9 = 0$. Eine Lösung ($x_1 = -1$) ist bekannt. Bestimme mithilfe des Satzes von Vieta die zweite Lösung.**

**ÜBUNG 4** **Löse die Gleichung mithilfe der quadratischen Ergänzung.**

$x^2 + 8x - 20 = 0 \quad | + 20$ ✓

$x^2 + 8x = 20 \quad | + 16$ ✓ $(=4^2)$ (quadratische Ergänzung)

$x^2 + 8x + 16 = 20 + 16$ (1. binomische Formel)

$(x + 4)^2 = 36 \quad | - 36$

$(x + 4)^2 - 6^2 = 0$ (3. binomische Formel)

$[(x + 4) + 6] \cdot [(x + 4) - 6] = 0$

$[(x + 4) + 6] = 0$ oder $[(x + 4) - 6] = 0$

$x = 10$ oder $x = -2$

**ÜBUNG 5** **Löse die Gleichungen mithilfe der quadratischen Ergänzung.**

a) $x^2 + 5x - 6 = 0$

b) $x^2 + 8x = -12$

**WISSEN**

**Zerlegung in Linearfaktoren**
Jede quadratische Gleichung der Form $x^2 + px + q = 0$ mit den Lösungen $x_1$ und $x_2$ lässt sich in **Linearfaktoren** zerlegen: $(x - x_1) \cdot (x - x_2) = 0$
Diese Schreibweise einer quadratischen Gleichung heißt **Produktdarstellung.**

Zerlege die quadratische Gleichung $x^2 - x - 12 = 0$ in Linearfaktoren. Mithilfe der p-q-Formel berechnest du:

$x_{1,2} = \frac{1}{2} \pm \sqrt{\left(\frac{-1}{2}\right)^2 + 12}$

$x_1 = 0{,}5 + \sqrt{12{,}25} = 4$

$x_2 = 0{,}5 - \sqrt{12{,}25} = -3$

Du erhältst:
$x^2 - x - 12 = (x - 4) \cdot (x + 3) = 0$

**ÜBUNG 6** **Löse die quadratischen Gleichungen mithilfe der p-q-Formel. Gib die quadratische Gleichung auch in Produktdarstellung an. Beachte: Gegebenenfalls musst du einen gemeinsamen Faktor vor der Zerlegung ausklammern.**

a) $x^2 + 6x + 5 = 0$

$L = \{ \quad ; \quad \}$

$x^2 + 6x + 5$

$= (x \quad ) \cdot (x \quad )$

b) $12x^2 - 24x = 36$

$L = \{ \quad ; \quad \}$

$12x^2 - 24x - 36$

$= 12 \cdot (x \quad ) \cdot (x \quad )$

ÜBEN

# 1.2 Graphen quadratischer Funktionen

Eine Funktion, deren Funktionsgleichung durch Äquivalenzumformungen in die Form $f(x) = ax^2 + bx + c$ ($a \neq 0$) gebracht werden kann, **heißt quadratische Funktion.** Der Graph einer quadratischen Funktion heißt **Parabel.**

Schreibweisen:
*Allgemeine Form:* $f(x) = ax^2 + bx + c$
*Normalform:* $f(x) = x^2 + px + q$
*Scheitelpunktform:* $f(x) = (x - d)^2 + e$

---

**$f(x) = x^2$** ($a = 1$; $b = 0$; $c = 0$)
Der Graph dieser Funktion heißt **Normalparabel** und ist
- nach oben geöffnet,
- achsensymmetrisch zur y-Achse, d. h., $f(-x) = f(x)$,
- links von der y-Achse (also für $x < 0$) monoton fallend, rechts von der y-Achse (also für $x > 0$) monoton steigend.

**Scheitelpunkt:** S (0|0)
S ist der **tiefste Punkt** des Graphen.

Graph zu $f(x) = x^2$

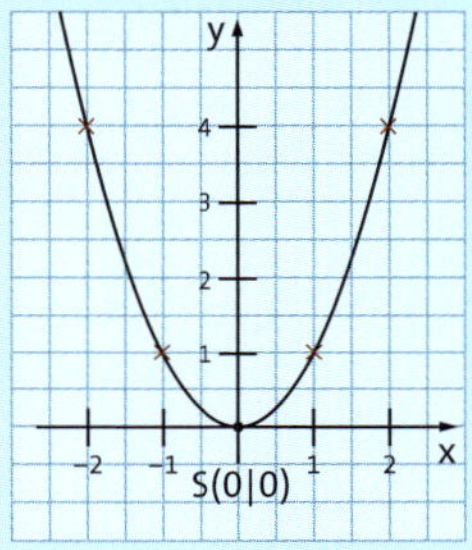


| x | f(x) |
|---|---|
| 0 | 0 |
| 1 | 1 |
| 2 | 4 |

---

**$f(x) = a \cdot x^2$**
Der Graph entsteht durch **Stauchung** oder **Streckung** der Normalparabel um den Faktor a:
- für $a > 1$: **gestreckt** (Parabel enger)
- für $0 < a < 1$: **gestaucht** (Parabel weiter)

**Scheitelpunkt:** S (0|0)
S ist der **tiefste Punkt** des Graphen.

Für $a < 0$ ist der Graph zusätzlich zur Streckung oder Stauchung gespiegelt an der x-Achse. In diesem Fall ist S der **höchste Punkt** des Graphen.

Graphen zu $f(x) = 0{,}5x^2$ und $g(x) = 3x^2$

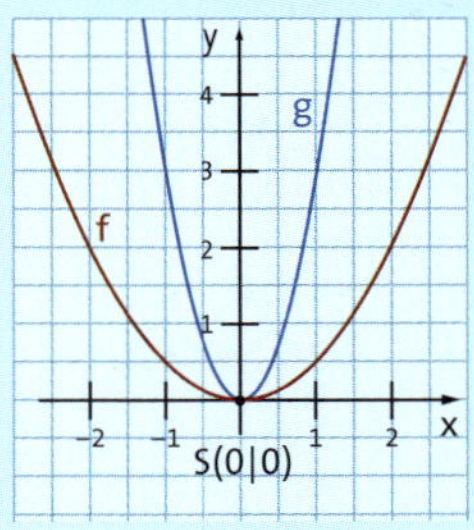


| x | f(x) | g(x) | $x^2$ |
|---|---|---|---|
| 0 | 0 | 0 | 0 |
| 1 | 0,5 | 3 | 1 |
| 2 | 2 | 12 | 4 |
| −1 | 0,5 | 3 | 1 |

· 3
· 0,5

---

**$f(x) = x^2 + c$**
Der Graph entsteht durch **Verschiebung** der Normalparabel um c Einheiten **entlang der y-Achse.**
- Für $c > 0$: Verschiebung **nach oben**
- Für $c < 0$: Verschiebung **nach unten**

**Scheitelpunkt:** S (0|c)
S ist der **tiefste Punkt** des Graphen.

Graphen zu $f(x) = x^2 + 2{,}5$ und $g(x) = x^2 - 1$

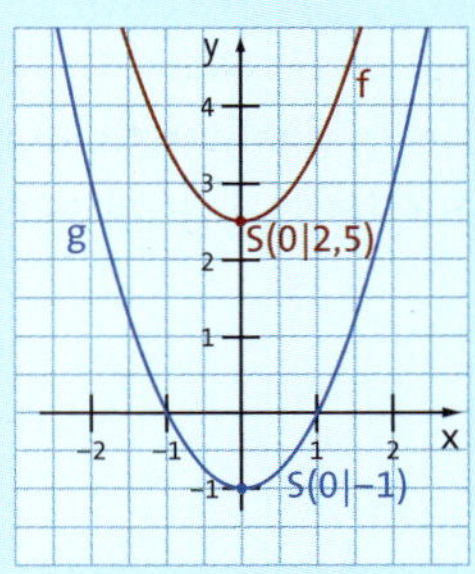


| x | f(x) | g(x) | $x^2$ |
|---|---|---|---|
| 0 | 2,5 | −1 | 0 |
| 1 | 3,5 | 0 | 1 |
| 2 | 6,5 | 3 | 4 |
| −1 | 3,5 | 0 | 1 |

−1
+2,5

WISSEN

**$f(x) = (x - d)^2$**
Der Graph entsteht durch **Verschiebung** der Normalparabel entlang der x-Achse.
- Für $d > 0$: Verschiebung nach rechts
- Für $d < 0$: Verschiebung nach links

**Scheitelpunkt:** $S\,(d|0)$

*Merke:* Der Funktionsterm lässt sich in die Normalform überführen:
$(x - d)^2 = x^2 - 2dx + d^2$

Graph zu $f(x) = (x + 1)^2$

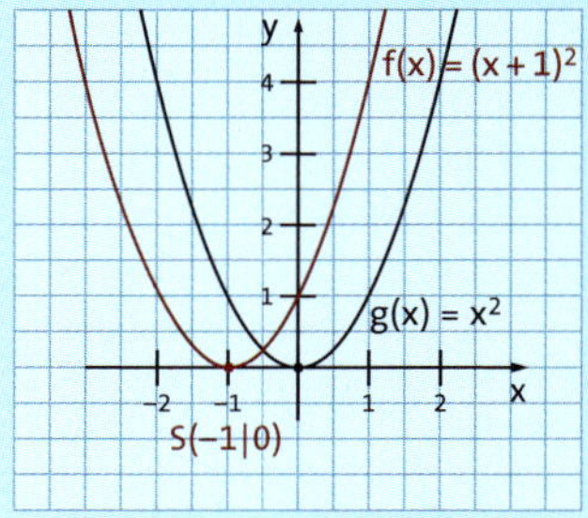


| x | f(x) | x² |
|---|---|---|
| 0 | 1 | 0 |
| 1 | 4 | 1 |
| 2 | 9 | 4 |
| −1 | 0 | 1 |

$(x + 1)^2 = (x + 1) \cdot (x + 1) = x^2 + 2x + 1$

**Scheitelpunktform: $f(x) = (x - d)^2 + e$**
Der Graph entsteht durch Verschiebung der Normalparabel entlang der x-Achse und entlang der y-Achse.

Du kannst den Scheitelpunkt der Parabel direkt aus dem Funktionsterm ablesen:
**Scheitelpunkt:** $S\,(d|e)$

*Merke:* Der Funktionsterm lässt sich durch Ausmultiplizieren in die Normalform überführen:
$(x - d)^2 + e = x^2 - 2dx + (d^2 + e)$

Graph zu $f(x) = (x + 2)^2 + 1$

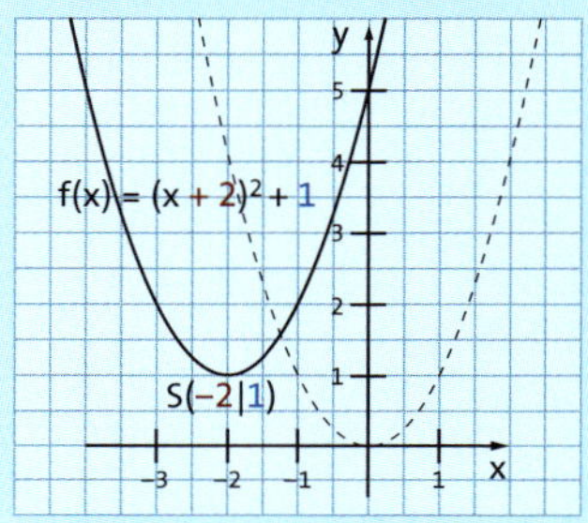


| x | f(x) |
|---|---|
| 0 | 5 |
| 1 | 10 |
| 2 | 17 |
| −1 | 2 |
| −2 | 1 |

$(x + 2)^2 + 1 = x^2 + 4x + 4 + 1 = x^2 + 4x + 5$

**Normalform: $f(x) = x^2 + px + q$**
Hier kannst du den Schnittpunkt mit der y-Achse gut ablesen: $S_y\,(0|q)$.
Die Normalform einer quadratischen Funktion kann in die Scheitelpunktform überführt werden:

$$x^2 + px + q = x^2 + 2\frac{p}{2}x + q + \left(\frac{p}{2}\right)^2 - \left(\frac{p}{2}\right)^2$$
$$= \left(x + \frac{p}{2}\right)^2 + \left(q - \left(\frac{p}{2}\right)^2\right)$$

**Scheitelpunkt:** $S\left(-\frac{p}{2}\middle|q - \left(\frac{p}{2}\right)^2\right)$

*Merke:* Du kannst den Scheitelpunkt also direkt aus der Funktionsgleichung ablesen.

$$x^2 + 6x + 2 = x^2 + 2 \cdot 3x + 2 + 3^2 - 3^2$$
$$= (x + 3)^2 + 2 - 3^2$$
$$= (x + 3)^2 - 7$$

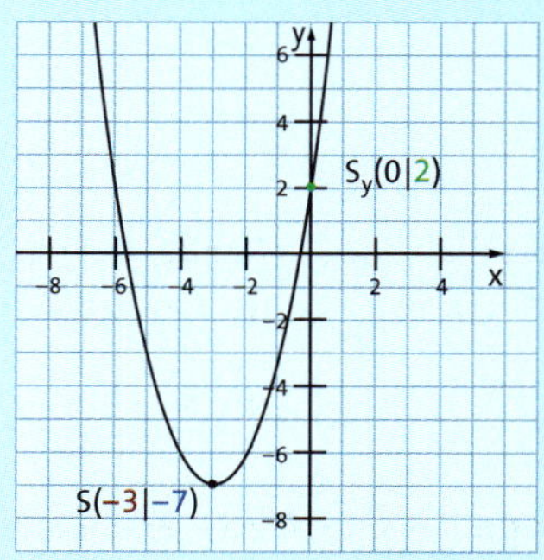


**Allgemeine Form: $f(x) = ax^2 + bx + c$**
Schnittpunkt mit der y-Achse: $S_y\,(0|c)$

**Scheitelpunkt:** $S\left(\frac{-b}{2a}\middle|\frac{4ac - b^2}{4a}\right)$

Mit dieser Formel kannst du den Scheitelpunkt einer Parabel immer berechnen.

$f(x) = 2x^2 + 8x + 1$

$S\left(-\frac{8}{4}\middle|\frac{4 \cdot 2 \cdot 1 - 8^2}{4 \cdot 2}\right)$

Scheitelpunkt: $S\,(-2|-7)$

**ÜBUNG 7** Gib zu jedem Funktionsterm den Scheitelpunkt S an. Ordne nun die Funktionsgleichungen den Graphen zu.

a) $f_1(x) = x^2$

S( | )

Graph:

b) $f_2(x) = x^2 + 2$

S( | )

Graph:

c) $f_3(x) = 3x^2$

S( | )

Graph:

d) $f_4(x) = -x^2$

S( | )

Graph:

e) $f_5(x) = (x + 3)^2$

S( | )

Graph:

f) $f_6(x) = (x - 1)^2 - 2$

S( | )

Graph:

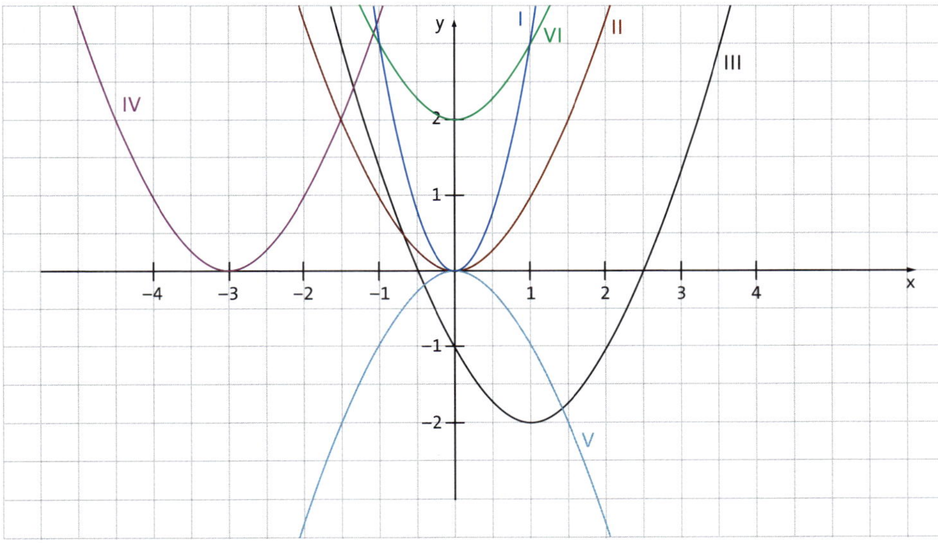


**ÜBUNG 8** Erstelle zu jeder Funktion eine Wertetabelle und zeichne ihren Graphen in dein Übungsheft. Gib jeweils auch den Scheitelpunkt an.

a) $f(x) = -\frac{1}{2}x^2$ b) $g(x) = 2x^2 - 1$ c) $h(x) = \frac{1}{2}x^2 + 2$ d) $i(x) = x^2 + 3x + 2{,}25$

**ÜBUNG 9** Gegeben sind Wertetabellen von Funktionen. Zeichne die jeweiligen Graphen und gib die zugehörigen Funktionsterme an.

a)

| x | −3 | −2 | −1 | 0 | 1 | 2 | 3 |
|---|---|---|---|---|---|---|---|
| f(x) | 10 | 5 | 2 | 1 | 2 | 5 | 10 |

b)

| x | −4 | −3 | −2 | −1 | 0 | 1 | 2 |
|---|---|---|---|---|---|---|---|
| f(x) | 1 | −2 | −3 | −2 | 1 | 6 | 13 |

ÜBEN

**ÜBUNG 10** Forme die Funktionsgleichungen in die Scheitelpunktform um und gib den Scheitelpunkt an.

a) $f(x) = 2x^2 + 8x + 10$ b) $f(x) = 4x^2 + 20x - 16$ c) $f(x) = \frac{1}{2}x^2 + 12x + 72{,}25$

## WISSEN

**Nullstellenbestimmung**
**$f(x) = x^2 + px + q$**
Neben dem Scheitelpunkt und dem Schnittpunkt mit der y-Achse sind noch die Schnitt- und Berührungspunkte $(x_1|0)$ und $(x_2|0)$ des Funktionsgraphen mit der x-Achse von besonderem Interesse.

Die Werte $x_1$ und $x_2$ dieser Schnitt- oder Berührungspunkte heißen **Nullstellen** der Funktion.
Die Nullstellen sind also diejenigen x-Werte, für die die y-Koordinate null ist bzw. für die $f(x) = 0$ gilt.
Zur Berechnung der Nullstellen einer quadratischen Funktion setzt man $y = f(x) = 0$ und löst die entstandene quadratische Gleichung (↗ Kap. 1.1).

Die Diskriminante $\left(\frac{p}{2}\right)^2 - q$ „entscheidet" über die Anzahl der Lösungen einer quadratischen Gleichung und somit auch über die Anzahl der Nullstellen einer quadratischen Funktion.

Aus der Anschauung des Funktionsgraphen wird klar: es gibt entweder eine, zwei oder keine Nullstelle:

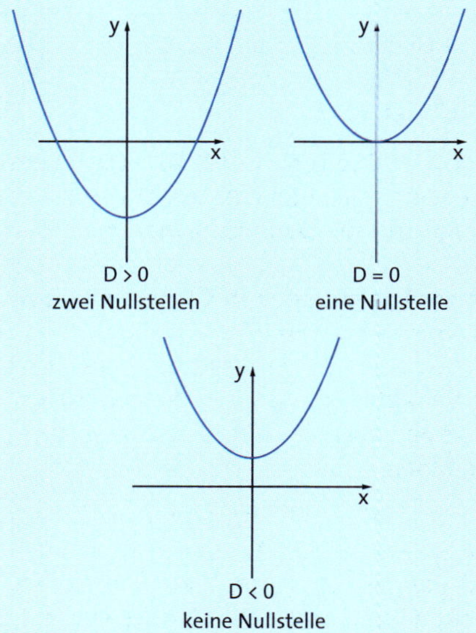


**ÜBUNG 11** Berechne die Nullstellen der Funktionen.

a) $f(x) = x^2 - 2x + 1$ b) $f(x) = 4x^2 - 40x + 112$ c) $f(x) = x^2 - 1{,}5x - 4{,}5$

**ÜBUNG 12** Gegeben sind jeweils die Nullstelle(n) und der Scheitelpunkt des Graphen einer quadratischen Funktion. Gib den zugehörigen Funktionsterm an.

a) $x_1 = 0$; $x_2 = 6$ S(3|−2) b) $x_1 = x_2 = 3$ S(4|−1)

**ÜBUNG 13** Gegeben ist die Funktion $f(x) = 2x^2 + 8x + 10k$. Bestimme k derart, dass die Funktion eine (zwei bzw. keine) Nullstelle(n) besitzt.

**ÜBUNG 14** Eine quadratische Funktion nimmt an der Stelle $x = 2$ den Wert 3 an und hat ihr Minimum bei $f(0) = -2$. Bestimme die Funktionsgleichung für f(x).

# 1.3 Quadratwurzelgleichungen und Quadratwurzelfunktionen

## Quadratwurzelgleichungen

Du erinnerst dich: Die **Quadratwurzel** (kurz: Wurzel) aus einer nicht negativen Zahl a ist diejenige nicht negative Zahl c, deren Quadrat a ergibt: $c^2 = a$
Wir schreiben für c auch: $c = \sqrt{a}$

$(\sqrt{9})^2 = 3^2 = 9$

*Wurzel* aus 9 ist diejenige nicht negative Zahl, deren Quadrat 9 ergibt.

Eine Gleichung, in der die Variable unter einem Wurzelzeichen vorkommt, heißt **Wurzelgleichung.**

*Vorsicht:* Der Term unter der Wurzel darf nie kleiner als null werden! Du musst also genau auf die Definitionsmenge achten!

$\sqrt{x+7} - 3 = 0;\ D = \{x \mid x \geq -7\}$

$8 - \sqrt{x-60} = 0;\ D = \{x \mid x \geq 60\}$

**Wurzelgleichungen in 4 Schritten lösen:**
**1.** Wurzel **isolieren**;
**2.** beide Seiten der Gleichung **quadrieren;**
**3.** Variable (oder weitere Wurzel) **isolieren;**
**4. Probe** durchführen; Lösungsmenge angeben.

*Vorsicht:* Die Probe musst du durchführen, da das Quadrieren keine Äquivalenzumformung ist. Du kannst „Ergebnisse" erhalten, die die Gleichung nicht lösen!

Kommen mehrere Wurzeln vor, so musst du das Schema isolieren, quadrieren, isolieren, quadrieren, ... mehrfach anwenden.

$\sqrt{x+7} - 3 = 0 \quad | +3$ (Wurzel isolieren)

$\sqrt{x+7} = 3 \quad |$ quadrieren

$x + 7 = 9 \quad | -7$ (Variable isolieren)

$x = 2$

$L = \{2\}$

Probe: $\sqrt{2+7} - 3 = 0$

Die Gleichung $\sqrt{x-6} + 2 = 0$ hätte nach dem obigen Schema berechnet die „Lösung" x = 10; dies ist aber keine Lösung der Gleichung. Führe die Probe in der Ausgangsgleichung durch: $2 + 2 \neq 0$.

## Die Quadratwurzelfunktion

Die **Quadratwurzelfunktion** $f(x) = \sqrt{x}$ ; $x \geq 0$ ist die Umkehrfunktion zu $g(x) = x^2$ für $x \geq 0$.
Der Graph der Quadratwurzelfunktion ist im Bereich nicht negativer x-Werte achsensymmetrisch zum Graphen der Funktion $g(x) = x^2$. Symmetrieachse ist die Winkelhalbierende des 1. Quadranten (↗ Kap. 2.4).

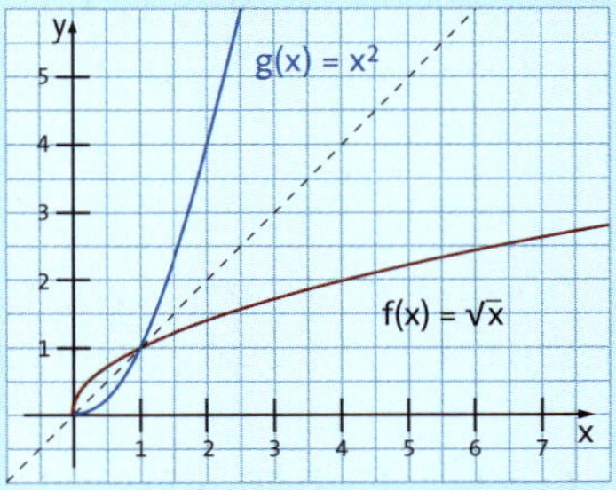

**ÜBUNG 15** **Vereinfache die Wurzelterme.**

a) $\sqrt{2} + \sqrt{2}$

b) $\sqrt{3} \cdot (\sqrt{3} + \sqrt{5})$

c) $(\sqrt{5} + 6 \cdot \sqrt{8}) \cdot (\sqrt{5} - 6 \cdot \sqrt{8})$

d) $\sqrt{110} - \sqrt{11} \cdot (\sqrt{2} + \sqrt{11})$

e) $(\sqrt{2} + \sqrt{7})^2$

f) $(\sqrt{a} + \sqrt{b})^2 + (\sqrt{a} - \sqrt{b})^2$

**ÜBUNG 16** **Gib die Definitionsmenge der Terme an.**

a) $\sqrt{12 - 3x}$ D = {x| }

b) $\sqrt{16 - x^2}$ D = {x| }

c) $\sqrt{2x + 19}$ D = {x| }

**ÜBUNG 17** **Berechne die Lösungsmenge. Führe eine Probe durch.**

a) $\sqrt{x} = 9$ L = { }

b) $4 = \sqrt{6 + 4x}$ L = { }

c) $5 + 4 \cdot \sqrt{2 - 3x} = 21$ L = { }

d) $\sqrt{3x + 4} = \sqrt{2x + 8}$ L = { }

e) $x + 3 = \sqrt{x^2 + 18}$ L = { }

f) $2x + 2 \cdot \sqrt{4x^2 - 6} = 0$ L = { }

ÜBEN

**ÜBUNG 18** **Berechne die Lösungsmenge durch mehrfaches Quadrieren. Schreibe in dein Übungsheft.**

a) $\sqrt{4x + 9} = 1 + 2 \cdot \sqrt{x}$

b) $\sqrt{10 - x} = 4 - \sqrt{x}$

c) $3 + \sqrt{x - 21} = \sqrt{x}$

**ÜBUNG 19** **Zeichne mithilfe einer Wertetabelle den Graphen der Funktion $f(x) = 2 \cdot \sqrt{x}$. Lies aus dem Graphen ab, für welche Werte $f(x) = x$ gilt.**

Wertetabelle:

| **x** | 0 | 0,5 | 1 | 2 | 3 | 4 | 5 |
|---|---|---|---|---|---|---|---|
| **f(x)** | | | | | | | |

**ÜBUNG 20** **Bestimme die Lösungsmenge der Gleichungen für beliebiges $t \in \mathbb{R}$. Gib an, für welche Werte von t die Gleichung lösbar ist.**

a) $\sqrt{x} - t = 0$ L = { } $t \geq$

b) $\sqrt{x} = -t$ L = { } t

c) $\sqrt{x + 2} - t = 0$ L = { } t

60 Minuten

## KLASSENARBEIT 1

**AUFGABE 1** **Löse die Gleichungen. Durch „genaues Hinschauen“ kannst du sehr schnell die Lösungsmenge bestimmen.**

a) $x^2 = 25$ $L = \{\quad\}$

b) $3x^2 = -60$ $L = \{\quad\}$

c) $(x-5)^2 = 36$ $L = \{\quad\}$

d) $4 \cdot (x+2)^2 = 64$ $L = \{\quad\}$

e) $x^2 - 8x = 0$ $L = \{\quad\}$

f) $x^2 = \frac{4}{36}$ $L = \{\quad\}$

**AUFGABE 2** **Löse die Gleichungen mithilfe der quadratischen Ergänzung. Bringe die Gleichungen gegebenenfalls zuerst in die Normalform.**

a) $x^2 + 6x + 8 = 15$

b) $2x^2 - 40 = 16x$

c) $(x-1)(x+1) = 2x$

d) $(x+1)(x-3) = 5$

**AUFGABE 3** **Löse die Gleichungen mithilfe der p-q-Formel.**

a) $x^2 + 2x - 8 = 0$

b) $-y^2 + y + 6 = 0$

c) $u^2 = 4u - 3$

**AUFGABE 4** **Gib die Informationen an, die man aus den Funktionsgleichungen ablesen kann.**

| Funktion / Parabel | $f(x) = x^2 - 2$ | $g(x) = -\frac{1}{2}x^2$ | $h(x) = (x-3)^2 + 2$ |
|---|---|---|---|
| **Scheitelpunkt** | | | |
| **Schnittpunkte mit der x-Achse** | | | |
| **nach oben/ unten geöffnet** | | | |
| **weiter/enger als Normalparabel** | | | |
| **Schnittpunkt mit y-Achse** | | | |

TESTEN

**AUFGABE 5** **Zeichne die Graphen der angegebenen Funktionen in dein Übungsheft. Überlege zunächst, welche Informationen aus der Funktionsgleichung dir beim Zeichnen behilflich sein können (vgl. Aufgabe 4).**

a) $f(x) = 2x^2 - 1$
b) $g(x) = (x + 1)^2 + 1$
c) $h(x) = (x - 2)(x + 3)$
d) $i(x) = x^2 - 5x - 6$

**AUFGABE 6** **Zerlege den quadratischen Term in Linearfaktoren.**

a) $x^2 + 2x - 15$
b) $x^2 - 3$
c) $3x^2 + 2x - 1$

**AUFGABE 7** **Bestimme die Lösungsmenge der Wurzelgleichungen.**

a) $\sqrt{x} = 8$ $L = \{ \quad \}$
b) $\sqrt{x} = -9$ $L = \{ \quad \}$
c) $3 \cdot \sqrt{x-4} = 3$ $L = \{ \quad \}$
d) $\sqrt{4x-4} = x - 1$ $L = \{ \quad \}$
e) $3 \cdot \sqrt{2x+1} = \sqrt{4x+3} + 3$ $L = \{ \quad \}$
f) $\sqrt{x} + \sqrt{2x} = \sqrt{3x+4}$ $L = \{ \quad \}$

**AUFGABE 8** **Zeichne die Graphen der hier angegebenen Wurzelfunktionen in dein Übungsheft. Bestimme zunächst die Definitionsmenge.**

a) $f(x) = \sqrt{x}$
b) $g(x) = \sqrt{x-2}$
c) $h(x) = 2 \cdot \sqrt{x-2}$
d) $i(x) = 2 \cdot \sqrt{x-2} + 1$
e) $j(x) = -2 \cdot \sqrt{x-2}$
f) $k(x) = \sqrt{x+3}$

**AUFGABE 9** **Erläutere, wie man aus dem Graphen der Funktion $f(x) = \sqrt{x}$ den Graphen der Wurzelfunktion $f(x) = a \cdot \sqrt{x-b} + c$ erhält, d. h., wie wirken sich a, b und c auf den Graphen der jeweiligen Wurzelfunktion aus?**

**AUFGABE 10** **Beantworte die Fragen zur quadratischen Gleichung.**

a) Warum hat die Gleichung $x^2 + 80 = 0$ keine Lösung?
b) Hat die Gleichung $x^2 - bx = 0$ immer eine Lösung?
c) Für welche Werte von c hat die Gleichung $x^2 = c$ zwei Lösungen? Für welche Werte existiert nur eine bzw. keine Lösung?

**AUFGABE 11** **Die Summe der Quadrate zweier aufeinanderfolgender Zahlen ist 313. Bestimme die gesuchten Zahlen.**

TESTEN

70 Minuten

## KLASSENARBEIT 2

**AUFGABE 12 Löse die Gleichungen möglichst geschickt.**

a) $4x^2 - 324 = 0$ b) $64x^2 = 9$ c) $(x - 4)(x + 5) = 0$
d) $1{,}7x^2 - 8{,}5x = 0$ e) $-4x^2 = 48$ f) $7(x - 3{,}5)^2 = 63$

**AUFGABE 13 Gib die Anzahl der Lösungen an.**

a) $x^2 - 3 = 0$ b) $x^2 - 16x + 64 = 0$ c) $x^2 - 49 = 0$
d) $x^2 + 49 = 0$ e) $3(x - 2)^2 + 12 = 0$ f) $(x - 1)^2 = 0$

**AUFGABE 14 Löse die Gleichungen.**

a) $x(x - 2) + 4 = (x + 2)^2 - 6x$
b) $-x(12x - 72) = 60$

**AUFGABE 15 Löse die Aufgaben zu den Graphen der folgenden quadratischen Funktionen.**

1) $f(x) = (x + 2)^2$ 2) $f(x) = 2(x - 3)^2 - 1{,}5$ 3) $f(x) = x^2 + 4x + 6$

a) Ermittle die Koordinaten der Scheitelpunkte.
b) Berechne die Nullstellen der Graphen.
c) Zeichne die Graphen der Funktionen. Überprüfe, ob du die Nullstellen richtig berechnet hast.

**AUFGABE 16 Berechne die Lösungsmenge.**

a) $\sqrt{x} = 16$ b) $5 = \sqrt{10 + 5x}$
c) $\sqrt{8x - 5} = \sqrt{3x + 5}$ d) $3x - 2\sqrt{9x^2 - 27} = 0$

**AUFGABE 17 Bestimme die Gleichung der Funktion $f(x) = x^2 + px + q$, die durch die Punkte R und S verläuft.**

a) $R(3|-13)$; $S(4|9)$ b) $R(-2|4)$; $S(3|10)$ c) $R(1|4)$; $S(5|4)$

**AUFGABE 18 Multipliziert man das Quadrat der Summe aus einer Zahl x und 35 mit 9, erhält man 12 321. Berechne die Zahl x.**

**AUFGABE 19 Wie lang sind die Seiten eines Rechtecks, dessen Seiten sich wie 4 : 7 verhalten? Der Flächeninhalt des Rechtecks beträgt 448 cm².**

TESTEN

# 2 Potenzen und Potenzfunktionen

## 2.1 Potenzgesetze

Ein Produkt aus n gleichen Faktoren schreibt man als **Potenz:** $a \cdot a \cdot a \cdot \ldots \cdot a = a^n$.
Außerdem gilt: $a^1 = a$; $a^0 = 1$ ($a \in \mathbb{R}$) und für alle n: $\mathbf{1^n = 1}$ und für $n \neq 0$: $\mathbf{0^n = 0}$.
Für **negative Exponenten** gelten die folgenden Schreibweisen:

$a^{-1} = \frac{1}{a}$; $a^{-2} = \frac{1}{a^2}$; $a^{-n} = \frac{1}{a^n}$ ($a \in \mathbb{R}$; $a \neq 0$)

$3 \cdot 3 \cdot 3 = 3^3 = 27$

$\mathbf{a^n}$ ← Exponent; ↑ Basis

$3^{-1} = \frac{1}{3}$; $4^{-2} = \frac{1}{4^2} = \frac{1}{16}$

---

Der Wert einer Potenz mit **negativer Basis** ist

- positiv, wenn der Exponent gerade ist;
- negativ, wenn der Exponent ungerade ist.

*Beachte:* Ist der Exponent keine ganze Zahl (↗ Kap. 2.2), so darf die Basis nicht negativ sein.

$(-3)^4 = 81$

$(-3)^3 = -27$

$(-3)^{-3} = \frac{1}{(-3)^3} = \frac{1}{-27} = -\frac{1}{27}$

---

Für das Rechnen mit Potenzen gelten die folgenden **Gesetze** ($a, b \in \mathbb{R} \setminus \{0\}$; $m, n \in \mathbb{Z}$):

- Potenzen mit gleicher Basis werden **multipliziert,** indem man die Exponenten addiert und die Basis beibehält:
$a^n \cdot a^m = a^{n+m}$
- Potenzen mit gleicher Basis werden **dividiert,** indem man die Exponenten subtrahiert und die Basis beibehält:
$a^n : a^m = a^{n-m}$

$3^3 \cdot 3^2 = 3 \cdot 3 \cdot 3 \cdot 3 \cdot 3 = 3^5$

$\underbrace{2^7}_{128} \cdot \underbrace{2^3}_{8} = 2^{7+3} = \underbrace{2^{10}}_{1024}$

$\underbrace{3^4}_{81} : \underbrace{3^2}_{9} = 3^{4-2} = \underbrace{3^2}_{9} = 9$

---

Für das Rechnen mit Potenzen gelten die folgenden **Vorrangregeln:**

- Potenzieren geht vor Punktrechnung.
- Terme in Klammern werden zuerst berechnet.
- Punktrechnung geht vor Strichrechnung.
- Sonst wird von links nach rechts gerechnet.

$4^2 \cdot 5^3 = 16 \cdot 125 = 2000$

$3^2 + 3^2 \cdot 2 = 9 + 18 = 27$

$(4 + 2)^2 = 6^2 = 36$

**ÜBUNG 1** **Schreibe zunächst als Potenz und berechne anschließend den Wert.**

a) $3 \cdot 3 \cdot 3 \cdot 3$
b) $2 \cdot 2 \cdot 2 \cdot 2 \cdot 2$
c) $\frac{1}{4} \cdot \frac{1}{4} \cdot \frac{1}{4}$
d) $10 \cdot 10 \cdot 10 \cdot 10 \cdot 10$
e) $\sqrt{3} \cdot \sqrt{3} \cdot \sqrt{3} \cdot \sqrt{3}$
f) $(-4) \cdot (-4) \cdot (-4)$

**ÜBUNG 2** **Schreibe als Potenz. Teilweise gibt es mehrere Möglichkeiten.**

a) 32
b) 10 000
c) 125
d) 0
e) 81
f) $\frac{16}{625}$
g) 0,0001
h) 1,44

**ÜBUNG 3** **Schreibe zunächst – falls möglich – als Potenz. Berechne dann.**

a) $2^3 \cdot 2^4$
= ___ = ___

b) $5^2 \cdot 2^5$
= ___ = ___

c) $4^5 \cdot 4^{-5}$
= ___ = ___

d) $9^6 : 9^4$
= ___ = ___

e) $2^2 : 2^{-3}$
= ___ = ___

f) $3^4 : 3^0$
= ___ = ___

## WISSEN

**Potenzen mit gleichem Exponenten multiplizieren (dividieren)**

- Potenzen mit gleichem Exponenten werden **multipliziert,** indem man die Basen multipliziert und den Exponenten beibehält:
$a^n \cdot b^n = (a \cdot b)^n$

$$\underbrace{2^3}_{8} \cdot \underbrace{3^3}_{27} = \underbrace{(2 \cdot 3)^3}_{216}$$

$$\underbrace{\left(\frac{1}{2}\right)^4}_{\frac{1}{16}} \cdot \underbrace{\left(\frac{2}{3}\right)^4}_{\frac{16}{81}} = \underbrace{\left(\frac{1}{2} \cdot \frac{2}{3}\right)^4}_{\frac{1}{81}}$$

- Potenzen mit gleichem Exponenten werden **dividiert,** indem man die Basen dividiert und den Exponenten beibehält:
$a^n : b^n = (a : b)^n$ ; bzw. $\frac{a^n}{b^n} = \left(\frac{a}{b}\right)^n$
$(a, b \in \mathbb{R} \setminus \{0\};\ m, n \in \mathbb{Z})$

$$\underbrace{4^2}_{16} : \underbrace{2^2}_{4} = \underbrace{(4 : 2)^2}_{4} \text{ bzw. } \frac{4^2}{2^2} = \left(\frac{4}{2}\right)^2$$

$$\underbrace{\left(\frac{1}{2}\right)^3}_{\frac{1}{8}} : \underbrace{\left(\frac{2}{3}\right)^3}_{\frac{8}{27}} = \left(\frac{1}{2} : \frac{2}{3}\right)^3 = \underbrace{\left(\frac{1}{2} \cdot \frac{3}{2}\right)^3}_{\frac{27}{64}}$$

**ÜBUNG 4** **Berechne die Terme.**

a) $2^4 + 3^2 \cdot 3^3 + 1$
b) $4^3 \cdot 5^3 - (5^3 + 3 \cdot 5^2)$
c) $12^2 : (6^4 : 6^2) - 4$
d) $7^5 : 7^3 + 3^7 : 3^3 - 30 \cdot 6^0$
e) $(2^5 + 2^4) - 3 \cdot 4^2$
f) $(a^2 \cdot a^{x-2}) : a^4$

ÜBEN

## WISSEN

**Potenzieren von Potenzen**
Eine Potenz wird potenziert, indem man die Exponenten multipliziert und die Basis beibehält:

$(a^n)^m = a^{n \cdot m}$

$(a, b \in \mathbb{R} \setminus \{0\};\ m, n \in \mathbb{Z})$

$\underbrace{(3^2)^3}_{9^3} = \underbrace{3^{2 \cdot 3}}_{3^6}$

$\underbrace{\left(\left(\frac{1}{3}\right)^2\right)^2}_{\left(\frac{1}{9}\right)^2} = \underbrace{\left(\frac{1}{3}\right)^{2 \cdot 2}}_{\left(\frac{1}{3}\right)^4}$

**ÜBUNG 5** Schreibe zunächst als Potenz, berechne dann den Wert.

a) $(2^2)^4$ = ___ = ___

b) $(5^6)^{\frac{1}{3}}$ = ___ = ___

c) $(12^5)^0$ = ___ = ___

ÜBEN

## WISSEN

**Brüche potenzieren**
Die Potenz eines Bruches mit dem Exponenten n ist gleich der Potenz des Kehrwertes dieses Bruches mit dem Exponenten –n.

$\left(\frac{a}{b}\right)^n = \left(\frac{b}{a}\right)^{-n}$

$(a, b \in \mathbb{R} \setminus \{0\};\ m, n \in \mathbb{Z})$

$5^2 = \left(\frac{1}{5}\right)^{-2};\ 5^{-2} = \left(\frac{1}{5}\right)^2$

$\left(\frac{2}{4}\right)^2 = \underbrace{\left(\frac{4}{2}\right)^{-2}}_{(2)^{-2}} = 2^{-2} = \frac{1}{4}$

**ÜBUNG 6** Berechne.

a) $\left(\frac{3}{5}\right)^{-2}$ = ___ = ___

b) $\left(\frac{1}{10}\right)^{-3}$ = ___ = ___

c) $\left(\frac{1}{2}\right)^{-5}$ = ___ = ___

**ÜBUNG 7** Vereinfache die Terme.

a) $15^n : 5^n$ = ___ = ___

b) $(2^n \cdot 5^n) : 10^m$ = ___ = ___

c) $3^{n+1} \cdot 4^{n+1}$ = ___ = ___

d) $8^{-4} \cdot \left(\frac{1}{4}\right)^4$ = ___ = ___

e) $\left(\frac{2}{3}\right)^2 \cdot \left(\frac{3}{2}\right)^{-4}$ = ___ = ___

f) $\frac{2 \cdot 3^7 - 3^8}{3^8 \cdot 2^6}$ = ___ = ___

# 2.2 Rationale Exponenten – Wurzeln

Die **n-te Wurzel** ($n \geq 1$) einer nicht negativen reellen Zahl a ist diejenige nicht negative reelle Zahl c, die mit n potenziert a ergibt:
$c^n = a$.

Wurzelexponent

Wir schreiben für c auch: $c = \sqrt[n]{a}$ ← Radikand

Wurzelwert

$\left(\sqrt[3]{8}\right)^3 = 8$

$\sqrt[3]{8} = 2$; denn $2^3 = 8$

$\sqrt[n]{1} = 1$; $\sqrt[n]{0} = 0$; $\sqrt[n]{a^n} = a$

## Potenz oder Wurzel

Man schreibt für $\underbrace{\sqrt[n]{a}}_{\text{Wurzelschreibweise}}$ auch $\underbrace{a^{\frac{1}{n}}}_{\text{Potenzschreibweise}}$.

Du kennst bereits die **Quadratwurzel,** hierfür gilt: $\sqrt{a} = a^{\frac{1}{2}}$.

*Beachte:* Bei der Quadratwurzel schreibt man den Wurzelexponenten nicht dazu.

$a^{\frac{1}{3}} = \sqrt[3]{a}$; $a^{\frac{1}{4}} = \sqrt[4]{a}$; $a^{\frac{1}{5}} = \sqrt[5]{a}$

$729^{\frac{1}{3}} = \sqrt[3]{729} = 9$; denn $9^3 = 729$

$9^{\frac{1}{2}} = \sqrt{9} = 3$; denn $3^2 = 9$

Mit der folgenden Definition kann man ganz allgemein **Wurzeln als Potenzen** schreiben und umgekehrt:

$\underbrace{\sqrt[n]{a^m}}_{\text{Wurzelschreibweise}} = \underbrace{a^{\frac{m}{n}}}_{\text{Potenzschreibweise}}$ ($a > 0$; $m, n \in \mathbb{N}$; $m \geq 1$; $n \geq 2$)

Man sagt: „n-te Wurzel aus a hoch m“

$\sqrt[3]{3^2} = 3^{\frac{2}{3}}$

$\sqrt[3]{3^6} = 3^{\frac{6}{3}} = 3^2$

$2^{\frac{3}{4}} = \sqrt[4]{2^3} = \sqrt[4]{8}$

$\sqrt[4]{4} = 4^{\frac{1}{4}} = (2^2)^{\frac{1}{4}} = 2^{\frac{2}{4}} = 2^{\frac{1}{2}} = \sqrt{2}$

Die Wurzelgesetze entsprechen den Potenzgesetzen (↗ S. 18, 19 und 20):

| **Potenzgesetze** | **Wurzelgesetze** | Beispiele | |
|---|---|---|---|
| $a^{\frac{1}{n}} \cdot b^{\frac{1}{n}} = (a \cdot b)^{\frac{1}{n}}$ | $\sqrt[n]{a} \cdot \sqrt[n]{b} = \sqrt[n]{a \cdot b}$ | $4^{\frac{1}{2}} \cdot 9^{\frac{1}{2}} = (4 \cdot 9)^{\frac{1}{2}} = 6$ | $\sqrt{4} \cdot \sqrt{9} = \sqrt{4 \cdot 9} = 6$ |
| $a^{\frac{1}{n}} : b^{\frac{1}{n}} = \left(\frac{a}{b}\right)^{\frac{1}{n}}$ | $\sqrt[n]{a} : \sqrt[n]{b} = \sqrt[n]{\frac{a}{b}}$ | $216^{\frac{1}{3}} : 8^{\frac{1}{3}} = \left(\frac{216}{8}\right)^{\frac{1}{3}} = 3$ | $\sqrt[3]{216} : \sqrt[3]{8} = \sqrt[3]{\frac{216}{8}} = 3$ |
| $\left(a^{\frac{1}{n}}\right)^m = a^{\frac{m}{n}} = (a^m)^{\frac{1}{n}}$ | $\left(\sqrt[n]{a}\right)^m = \sqrt[n]{a^m}$ | $\left(216^{\frac{1}{3}}\right)^2 = 216^{\frac{2}{3}}$ $= (216^2)^{\frac{1}{3}} = 36$ | $\left(\sqrt[3]{216}\right)^2 = \sqrt[3]{216^2} = 36$ |
| $\left(a^{\frac{1}{n}}\right)^{\frac{1}{m}} = a^{\frac{1}{m \cdot n}} = \left(a^{\frac{1}{m}}\right)^{\frac{1}{n}}$ | $\sqrt[m]{\sqrt[n]{a}} = \sqrt[m \cdot n]{a} = \sqrt[n]{\sqrt[m]{a}}$ | $\left(729^{\frac{1}{3}}\right)^{\frac{1}{2}} = 729^{\frac{1}{6}} = 3$ | $\sqrt[2]{\sqrt[3]{729}} = \sqrt[6]{729} = 3$ |

WISSEN

**ÜBUNG 8** **Berechne.**

a) $\sqrt[4]{10\,000} =$ 　 b) $\sqrt[3]{512} =$ 　 c) $\sqrt[9]{1} =$

d) $\sqrt[10]{1024} =$ 　 e) $\sqrt[4]{x^{16}} =$ 　 f) $\sqrt[3]{0{,}008} =$

**ÜBUNG 9** **Schreibe die Potenz zunächst als Wurzel und berechne anschließend den Wert.**

a) $16^{\frac{1}{2}}$ 　 b) $81^{\frac{1}{4}}$ 　 c) $\left(\frac{1}{4}\right)^{\frac{1}{2}}$

d) $9^{\frac{3}{2}}$ 　 e) $49^{-\frac{1}{2}}$ 　 f) $0{,}0001^{-\frac{1}{2}}$

**ÜBUNG 10** **Vereinfache die Terme.**

a) $5^{\frac{1}{4}} \cdot 5^{\frac{3}{4}} =$ 　 b) $3^{\frac{1}{4}} \cdot 3^{\frac{1}{4}} =$ 　 c) $\left(\frac{2}{3}\right)^{\frac{4}{5}} : \left(\frac{1}{2}\right)^{\frac{4}{5}} =$

d) $\left(2^{\frac{1}{2}}\right)^{6} =$ 　 e) $\sqrt[4]{5} : \sqrt{5} =$ 　 f) $\sqrt{\sqrt{3}} =$

ÜBEN

## WISSEN +

**Irrationale Exponenten**
Auch für irrationale Exponenten wie $\sqrt{2}$ gelten die Potenzgesetze.

*Beachte:* Die Basis darf nicht negativ sein.

$3^{\sqrt{2}} \cdot 3^{\sqrt{3}} = 3^{\sqrt{2}+\sqrt{3}}$

$4^{\sqrt{10}} : 4^{\sqrt{3}} = 4^{\sqrt{10}-\sqrt{3}}$

**ÜBUNG 11** **Vereinfache die Terme.**

a) $10^{\sqrt{3}} \cdot 10^{-\sqrt{3}}$ 　 b) $5^{\sqrt{5}} : 5^{\sqrt{2}}$ 　 c) $\left(2^{\sqrt{2}}\right)^{\sqrt{18}}$

## WISSEN +

**Intervallschachtelung**
Durch Intervallschachtelung kann man einen Ausdruck wie $2^{\sqrt{2}}$ beliebig genau durch eine bestimmte reelle Zahl annähern.

$2 = 2^1 < 2^{\sqrt{2}} < 2^2 = 4$

$2{,}64 \approx 2^{1{,}4} < 2^{\sqrt{2}} < 2^{1{,}5} \approx 2{,}83$

$2{,}657 \approx 2^{1{,}41} < 2^{\sqrt{2}} < 2^{1{,}42} \approx 2{,}676$

Der Wert von $2^{\sqrt{2}}$ liegt zwischen 2,657 und 2,676.

# 2.3 Eigenschaften von Potenzfunktionen

Eine Funktion, deren Funktionsgleichung die Form $f(x) = x^n$ ($x \in \mathbb{R}$; $n \in \mathbb{Z}$) hat, heißt **Potenzfunktion n-ten Grades.**

$f(x) = x^2$: Potenzfunktion zweiten Grades (auch: quadratische Funktion (↗ Kap. 1)).
$f(x) = x^4$: Potenzfunktion vierten Grades.

## Gerade Exponenten

Ist der Exponent in $f(x) = x^n$ eine gerade Zahl (also $n = 2k$; $k \in \mathbb{Z}$), so handelt es sich um eine **gerade Funktion.**
Alle Funktionsgraphen dieser Funktionen sind **achsensymmetrisch** zur y-Achse, d. h., $f(-x) = f(x)$.

Beispielsweise sind $f(x) = x^2$ und $g(x) = x^4$ gerade Funktionen, denn es gilt für alle x:

$f(-x) = f(x)$; z. B.: $f(-2) = f(2) = 4$
$g(-x) = g(x)$; z. B.: $g(-2) = g(2) = 16$

**Für k > 0 gilt:**

- Definitionsmenge: $D = \mathbb{R}$
- Wertemenge: $W = \{y \mid 0 \leq y < \infty\}$
- Der Funktionsgraph geht durch die Punkte $(-1|1)$; $(0|0)$ und $(1|1)$.
- Nullstelle: $x_0 = 0$
- Der Funktionsgraph ist nach oben geöffnet, links von der y-Achse monoton **fallend,** rechts von der y-Achse monoton **steigend.**

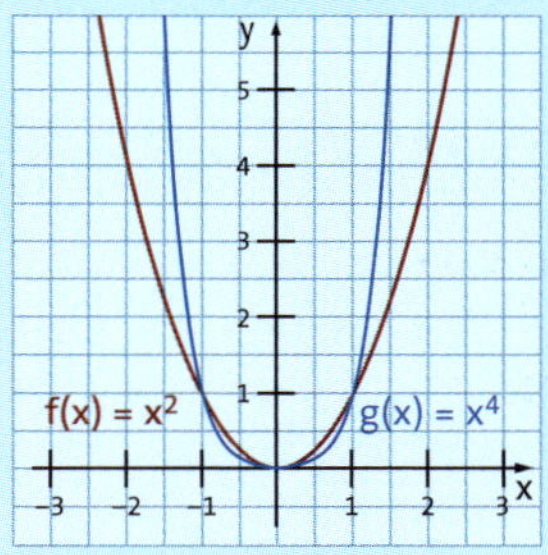


Die Funktion $f(x) = x^2$ kennst du bereits aus Kapitel 1.

**Für k < 0 gilt:**

- Definitionsmenge: $D = \mathbb{R} \setminus 0$
- Wertemenge: $W = \{y \mid 0 < y < \infty\}$
- Der Funktionsgraph geht durch die Punkte $(-1|1)$ und $(1|1)$ und heißt **Hyperbel.**
- Nullstelle: keine
- Der Funktionsgraph hat zwei Äste **(Hyperbeläste)**, diese schmiegen sich der x-Achse und der y-Achse beliebig nah an, berühren sie aber in keinem Punkt.
- Der Graph ist links von der y-Achse monoton **steigend;** rechts von der y-Achse monoton **fallend.**

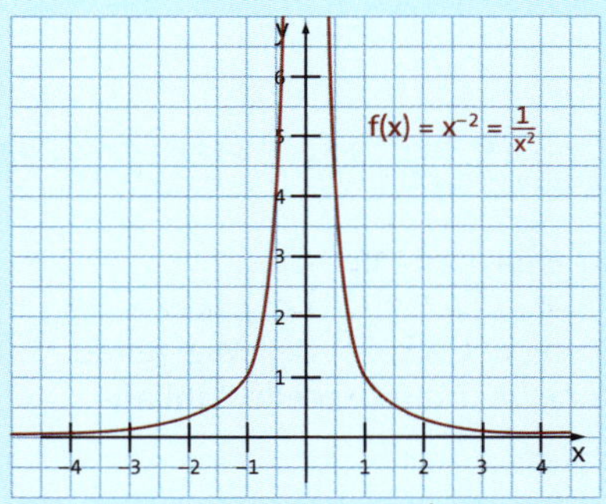


Wertetabelle auf 1 Nachkommastelle gerundet:

| **x** | −3 | −2 | −1 | 0 | 1 | 2 | 0 |
|---|---|---|---|---|---|---|---|
| **f(x)** | 0,1 | 0,3 | 1 | n. d. | 1 | 0,3 | 0,1 |

**Für k = 0 gilt:**
- Definitionsmenge: $\mathbb{R} \setminus \{0\}$
- Wertemenge: $\{1\}$
- Die Funktion ist konstant. Der Graph ist eine Parallele zur x-Achse, die durch den Punkt (1|1) geht, mit einer Lücke bei x = 0, da $0^0$ nicht definiert ist.
- Nullstelle: keine

$f(x) = 1$ für alle $x \in D$

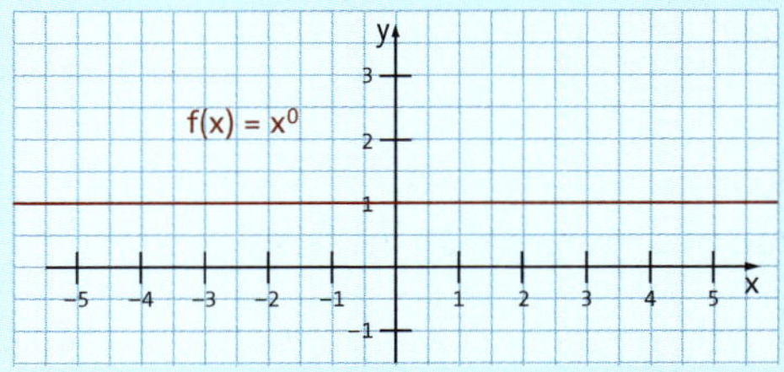


## Ungerade Exponenten

Ist der Exponent in $f(x) = x^n$ eine ungerade Zahl (also $n = 2k + 1$; $k \in \mathbb{Z}$), so handelt es sich um eine **ungerade Funktion.** Der Graph ist **punktsymmetrisch** zum Ursprung, d. h., $f(-x) = -f(x)$.

$f(x) = x^3$ und $g(x) = x^5$ sind ungerade Funktionen, denn es gilt für alle x:

$f(-x) = -f(x)$; z.B. $f(-2) = -f(2) = -8$
$g(-x) = -g(x)$; z.B. $g(-3) = -g(3) = -243$

**Für k > 0 gilt:**
- Definitionsmenge: $D = \mathbb{R}$
- Wertemenge: $W = \mathbb{R}$
- Der Graph geht durch die Punkte (−1|−1), (0|0) und (1|1).
- Nullstelle: $x_0 = 0$
- Der Graph ist im gesamten Definitionsbereich monoton **steigend.**
- Der Graph der Funktion $f(x) = x^3$ heißt **kubische Parabel.**

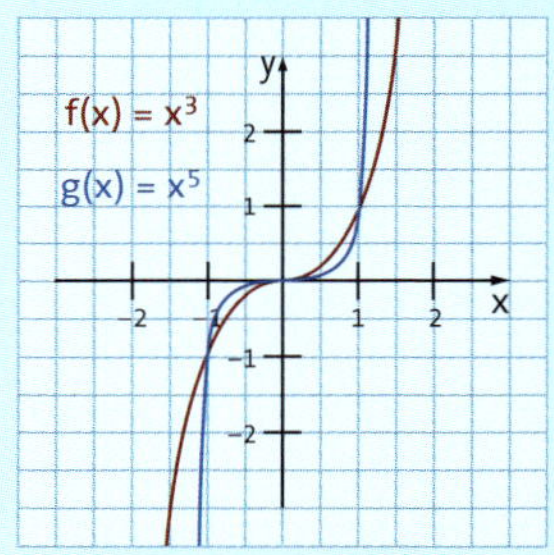


**Für k < 0 gilt:**
- Definitionsmenge: $D = \mathbb{R} \setminus \{0\}$
- Wertemenge: $W = \mathbb{R} \setminus \{0\}$
- Der Graph geht durch die Punkte (−1|−1) und (1|1) und heißt **Hyperbel.**
- Nullstelle: keine
- Der Funktionsgraph hat zwei Äste **(Hyperbeläste)**, diese schmiegen sich der x-Achse und der y-Achse beliebig nah an, berühren sie aber in keinem Punkt.
- Der Graph ist links von der y-Achse monoton **fallend,** rechts ebenfalls.

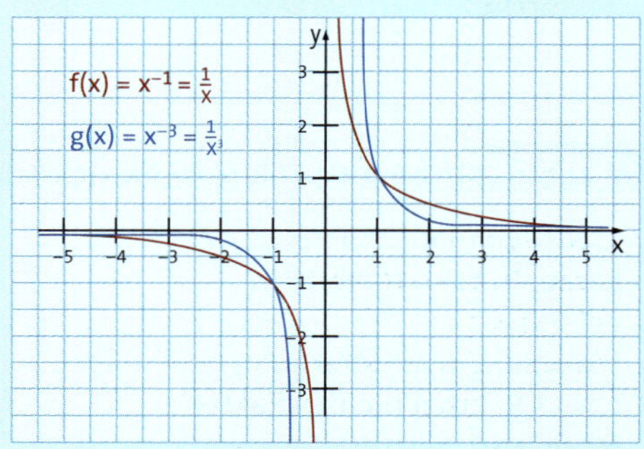


**Für k = 0 gilt:**
- Definitionsmenge: $D = \mathbb{R}$
- Wertemenge: $W = \mathbb{R}$
- Es handelt sich um eine **lineare Funktion.**
- Der Graph hat die Steigung $m = 1$ und geht durch den Ursprung.

$f(x) = x$ für $x \in D$

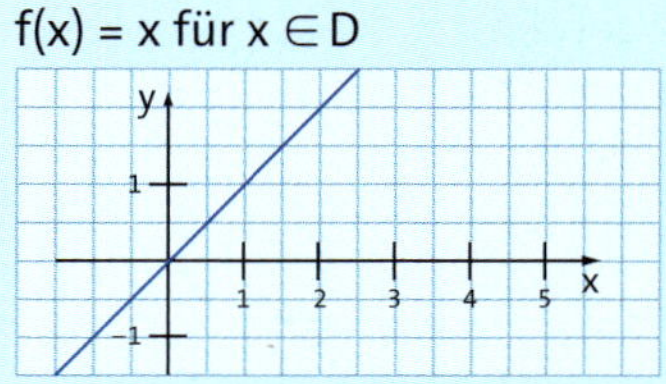

WISSEN

**ÜBUNG 12** **Untersuche die angegebenen Funktionen auf Symmetrien (Achsen- bzw. Punktsymmetrien).**

a) $f(x) = x^2$ b) $f(x) = 2x^3$ c) $f(x) = 3x^4$ d) $f(x) = 4x$

**ÜBUNG 13** **Ordne den Potenzfunktionen den passenden Graphen zu. Begründe deine Zuordnung. Es gilt überall k > 0.**

a) $f_1(x) = x^{2k}$ b) $f_2(x) = x^{-2k}$ c) $f_3(x) = x^{2k+1}$ d) $f_4(x) = x^{-(2k+1)}$

1)
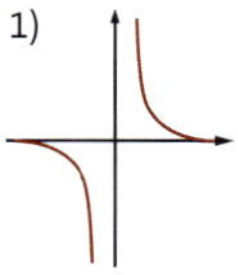

2)
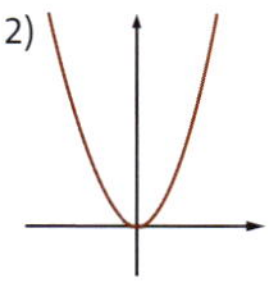

3)
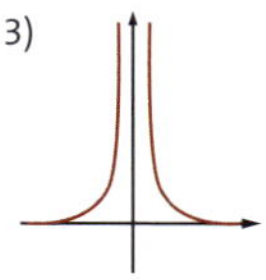

4)
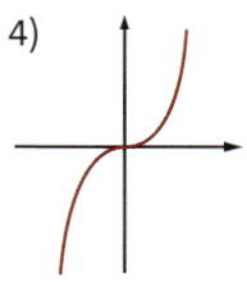

**ÜBUNG 14** **Fülle für die angegebenen Funktionen die Wertetabellen aus und zeichne die zugehörigen Graphen in dein Übungsheft.**

a) $f(x) = x^4$

| **x** | −1 | −0,5 | 0 | 1 | 2 |
|---|---|---|---|---|---|
| **f(x)** | | | | | |

b) $f(x) = \frac{1}{x^4} = x^{-4}$

| **x** | −1 | −0,5 | 0,5 | 1 | 2 |
|---|---|---|---|---|---|
| **f(x)** | | | | | |

c) $f(x) = x^5$

| **x** | −1 | −0,5 | 0 | 1 | 2 |
|---|---|---|---|---|---|
| **f(x)** | | | | | |

d) $f(x) = x^{-5}$

| **x** | −1 | −0,5 | 0,5 | 1 | 2 |
|---|---|---|---|---|---|
| **f(x)** | | | | | |

## WISSEN

**Stauchung und Streckung der Parabeln bzw. Hyperbeln**
Bei $f(x) = a \cdot x^n$ entsteht der Graph durch **Stauchung** oder **Streckung** der Parabel bzw. Hyperbel um den Faktor a:
- Für a > 1 **gestreckt** (enger)
- Für 0 < a < 1 **gestaucht** (weiter)

Für a < 0 ist der Graph zusätzlich zur Streckung oder Stauchung gespiegelt an der x-Achse.

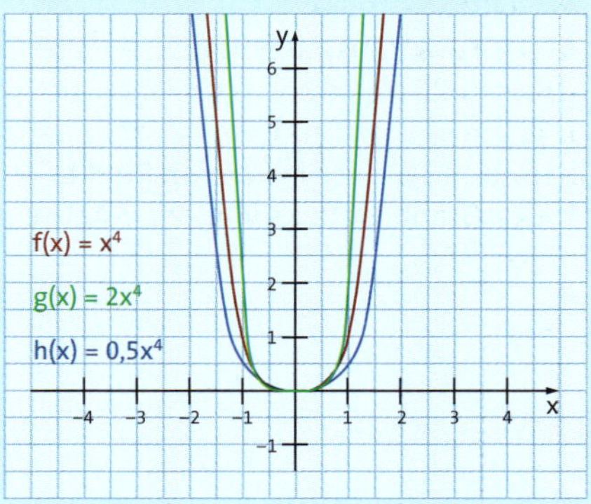

**WISSEN**

**Verschiebung der Parabeln bzw. Hyberbeln**

Bei **$f(x) = x^n + c$** entsteht der Graph durch Verschiebung der Parabel bzw. Hyperbel um c Einheiten **entlang der y-Achse:**

- Für $c > 0$: Verschiebung **nach oben**
- Für $c < 0$: Verschiebung **nach unten**

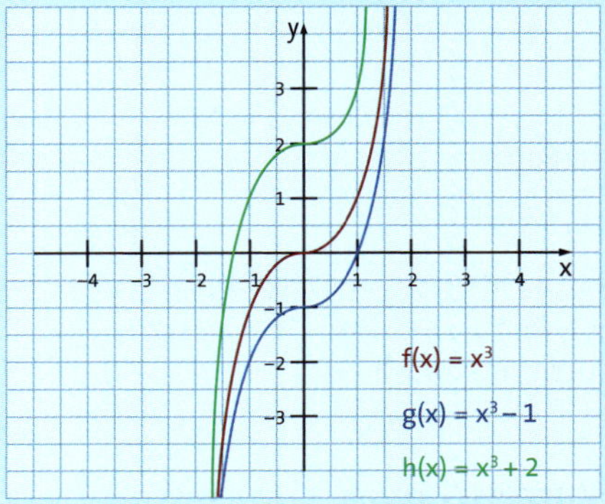


ÜBEN

**ÜBUNG 15** **Wie verändert sich der Funktionswert der angegebenen Funktionen, wenn man den x-Wert verdoppelt (verdreifacht bzw. halbiert)? Untersuche anhand einer Wertetabelle. Kannst du eine allgemeine Aussage treffen, wie sich der Funktionswert einer Funktion $f(x) = x^n$ verändert, wenn man den x-Wert mit dem Faktor k vervielfacht?**

a) $f(x) = x^2$  b) $f(x) = 2 \cdot x^2$  c) $f(x) = 3 \cdot x^{-3}$

d) $f(x) = \frac{1}{x}$  e) $f(x) = \frac{1}{x^2}$  f) $f(x) = x^4$

**WISSEN**

**Potenzgleichungen lösen**

Eine Gleichung der Form **$x^n = a$** $(x \geq 0;\ n \in \mathbb{N};\ n \geq 2)$ heißt **Potenzgleichung.**

- Für $a = 0$ gilt: $L = \{0\}$
- Für $a > 0$ gilt:
  falls n gerade: $L = \{+\sqrt[n]{a}\,;\ -\sqrt[n]{a}\}$;
  falls n ungerade: $L = \{+\sqrt[n]{a}\}$.
- Für $a < 0$ gilt:
  falls n gerade: keine Lösung;
  falls n ungerade: Da das Ziehen der Wurzel aus negativen Radikanden nicht definiert ist, behilft man sich mit Quadrieren. Mit einer Probe Scheinlösungen aussortieren!

$x^4 = 16$: $a = 16 > 0$; $n = 4$ (gerade)
$L = \{2; -2\}$

$x^3 = 20$: $a = 20 > 0$; $n = 3$ (ungerade)
$L = \{\sqrt[3]{20}\}$

$x^2 = -9$: $a = -9 < 0$; $n = 2$ (gerade)
$L = \{\ \}$; es gibt keine Lösung.
$x^3 = -8$: $a = -8 < 0$; $n = 3$ (ungerade)
quadrieren: $(x^3)^2 = (-8)^2$
$x^6 = 64$
$\sqrt[6]{x^6} = \sqrt[6]{64}$
$|x| = 2$; $x = \pm 2$
Probe: $x = 2$ ist keine Lösung; $L = \{-2\}$

**ÜBUNG 16** **Löse die Potenzgleichungen.**

a) $x^8 = 0$  b) $x^5 = -40$  c) $x^6 = -40$  d) $x^4 = 625$

# 2.4 Wurzelfunktionen und ihre Graphen

Eine Funktion, deren Funktionsgleichung die Form

$f(x) = \sqrt[n]{x^m}$

hat, heißt **Wurzelfunktion.**
($x \geq 0$; m, n $\in \mathbb{N}$; $m \geq 1$; $n \geq 2$; m ist nicht durch n teilbar)

$f(x) = \sqrt[3]{x^2}$

$g(x) = \sqrt[5]{x^6}$

## Wurzelschreibweise oder Potenzschreibweise

Man schreibt statt

$f(x) = \underbrace{\sqrt[n]{x^m}}_{\text{Wurzelschreibweise}}$ auch $f(x) = \underbrace{x^{\frac{m}{n}}}_{\text{Potenzschreibweise}}$

*Beachte:* Eine Wurzelfunktion ist eine spezielle Potenzfunktion: Der Exponent ist ein positiver Bruch.

$f(x) = \sqrt{x^3} = x^{\frac{3}{2}}$

$g(x) = \sqrt[5]{x^8} = x^{\frac{8}{5}}$

$h(x) = \sqrt[7]{x^6} = x^{\frac{6}{7}}$

## Die Quadratwurzelfunktion

Du kennst bereits die **Quadratwurzelfunktion** (↗ Kap. 1.3):

$f(x) = \sqrt{x}$

Dies ist für $x \geq 0$ die Umkehrfunktion (↗ Kap. 2.5) zu $g(x) = x^2$.

- Definitionsmenge: $D = \{x \mid 0 \leq x < \infty\}$
- Wertemenge: $\{y \mid 0 \leq y < \infty\}$
- Der Funktionsgraph geht durch (0|0) und (1|1). Diese sind gemeinsame Punkte der beiden Funktionen f(x) und g(x).
- Nullstelle: $x_0 = 0$
- Der Graph ist monoton **steigend.**

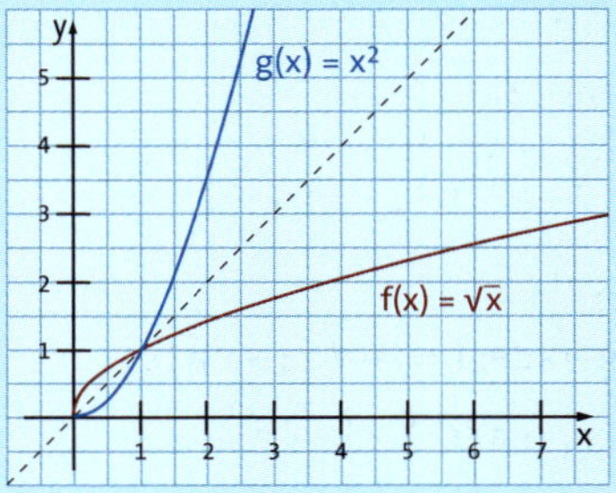

WISSEN

## Funktionen der Form $f(x) = \sqrt[n]{x}$

Für $f(x) = \sqrt[n]{x}$; ($x \geq 0$; $n \in \mathbb{N}$; $n \geq 2$) gilt allgemein:

- Definitionsmenge: $D = \{x \mid 0 \leq x < \infty\}$
- Wertemenge: $\{y \mid 0 \leq y < \infty\}$
- Der Funktionsgraph geht durch (0|0) und (1|1).
- Nullstelle: $x_0 = 0$
- Der Graph ist monoton **steigend.**

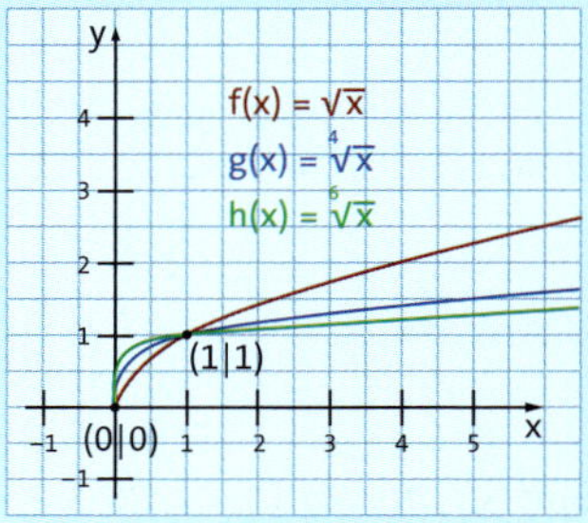


(0|0) und (1|1) sind gmeinsame Punkte aller Wurzelfunktionen

## Funktionen der Form $f(x) = x^{\frac{m}{n}} = \sqrt[n]{x^m}$

**Für $\frac{m}{n} > 1$ gilt:**

- Definitionsmenge: $\{x \mid 0 \leq x < \infty\}$
- Wertemenge: $\{y \mid 0 \leq y < \infty\}$
- Der Funktionsgraph geht durch die Punkte (0|0) und (1|1).
- Nullstelle: $x_0 = 0$
- Der Graph ist monoton **steigend.**

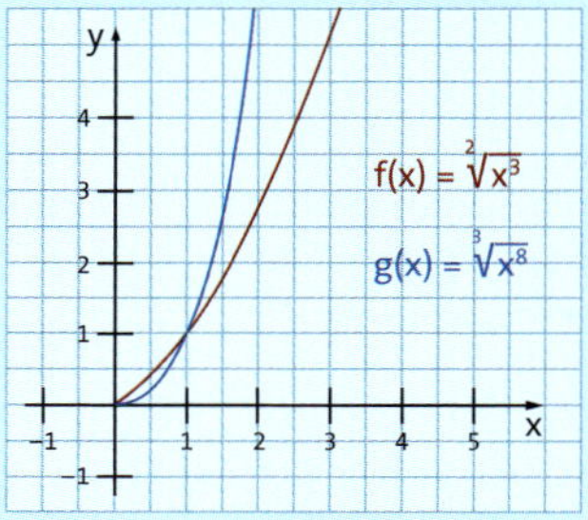


Wertetabelle auf 1 Dezimale gerundet:

| **x** | 0 | 1 | 2 | 3 |
|---|---|---|---|---|
| **f(x)** | 0 | 1 | 2,8 | 5,2 |
| **g(x)** | 0 | 1 | 6,3 | 18,7 |

**Für $0 < \frac{m}{n} < 1$ gilt:**

- Definitionsmenge: $\{x \mid 0 \leq x < \infty\}$
- Wertemenge: $\{y \mid 0 \leq y < \infty\}$
- Der Funktionsgraph geht durch die Punkte (0|0) und (1|1).
- Nullstelle: $x_0 = 0$
- Der Graph ist monoton **steigend.**

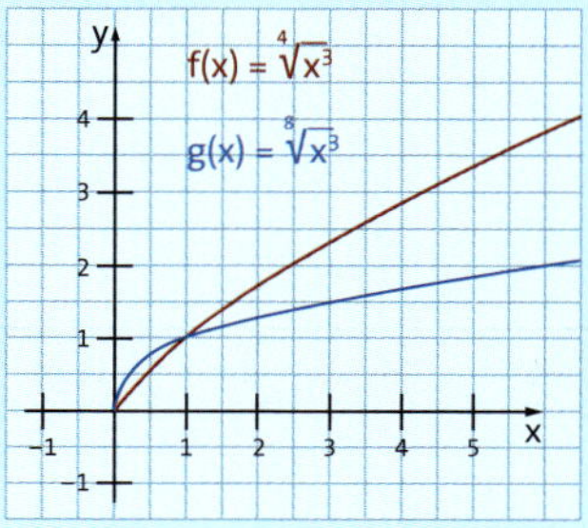


Wertetabelle auf 1 Dezimale gerundet:

| **x** | 0 | 1 | 2 | 3 |
|---|---|---|---|---|
| **f(x)** | 0 | 1 | 1,7 | 2,3 |
| **g(x)** | 0 | 1 | 1,3 | 1,5 |

**ÜBUNG 17** **Zeichne für $0 \leq x \leq 9$ möglichst genau den Graphen der Funktion $f(x) = \sqrt{x}$. Lies aus dem Graphen die Näherungswerte ab für:**

a) $f(0{,}5)$ b) $f(1{,}9)$ c) $f(5{,}2)$ d) $f(7{,}5)$

**ÜBUNG 18** **Gib die Definitionsmenge der Wurzelfunktionen an.**

a) $f(x) = \sqrt{x}$ $D = \{x| \quad\quad \}$

b) $f(x) = \sqrt{5 - x}$ $D = \{x| \quad\quad \}$

c) $f(x) = \sqrt{4x + 20}$ $D = \{x| \quad\quad \}$

**ÜBUNG 19** **Fülle für die angegebenen Funktionen die Wertetabellen aus und zeichne die zugehörigen Graphen. Vergleiche die Graphen mit dem der Quadratwurzelfunktion.**

a) $f(x) = 2 \cdot \sqrt{x}$

| x | 0 | 1 | 2 | 3 | 4 |
|---|---|---|---|---|---|
| f(x) | | | | | |

b) $f(x) = \frac{1}{2} \cdot \sqrt{x}$

| x | 0 | 1 | 2 | 3 | 4 |
|---|---|---|---|---|---|
| f(x) | | | | | |

c) $f(x) = \sqrt{x} - 2$

| x | 0 | 1 | 2 | 3 | 4 |
|---|---|---|---|---|---|
| f(x) | | | | | |

d) $f(x) = \sqrt{x} + 1$

| x | 0 | 1 | 2 | 3 | 4 |
|---|---|---|---|---|---|
| f(x) | | | | | |

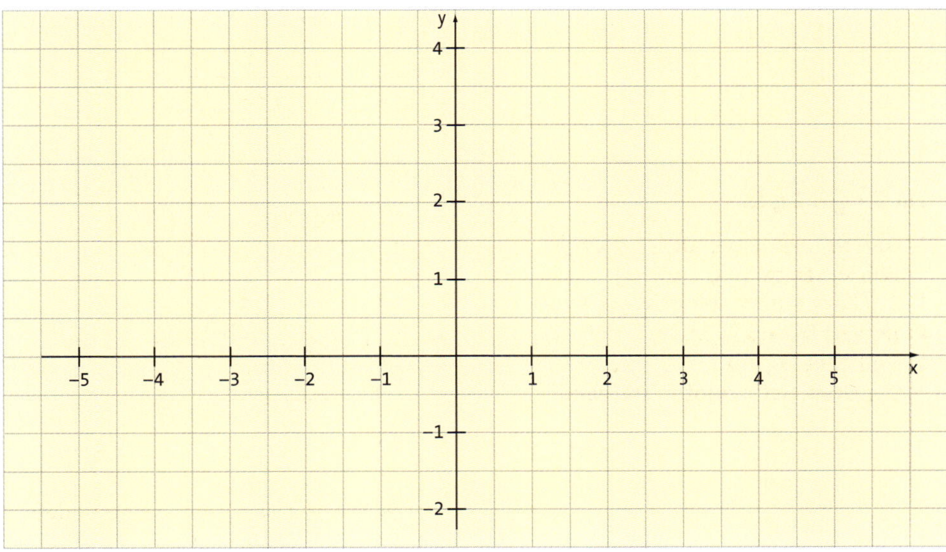


ÜBEN

## WISSEN

**Graph der Wurzelfunktion**
**$f(x) = a \cdot \sqrt{x - b} + c$**

Den Graphen erhält man aus der Funktion $g(x) = \sqrt{x}$ durch:

- Streckung oder Stauchung um den Faktor a
- Spiegelung an einer Parallelen zur x-Achse oder an der x-Achse, falls $a < 0$.
- Horizontale Verschiebung um b, für $b > 0$ nach rechts bzw. für $b < 0$ nach links.
- Vertikale Verschiebung um c, für $c > 0$ nach oben bzw. für $c < 0$ nach unten.

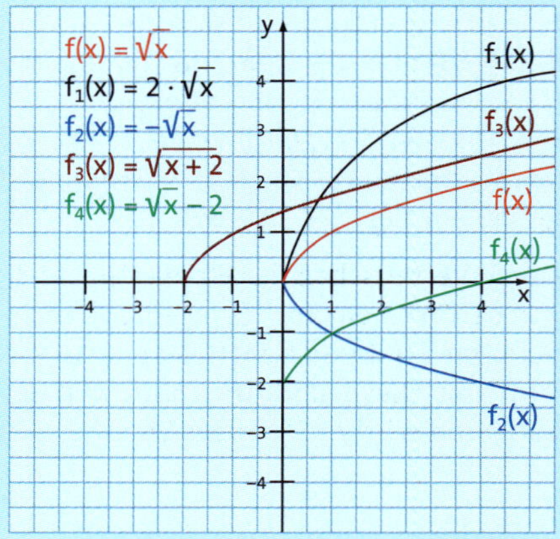


ÜBEN

**ÜBUNG 20** **Ordne den Wurzelfunktionen den passenden Graphen zu. Begründe deine Zuordnung.**

a) $f_1(x) = \sqrt{x} + 2$  b) $f_2(x) = \sqrt{x + 2}$  c) $f_3(x) = 2 \cdot \sqrt{x - 2} - 3$

1)
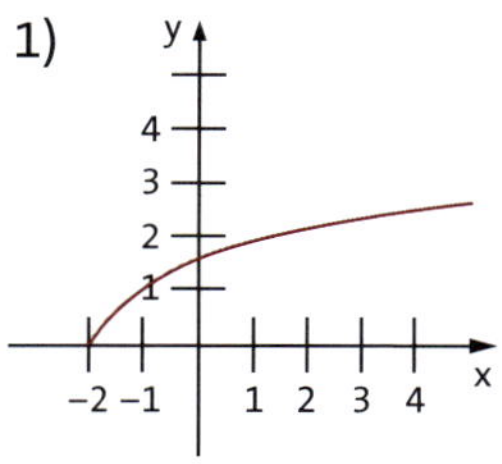

2)
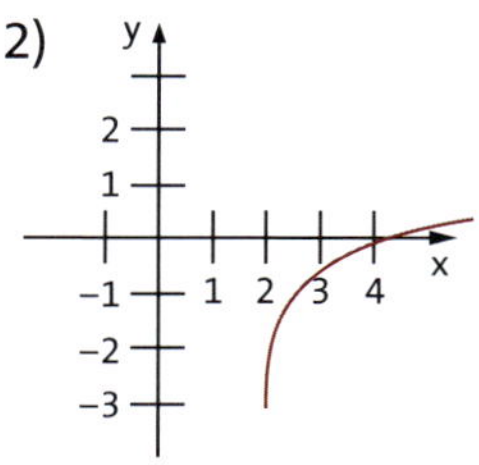

3)
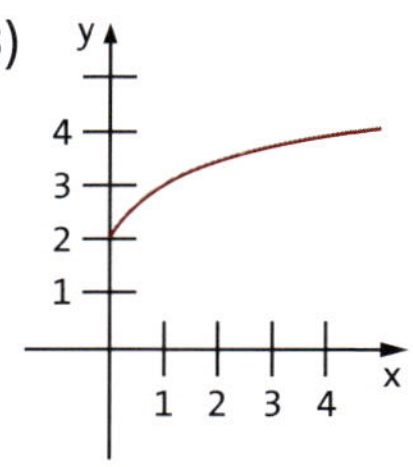

**ÜBUNG 21** **Zeichne die Graphen der angegebenen Funktionen. Erstelle zunächst eine Wertetabelle.**

a) $f(x) = \sqrt[3]{x^2}$  b) $g(x) = x^{\frac{3}{2}}$  c) $h(x) = 2 \cdot \sqrt[4]{x^3} + 1$

**ÜBUNG 22** **Löse die Gleichung $\sqrt{x} = 2x - 3$ grafisch unter Verwendung eines kartesischen Koordinatensystems mit der Längeneinheit 2 cm.**

# 2.5 Umkehrfunktionen

Eine Funktion f(x) heißt **umkehrbar eindeutige (eineindeutige) Funktion,** wenn nicht nur jedem Argument eindeutig ein Funktionswert zugeordnet ist, sondern auch umgekehrt zu jedem Funktionswert genau ein Argument gehört.

Durch Vertauschen der Elemente x und y in den Wertepaaren (x|y) einer eineindeutigen Funktion f entsteht wieder eine Funktion. Diese heißt **Umkehrfunktion** von f und wird mit $f^{-1}$ bezeichnet.

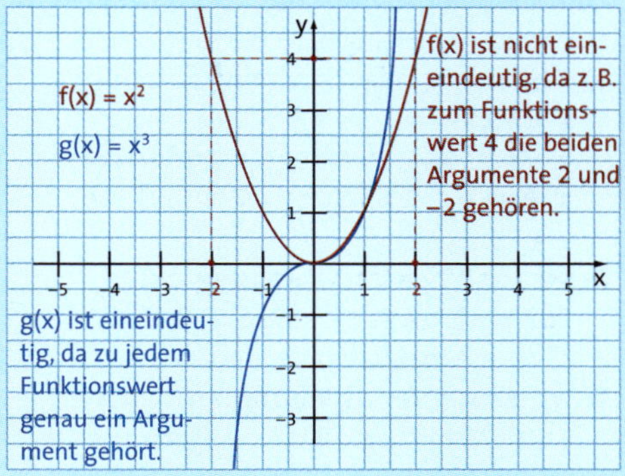


## Umkehrfunktion bilden

Um zu einer gegebenen Funktion die Umkehrfunktion zu bilden, gehe folgendermaßen vor:

- Löse y = f(x) nach x auf;
- vertausche x und y.
- Die Definitionsmenge von $f^{-1}$ ist gleich der Wertemenge von f.
- Die Wertemenge von $f^{-1}$ ist gleich der Definitionsmenge von f.

Verwendet man für die Funktion $f(x) = x^2$ als Definitionsbereich ausschließlich die Menge der nicht negativen reellen Zahlen $D = \{x|0 \leq x < \infty\}$; $W = \{y|0 \leq y < \infty\}$, so ist die Funktion eineindeutig.

*Umkehrfunktion von $y = f(x) = x^2$ bilden:*

$y = x^2$ nach x auflösen: $x = \sqrt{y}$

x und y vertauschen: $y = \sqrt{x}$

$f^{-1}(x) = \sqrt{x}$ ist Umkehrfunktion zu $f(x) = x^2$ mit $D = \{x|0 \leq x < \infty\}$ und $W = \{y|0 \leq y < \infty\}$.

Die Graphen der beiden Funktionen f und $f^{-1}$ werden werden durch Spiegelung an der Winkelhalbierenden des I. Quadranten aufeinander abgebildet.

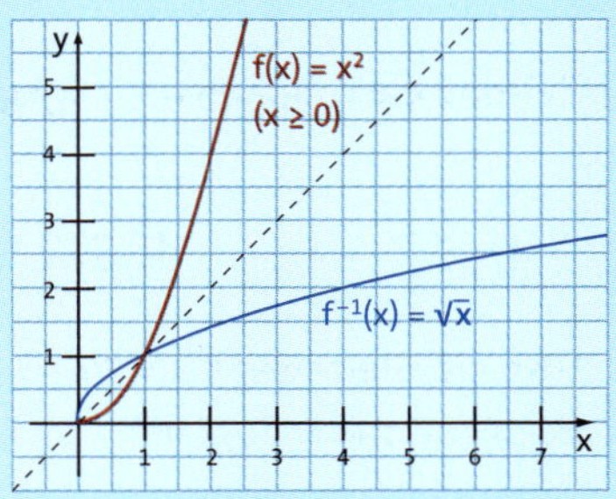


Allgemein gilt für **$f(x) = x^n$;** $(x \geq 0; n \in \mathbb{N}; n \geq 2)$:

$f^{-1}(x) = \sqrt[n]{x}$.

$f(x) = x^3$; $f^{-1}(x) = \sqrt[3]{x}$

$f(x) = x^4$; $f^{-1}(x) = \sqrt[4]{x}$

WISSEN

**ÜBUNG 23** **Welche Aussagen sind richtig? Kreuze an.**

- ☐ a) Jede Funktion besitzt eine Umkehrfunktion.
- ☐ b) Man erhält den Graphen einer Umkehrfunktion $f^{-1}(x)$ zu $f(x)$ durch Spiegelung der Funktion an der 1. Winkelhalbierenden.
- ☐ c) Man muss zu jeder Umkehrfunktion die Definitionsmenge angeben.

**ÜBUNG 24** **Gegeben sind die Graphen der Funktionen $f(x) = 2x + 1$ und $g(x) = 2$.**

a) Zeichne jeweils die Umkehrung der Funktion dazu ein.
b) Ist die Umkehrung die jeweilige Umkehrfunktion? Begründe.

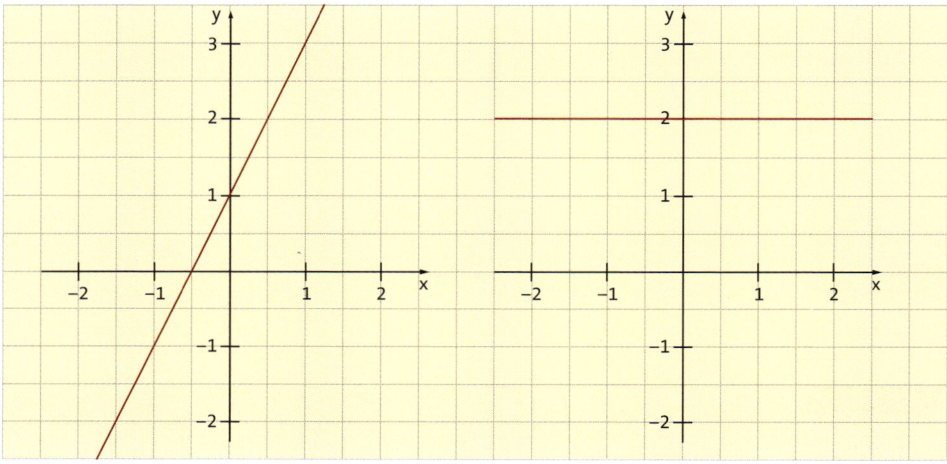


**ÜBUNG 25** **Berechne die Gleichung der Umkehrfunktion. Gib den Definitionsbereich an.**

Beispiel: $f(x) = (x + 2)^2 - 2$

$$
\begin{aligned}
f(x) &= (x + 2)^2 - 2 && \mid f(x) \text{ in } y \text{ umbenennen} \\
y &= (x + 2)^2 - 2 && \mid \text{Gleichung nach } x \text{ auflösen:} \\
y + 2 &= (x + 2)^2 \\
\sqrt{y + 2} &= x + 2 \\
\sqrt{y + 2} - 2 &= x && \mid x \text{ und } y \text{ vertauschen} \\
y &= \sqrt{x + 2} - 2 && \mid \text{Dies ist die Umkehrfunktion.} \\
f^{-1}(x) &= \sqrt{x + 2} - 2
\end{aligned}
$$

Definitionsbereich der Umkehrfunktion: $D = \{x \mid x \geq -2\}$

a) $f(x) = 3x$  b) $f(x) = 5x^2$  c) $f(x) = 2x^2 - 1$  d) $f(x) = (x - 1)^2 + 3$

**ÜBUNG 26** **Begründe: Schneidet jede Parallele zur x-Achse den Graphen einer Funktion f nur in einem Punkt, dann existiert die Umkehrfunktion $f^{-1}$ von f. Erstelle eine Skizze.**

45 Minuten

## KLASSENARBEIT 1

**AUFGABE 1** **Berechne.**

a) $5^3$ b) $(-3)^4$ c) $-3^4$

d) $\left(\frac{1}{2}\right)^{-4}$ e) $6^{-2}$ f) $989^0$

**AUFGABE 2** **Vervollständige die Wertetabelle. Beachte die Symmetrieeigenschaften!**

a)

| x | $x^4$ |
|---|---|
| 1,3 | 2,8561 |
| 1,8 | 10,4976 |
| −1,3 | |
| −1,8 | |

b)

| x | $x^5$ |
|---|---|
| 0,8 | 0,32768 |
| 1,2 | 2,48832 |
| −0,8 | |
| −1,2 | |

**AUFGABE 3** **Vereinfache die Terme.**

a) $(6^n)^3$ b) $4{,}5^{n+1} \cdot 4{,}5^{n+2}$ c) $\left(\frac{1}{4}\right)^{3x} : \left(\frac{1}{16}\right)^{3x}$

**AUFGABE 4** **Zeichne die Graphen der angegebenen Potenzfunktionen in dein Übungsheft.**

a) $f_1(x) = x^4 + 2$ b) $f_2(x) = (x-3)^4$ c) $f_3(x) = -x^3 - 1$

d) $f_4(x) = 2 \cdot (x+1)^3 + 1$ e) $f_5(x) = x^{-1} + 3$ f) $f_6(x) = x^{-2} - 2$

**AUFGABE 5** **Ein Papierbogen wird mehrmals nacheinander gefaltet. Wie viele Papierschichten liegen nach dem fünften (zehnten) Falten übereinander?**

**AUFGABE 6** **Zeichne die Graphen der angegebenen Wurzelfunktionen in dein Übungsheft.**

a) $f(x) = \sqrt{x} + 1$ b) $f(x) = \sqrt{x+1}$

c) $f(x) = -\sqrt{x+1}$ d) $f(x) = 2 \cdot \sqrt{x} + 1$

**AUFGABE 7** **Berechne die Terme.**

a) $(16 - 3 \cdot 4)^3$ b) $5 \cdot (2 + 3^2) - 5 \cdot 3$ c) $4^3 + (5 \cdot 13 - 4^3)^7$

**AUFGABE 8** **Ein Gärtner möchte an einem Bach ein rechteckiges Beet abgrenzen und hat dafür 30 m Zaun zur Verfügung. Bei welchen Abmessungen erhält er das größtmögliche Beet?**

TESTEN

## KLASSENARBEIT 2

60 Minuten

**AUFGABE 9** **Die Punkte gehören zum Graphen der angegebenen Potenzfunktion. Bestimme die fehlende Koordinate.**

| | | | |
|---|---|---|---|
| a) $f(x) = x^3$ | $P_1\left(\frac{1}{2} \mid \quad\right)$ | $P_2( \quad \mid 8)$ | $P_3( \quad \mid -27)$ |
| b) $f(x) = x^4$ | $P_1(-2 \mid \quad)$ | $P_2( \quad \mid 81)$ | $P_3( \quad \mid 0)$ |
| c) $f(x) = x^{-1}$ | $P_1(2 \mid \quad)$ | $P_2( \quad \mid -2)$ | $P_3\left(-\frac{1}{10} \mid \quad\right)$ |
| d) $f(x) = x^{-2}$ | $P_1(-2 \mid \quad)$ | $P_2( \quad \mid 4)$ | $P_3( \quad \mid 1)$ |

**AUFGABE 10** **Schreibe den Ausdruck als Potenz, berechne dann den Wert.**

a) $2^4 \cdot 2$ b) $10^3 : 10^{-3}$ c) $3^2 \cdot 6^2$

d) $\left(7^{\frac{1}{2}}\right)^2$ e) $0{,}02^{-2} : 0{,}2^{-2}$ f) $(4^2)^{-2}$

**AUFGABE 11** **Gegeben ist die Funktion $f(x) = x^{-2}$.**

a) Zeichne den Graphen der Funktion möglichst genau.
b) Bestimme die x-Werte, für die der Funktionswert kleiner als 0,5 ist.
c) Bestimme die x-Werte, für die der Funktionswert größer als 1 ist.

**AUFGABE 12** **Berechne die Terme.**

a) $\sqrt[8]{28^8}$ b) $\sqrt[6]{1}$ c) $\sqrt[4]{\frac{1}{16}}$

d) $\sqrt[3]{256} : \sqrt[3]{4}$ e) $\sqrt[4]{5} \cdot \sqrt[4]{125}$ f) $\sqrt[5]{\sqrt[3]{a^9}}$

**AUFGABE 13** **Gegeben ist der Graph einer Wurzelfunktion.**

a) Ermittle zunächst zeichnerisch den Graphen der Umkehrfunktion.
b) Berechne dann die Funktionsgleichung.

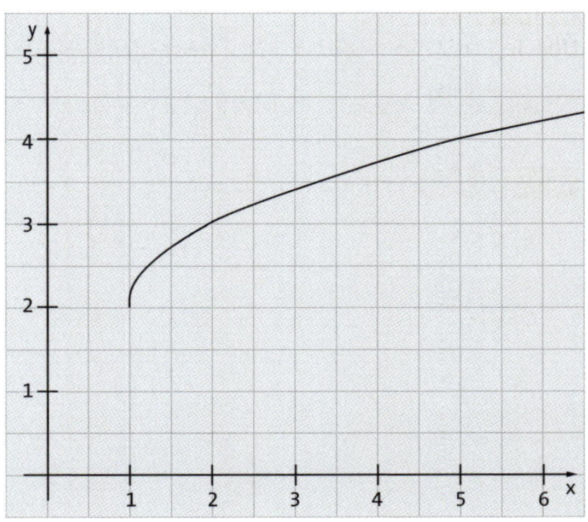

**AUFGABE 14** **Zu welchen der angegebenen Graphen findest du die passende Funktionsgleichung?**

1) $f(x) = 0{,}5x^3$
2) $f(x) = 0{,}5x^4$
3) $f(x) = (x + 2)^3$
4) $f(x) = -(x + 2)^3$
5) $f(x) = x^3 + 2$
6) $f(x) = 0{,}5x^6$
7) $f(x) = x^{-3}$
8) $f(x) = 0{,}5x^{-3}$
9) $f(x) = x^{-2}$
10) $f(x) = 2x^{-2}$
11) $f(x) = -2x^{-2}$
12) $f(x) = x^4 - 2$

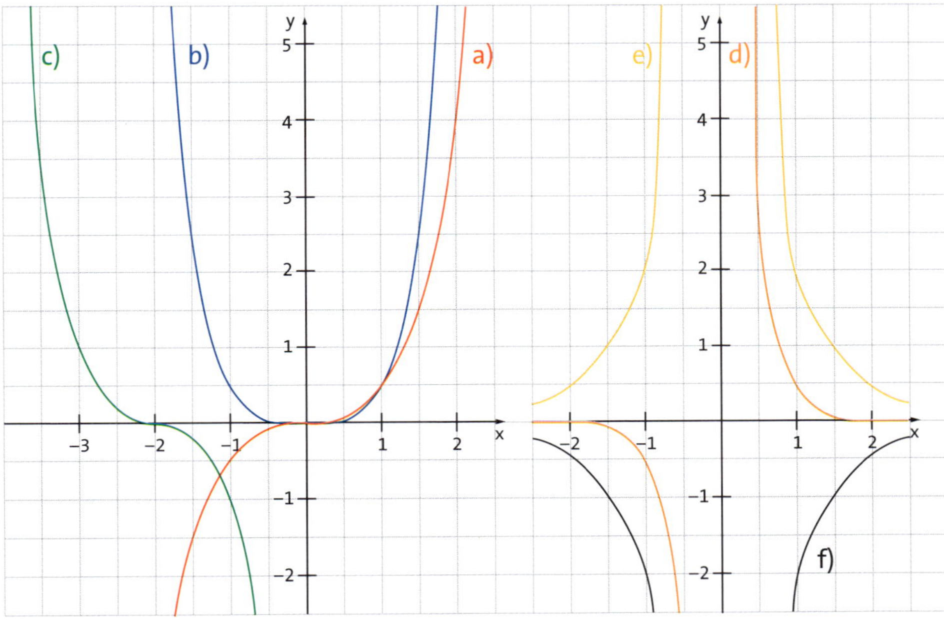


**AUFGABE 15** **Bestimme, welche der angegebenen Wurzelgleichungen keine Lösung haben. Überlege dir hierzu den Verlauf der zugehörigen Graphen. Begründe deine Aussage.**

a) $\sqrt{x+1} = \sqrt{x}$ b) $\sqrt{x} = \sqrt{x} + 2$ c) $2 \cdot \sqrt{x} = \sqrt{x+2}$ d) $\sqrt{x-3} = \sqrt{x+2}$

**AUFGABE 16** **Vereinfache die Terme.**

a) $\sqrt[4]{a^{-8}}$
b) $(a-1)^{\frac{2}{3}} \cdot a^{\frac{2}{3}}$
c) $\sqrt[n]{5} : \sqrt[n]{\frac{1}{5}}$
d) $\sqrt[4]{\left(\frac{1}{8}\right)^2}$
e) $\sqrt[3]{x} \cdot \left(\frac{1}{4}\right)^{\frac{1}{3}}$
f) $\sqrt[n]{\frac{2}{x}} : \left(\frac{x}{2}\right)^{\frac{1}{n}}$
g) $(a^3)^{n-1}$
h) $\left(a^{\frac{n}{3}} \cdot a^{\frac{n}{6}}\right) : a^{\frac{n}{4}}$
i) $(a^2 \cdot a^{-1}) + (a^3 \cdot a^{-2})$

# 3 Exponential- und Logarithmusfunktionen

## 3.1 Wachstums- und Abklingvorgänge

**Wachstum** ist die Zunahme (der **Zuwachs**) einer Größe in Abhängigkeit von einer anderen Größe (meist der Zeit).

Ein Abnahmeprozess heißt im mathematischen Sinne *(negativer) Wachstumsprozess* oder *Zerfallsprozess.*

---

Man spricht von **linearem Wachstum,** wenn der **Zuwachs** einer Größe jeweils nach Verstreichen derselben Zeiteinheit gleich groß **(konstant)** ist. Dabei geht man von einem **Anfangswert (Anfangsbestand)** aus.

Der Zuwachs nach Verstreichen einer Zeiteinheit heißt **Änderungsrate m.**
Nach t Zeiteinheiten gilt für den Bestand f(t):
$\mathbf{f(t) = m \cdot t + f(0)}$

*Beachte:* Für die Änderungsrate m eines *linearen Zerfallsprozesses* gilt: $m < 0$.

Der Graph der Funktion $f(t) = m \cdot t + f(0)$ ist eine Gerade:

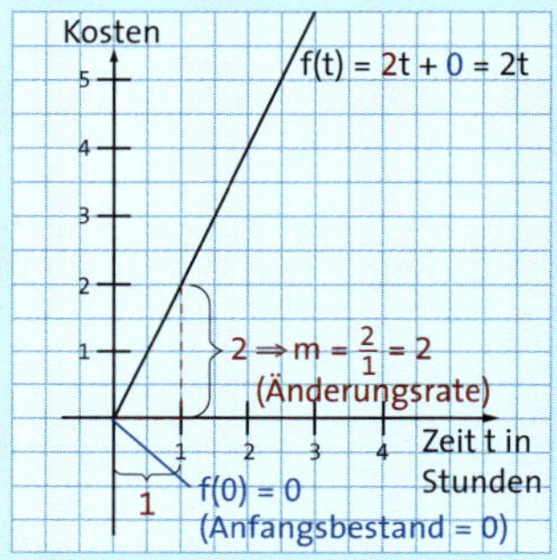


---

Man spricht von **exponentiellem Wachstum,** wenn der Zuwachs einer Größe jeweils nach Verstreichen derselben Zeiteinheit für eine feste Zahl a das a-Fache des vorherigen Bestands ist.
Nach t Zeiteinheiten gilt für den Bestand f(t):
$\mathbf{f(t) = a^t \cdot f(0)}$
a heißt **Wachstumsfaktor.**

*Beachte:* Bei einem *Zerfallsprozess* gilt: $0 < a < 1$.

Eine Bakterienkultur vermehrt sich innerhalb einer Stunde um das 3-Fache des vorherigen Bestands. Geht man von einem Anfangsbestand von 1 Bakterie aus, gilt:

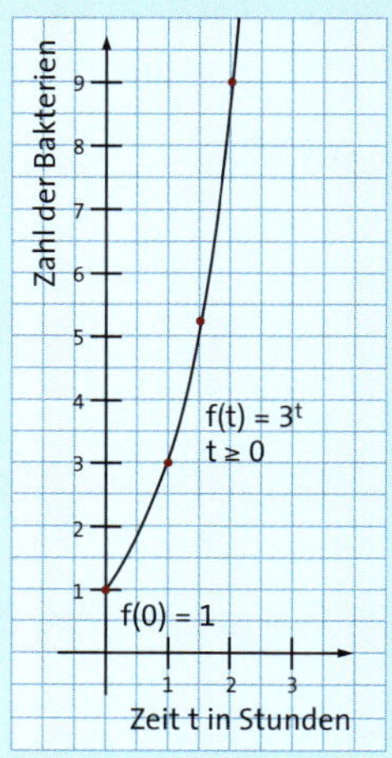


$f(0) = 1$
$f(1) = 3 \cdot 1 = 3$
$f(2) = 3^2 \cdot 1 = 9$
...
$f(t) = 3^t \cdot 1$

f(0) = Anfangsbestand
f(1) = Bestand nach Verstreichen einer Zeit einheit
usw.

**ÜBUNG 1** **Hier geht es um verschiedene Wachstumsprozesse. Fülle die Lücken.**

Auf der Wissensseite sind zwei Wachstumsprozesse erwähnt:

__________ und __________.

Beim __________ (auch prozentuales Wachstum genannt) wächst der Anfangswert in **gleichen Zeitabständen** immer um einen **festen Faktor a.** Dieser Faktor wird **Wachstumsfaktor** genannt. Beim __________ wächst der Anfangswert **in gleichen Zeitabständen** immer um einen **festen Summanden m.** Dieser wird auch __________ genannt.

**ÜBUNG 2** **Eine 15 cm lange Kerze wird beim Brennen stündlich um 1,3 cm kürzer.**

| | | | | | |
|---|---|---|---|---|---|
| **Zeitspanne in Std.** | +1 | | | | |
| **Anzahl Std.** | 0 | 1 | 2 | 3 | 4 |
| **Kerzenlänge** | 15 | 13,7 | | | |
| **Änderungsrate** | | | | | |

Es handelt sich hier ... ☐ um lineares Wachstum.

☐ um exponentielles Wachstum.

☐ weder um lineares noch um exponentielles Wachstum.

**ÜBUNG 3** **Die folgende Tabelle gibt den Wachstumsprozess der Bevölkerungszahl von Schlaudorf wieder. Gib – falls möglich – den jährlichen Wachstumsfaktor an.**

| | | | | | |
|---|---|---|---|---|---|
| **Zeitabstand** | +50 | | | | |
| **Jahr** | 1800 | 1850 | 1900 | 1950 | 2000 |
| **Einwohner** | 10 | 20 | 40 | 80 | 160 |
| **Wachstumsfaktor** | | | | | |

Es handelt sich hier ... ☐ um lineares Wachstum.

☐ um exponentielles Wachstum.

☐ weder um lineares noch um exponentielles Wachstum.

**ÜBUNG 4** **Ergänze die Tabelle und gehe dabei von exponentiellem Wachstum aus. Gib den jährlichen Wachstumsfaktor und das Wachstumsgesetz an.**

| | | | | | |
|---|---|---|---|---|---|
| **Zeitabstand** | | | | | |
| **Jahr** | 1800 | 1850 | 1900 | 1950 | 2000 |
| **Einwohner** | | 20 | 30 | | |
| **Wachstumsfaktor** | | | | | |

Wachstumsgesetz:

**ÜBUNG 5** **Gib den Wachstumsfaktor a an.**

a) 23 % Zunahme a =
b) 2,3 % Zunahme a =
c) Verdopplung a =
d) 66 % Abnahme a =
e) 300 % Zunahme a =
f) 0,02 % Abnahme a =

**ÜBUNG 6** **Welche prozentuale Zunahme bzw. Abnahme verbirgt sich dahinter?**

a) $f(x) = 1{,}07^x$ 7 % Zunahme
b) $f(x) = 0{,}997^x$
c) $f(x) = 0{,}5^x$
d) $f(x) = 3^x$
e) $f(x) = 50\,\text{mg} \cdot 0{,}97^x$
f) $f(x) = 15 \cdot 1{,}07^x$

**ÜBUNG 7** **In der Medizin benutzt man zur Behandlung von Schilddrüsenkrebs radioaktives Jod, das exponentiell zerfällt. Von 1 mg sind nach einer Stunde nur noch 0,75 mg im menschlichen Körper vorhanden.**

a) Wie viel radioaktives Jod befindet sich nach zwei (fünf) Stunden noch im Körper?
b) Gib die Wachstumsgleichung an.

**ÜBUNG 8** **Jannik vereinbart mit seinem Vater, dass er am Ersten jedes Monats 1 Cent, am Zweiten 2 Cent, am Dritten 4 Cent, am Vierten 8 Cent, am Fünften 16 Cent, am Sechsten 32 Cent usw. Taschengeld bekommt. Ausgezahlt wird täglich.**

a) Schätze, wie viel Taschengeld Jannik am 30. Tag bekommt.
b) Rechne aus, wie viel Geld am 11. Tag hinzukommt.
c) Gib die Wachstumsgleichung an.
d) Rechne aus, wie viel Taschengeld Jannik am 30. Tag bekommt.

# 3.2 Exponentialfunktionen

Eine Funktion, deren Funktionsgleichung die Form $f(x) = a^x$ ($a \in \mathbb{R}$; $a > 0$) hat, heißt **Exponentialfunktion.**

$f(x) = 2^x$
$f(x) = 0{,}5^x$

*Beachte:* Die Variable steht im Exponenten.

## Eigenschaften und Graphen

- Definitionsmenge: $\mathbb{R}$
- Wertemenge: $\{y \mid 0 < y < \infty\}$
- Der Graph geht durch den Punkt (0|1).
- Nullstelle: keine

Der Graph ist
- für $a > 1$ monoton **steigend,**
- für $0 < a < 1$ monoton **fallend.**

Der Graph nähert sich der x-Achse beliebig nahe, erreicht sie aber nie.
Man sagt: Die x-Achse ist **Asymptote.**

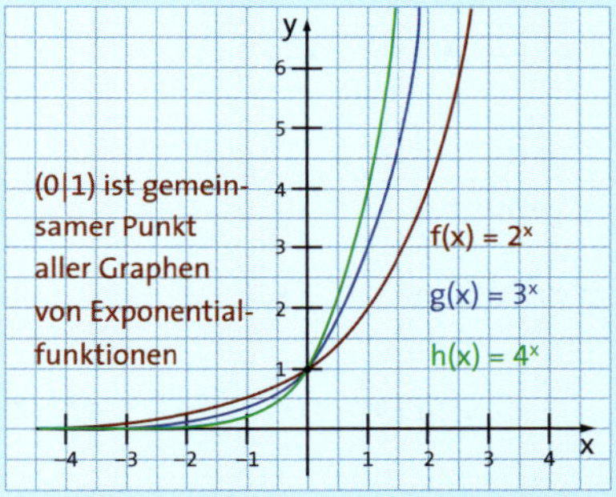


Die Funktionsgraphen von
$f(x) = a^x$ und $g(x) = \left(\frac{1}{a}\right)^x$
werden durch Spiegelung an der y-Achse aufeinander abgebildet.

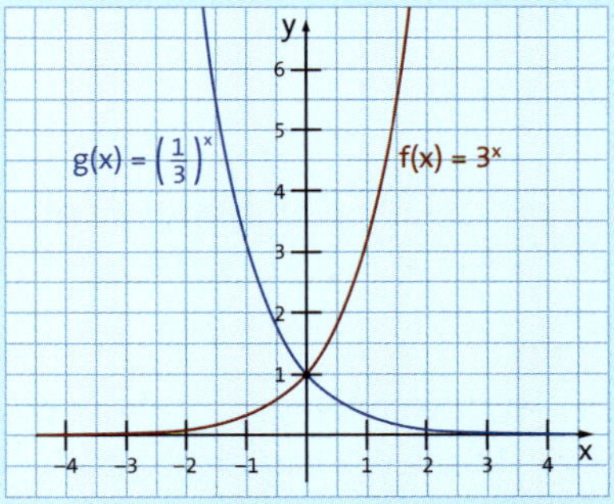


Häufig wird die **Basis 10** verwendet:
$f(x) = 10^x$.

Diese Basis spielt auch bei den Logarithmen eine große Rolle (↗ Kap. 3.3–3.5).

Die wichtigste Exponentialfunktion ist die Funktion $\mathbf{f(x) = e^x}$.
Der Buchstabe **e** symbolisiert eine feste Zahl (**eulersche Zahl;** $e \approx 2{,}718$).

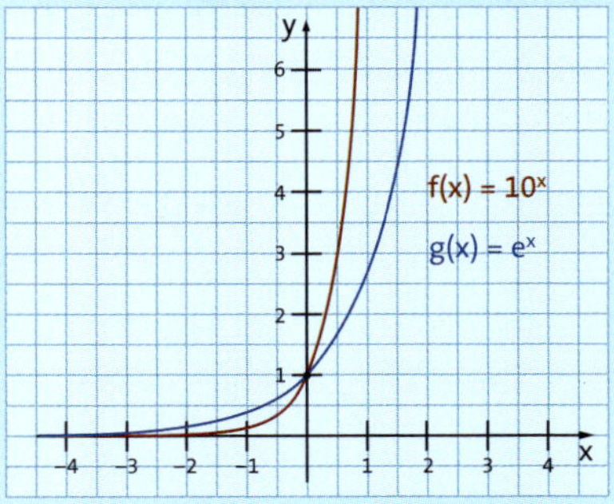

**ÜBUNG 9** **Zeichne die Graphen der Funktionen $f_1(x) = 2^x$ und $f_2(x) = \left(\frac{1}{2}\right)^x$ mithilfe der unten angegebenen Wertetabelle in das schon vorbereitete Koordinatensystem.**

| x | −6 | −4 | −3 | −2 | −1 | 0 | 1 | 2 | 3 | 4 | 5 | 6 |
|---|---|---|---|---|---|---|---|---|---|---|---|---|
| $f_1(x) = 2^x$ | | | | | | | | | | | | |
| $f_2(x) = \left(\frac{1}{2}\right)^x$ | | | | | | | | | | | | |

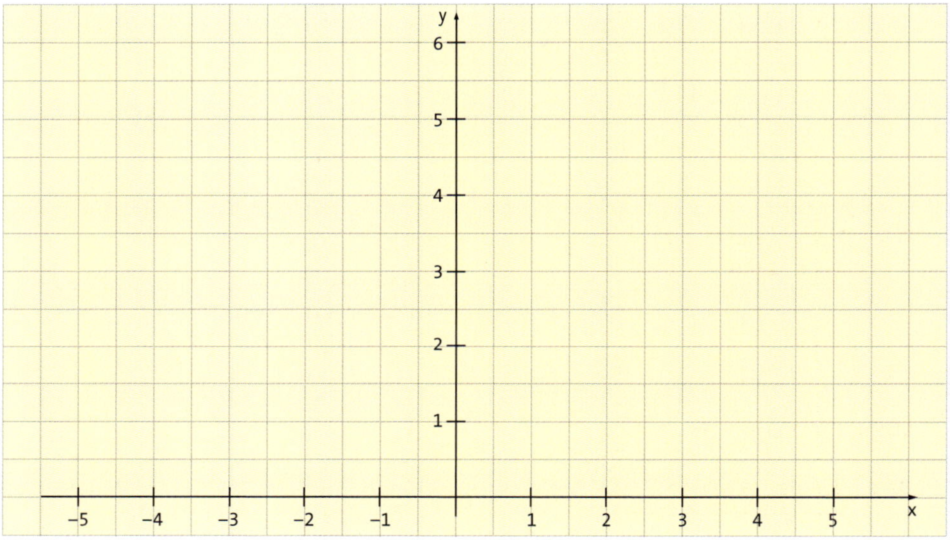


Welchen Zusammenhang zwischen den beiden Graphen kannst du feststellen?

**ÜBUNG 10** **Im abgebildeten Koordinatensystem sind die Graphen folgender Exponentialfunktionen abgebildet. Entscheide, welcher Graph zu welcher Funktion gehört.**

a) $f_1(x) = 2^x$

b) $f_2(x) = 1{,}3^x$

c) $f_3(x) = e^x$

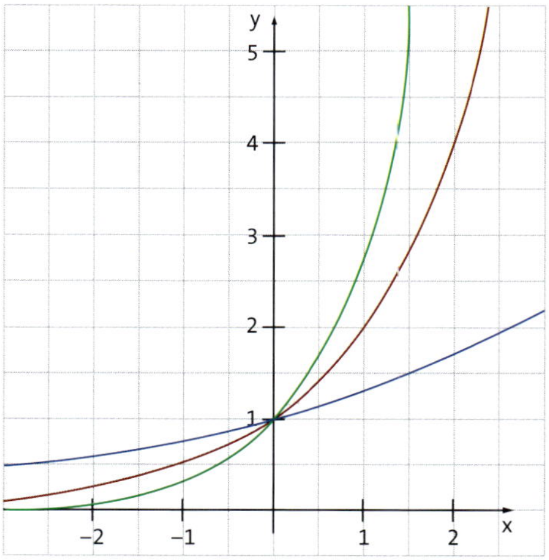

# 3.3 Rechnen mit Logarithmen

Das Logarithmieren ist eine weitere Umkehrung des Potenzierens.

**$a^x = c$** ist gleichbedeutend mit:
**$x = \log_a c$.**
($a \in \mathbb{R}$; $a > 0$; $c > 0$)

Man sagt:
x = Logarithmus von c zur Basis a.

*Merke:* Der Logarithmus von c zur Basis a ist derjenige Exponent, mit dem man a potenzieren muss, um c zu erhalten.

Das Hintereinanderausführen von Potenzieren und Logarithmieren (zur gleichen Basis) hebt sich deswegen auf:

$a^{\log_a x} = x$

$\log_a a^x = x$

**Für a > 0 gilt:**
- $\log_a 1 = 0$ (denn $a^0 = 1$)
- $\log_a a = 1$ (denn $a^1 = a$)

$\log_{10} 1 = 0$; denn $10^0 = 1$
$\log_{10} 10 = 1$; denn $10^1 = 10$

Man schreibt für den Logarithmus zur Basis 10 auch kürzer:
$\log_{10} x = \lg x$, z. B. $\lg 100 = 2$

## Logarithmengesetze

Da es sich bei den Logarithmen um Exponenten handelt, gehen aus den Potenzgesetzen die folgenden Logarithmengesetze hervor:

Mithilfe der Logarithmengesetze kannst du Rechnungen vereinfachen.

| Potenzgesetz | Logarithmengesetz | |
|---|---|---|
| $a^u \cdot a^v = a^{u+v}$ | $\log_a(u \cdot v) = \log_a u + \log_a v$ | $\log_2(64) = \log_2(16 \cdot 4) = \log_2 16 + \log_2 4 = 4 + 2 = 6$ |
| $a^u : a^v = a^{u-v}$ | $\log_a\left(\frac{u}{v}\right) = \log_a u - \log_a v$ | $\log_3\left(\frac{81}{3}\right) = \log_3 81 - \log_3 3 = 4 - 1 = 3$ |
| $(a^u)^v = a^{u \cdot v}$ | $\log_a(u^v) = v \cdot \log_a u$ | $\log_4(4\,096) = \log_4(16^3) = 3 \cdot \log_4 16 = 3 \cdot 2 = 6$ |
| $a^{\frac{u}{v}} = \sqrt[v]{a^u}$ | $\log_a \sqrt[v]{u} = \frac{1}{v} \log_a u$ | $\log_3 \sqrt[2]{81} = \frac{1}{2} \log_3 81 = \frac{1}{2} \cdot 4 = 2$ |

**ÜBUNG 11** **Ergänze die folgende Tabelle.**

| | Gleichung als Potenz | Gleichung als Logarithmus |
|---|---|---|
| a) | $2^x = 8$ | $x = \log_2 8$ |
| b) | $2^x = 32$ | |
| c) | | $4 = \log_3 81$ |
| d) | $4^2 = 16$ | |
| e) | | $x = \log_4 128$ |

**ÜBUNG 12** **Schreibe als Logarithmus und bestimme anschließend den Exponenten.**
**Beispiel: $2^x = 32$ folglich ist $x = \log_2 32 = \log_2 2^5 = 5$, denn $2^5 = 32$**

a) $3^x = 9$ b) $10^x = 100\,000$ c) $2^x = 128$ d) $6^x = 216$ e) $5^x = 125$
f) $4^x = 256$ g) $3^x = 81$ h) $7^x = 49$ i) $8^x = 512$ j) $2^x = 1024$

**ÜBUNG 13** **Bestimme die Logarithmen – auf eine Stelle nach dem Komma genau – durch Probieren mit dem Taschenrechner.**

Beispiel: $4^x = 65$; $x \approx 3{,}0$
Du kannst den gesuchten Wert mithilfe der Intervallschachtelung bestimmen:

$4^3 = 64 < 65$ 3 ist noch zu klein
$4^{3,1} \approx 73{,}5 > 65$ 3,1 ist zu groß
$4^{3,04} \approx 67{,}6 > 65$ 3,04 ist zu groß

} $3 < x < 3{,}04$; folglich gilt $x \approx 3{,}0$

a) $3^x = 17$ b) $10^x = 1000$ c) $7^x = 278$ d) $9^x = 216$
e) $5^x = 128$ f) $6^x = 81$ g) $8^x = 49$ h) $13^x = 512$

**ÜBUNG 14** **Berechne folgende Logarithmen. Mithilfe der Tatsache, dass $\log_{10} 2 \approx 0{,}301$ gilt, und mithilfe der Rechenregeln für Logarithmen lassen sich diese Aufgaben auch ohne Taschenrechner lösen.**
**Beispiel: $\log_{10} 200 = \log_{10}(2 \cdot 100) = \log_{10} 2 + \log_{10} 100 \approx 0{,}301 + 2 = 2{,}301$**

a) $\log_{10} 20 =$

b) $\log_{10} 5 = \log_{10}\left(\frac{10}{2}\right) = \log_{10} 10 -$ ______ $\approx$

c) $\log_{10} 8 = \log_{10}(2^3) = 3\log_{10} 2 =$

d) $\log_{10} 50 =$

e) $\log_{10} 0{,}002 =$

# 3.4 Exponential- und Logarithmengleichungen

Eine Gleichung, in der die Variable im Exponenten steht, heißt **Exponentialgleichung.**

$3^x = 27$  $7^{\frac{1}{2}x} = 49$  $1{,}8^x = 2x$

## Exponentialgleichungen lösen

**... durch Exponentenvergleich:**

*Es gilt:* Potenzen mit gleicher Basis a ($a \neq 0$; $a \neq 1$) sind gleich, wenn die Exponenten gleich sind.

Dieses Wissen machst du dir zunutze, wenn du Exponentialgleichungen der Form $a^{bx+c} = a^{dx+e}$ lösen willst.
Du kannst die Exponenten direkt vergleichen und die Gleichung durch Umformen lösen.

Löse die Exponentialgleichung:

$6^{2x-4} = 6^1$

Da die Basis gleich ist; vergleiche die Exponenten:

$2x - 4 = 1$
$2x = 5$
$x = 2{,}5$

**... durch Logarithmieren:**

Du musst z. B. von beiden Seiten den Zehnerlogarithmus bilden und die entstandene Gleichung anschließend mithilfe der Logarithmengesetze nach x auflösen.

Schrittfolge:

$a^x = b$ | Zehnerlogarithmus bilden

$\lg a^x = \lg b$ | Logarithmengesetze (↗ Kap. 4.3)

$x \cdot \lg a = \lg b$ | nach x auflösen

$x = \frac{\lg b}{\lg a}$

*Beachte:* Damit gilt auch

$x = \log_a b = \frac{\lg b}{\lg a}$.

Löse die Exponentialgleichung:

$3^x = 81$ | Zehnerlogarithmus bilden

$\lg 3^x = \lg 81$ | Logarithmengesetze anwenden

$x \cdot \lg 3 = \lg 81$ | nach x auflösen

$x = \frac{\lg 81}{\lg 3} = 4$

$x = \log_3 81 = \frac{\lg 81}{\lg 3}$

WISSEN

**ÜBUNG 15** **Löse die Gleichungen. Vergiss die Probe nicht.**

| | Probe | | Probe |
|---|---|---|---|
| a) $5^x = 21$ | $5^{1{,}89} \approx 21$ | b) $100^x = 2$ | |
| c) $0{,}5^x = 12$ | | d) $2{,}3^x = 0{,}3$ | |
| e) $\left(\frac{2}{3}\right)^x = 5$ | | f) $5^x = 20$ | |
| g) $17^x = 13$ | | h) $0{,}1^x = 21$ | |

**ÜBUNG 16** **Berechne folgende Logarithmen.**

| | | | |
|---|---|---|---|
| a) $\log_4 22$ = | $\frac{\lg 2}{\lg 4}$ = | b) $\log_5 1$ = | |
| c) $\log_{17} 177$ = | | d) $\log_3 312$ = | |
| e) $\log_9 0{,}214$ = | | f) $\log_6 178$ = | |
| g) $\log_3 8$ = | | h) $\log_4 11$ = | |

**WISSEN**

**Logarithmengleichungen lösen**
Eine Gleichung, in der die Variable im Argument der Logarithmusfunktion vorkommt, heißt **Logarithmengleichung.**

Logarithmengleichung lösen:

$$\lg (ax + b)^q = c \quad | \text{ Logarithmengesetz}$$
$$q \cdot \lg (ax + b) = c \quad | : q$$
$$\lg (ax + b) = \frac{c}{q} \quad | \text{ (10 hoch ...)}$$
$$10^{\lg (ax + b)} = 10^{\frac{c}{q}} \quad | \text{ siehe (*)}$$
$$ax + b = 10^{\frac{c}{q}} \quad | - b$$
$$ax = 10^{\frac{c}{q}} - b \quad | : a$$
$$x = \frac{10^{\frac{c}{q}} - b}{a}$$

(*) *Beachte:* $10^{\lg x} = x$ (↗ Kap. 3.3)

Löse die Logarithmengleichung:

$$\lg (x + 7) = 2$$
$$\underbrace{10^{\lg (x+7)}}_{= x + 7} = 10^2$$
$$x + 7 = 10^2$$
$$x + 7 = 100$$
$$x = 93$$

Löse die Logarithmengleichung:

$$\lg \sqrt{3x - 2} = 1$$
$$\lg (3x - 2)^{\frac{1}{2}} = 1$$
$$\frac{1}{2} \cdot \lg (3x - 2) = 1$$
$$\lg (3x - 2) = 2$$
$$3x - 2 = 10^2$$
$$3x = 100 + 2$$
$$3x = 102$$
$$x = 34$$

ÜBEN

**ÜBUNG 17** **Löse die Exponentialgleichungen auf drei Nachkommastellen genau. Vergiss die Probe nicht.**

a) $7{,}2 \cdot 5^{x-3} = 2{,}6$ Probe

b) $0{,}4 \cdot 5{,}2^{2x-3} = 1$ Probe

c) $\lg\sqrt{2x+7} = 3$

d) $\lg(1-x) = 0{,}3$

**ÜBUNG 18** **Um gute Unterwasseraufnahmen machen zu können, überprüft Jonas, welche Helligkeit in verschiedenen Tiefen herrscht. Seine Messungen ergeben Folgendes: Mit jedem Meter Wassertiefe nimmt die Helligkeit um 6 % ab.**

a) Ergänze folgende Tabelle:

| **Tauchtiefe in m** | 0 | 1 | 2 | 3 | 5 | 10 |
|---|---|---|---|---|---|---|
| **Helligkeit in LUX** | 50 000 | | | | | |

b) Wie hell ist es in 20 m Tiefe?

**ÜBUNG 19** **Unter idealen Bedingungen wächst die Braunalge wöchentlich um 40 %. Zu Beginn der Beobachtung war sie 0,75 cm groß. Das Wasser ist an dieser Stelle 30 cm tief.**

In wie vielen Wochen …
a) hat die Braunalge ihre Länge verdoppelt?
b) hat die Braunalge ihre Länge verdreifacht?
c) ist die Braunalge an die Oberfläche gelangt?

**ÜBUNG 20** **In einer Thermoskanne befindet sich Tee mit einer Temperatur von 92 °C. Stündlich nimmt die Temperatur des Getränks um ca. 4 % ab.**

a) Welche Temperatur hat der Tee nach 4 Stunden?
b) Wann sinkt die Temperatur unter 60 °C?

ÜBEN

**ÜBUNG 21** **Lea bekommt ein Medikament injiziert. Es wird mit einer Halbwertszeit von 10 Stunden exponentiell abgebaut. Sie darf das Krankenhaus erst verlassen, wenn nur noch 8 % der injizierten Medikamentenmenge in ihrem Körper sind.**
**Wann darf Lea das Krankenhaus verlassen?**

Eine Halbwertszeit von zehn Stunden heißt: Innerhalb von 10 Stunden hat Lea die Hälfte der Dosis des Medikamentes abgebaut:

$a^{10} = 0{,}5$; folglich ist $a = \sqrt[10]{0{,}5} \approx 0{,}933$

Es gilt also: $0{,}933^{\text{Anzahl der Stunden}} = 0{,}08$

**ÜBUNG 22** **Patienten bekommen bei Untersuchungen der Schilddrüse radioaktives Jod verabreicht. Die Verbreitung des Jodes im Körper kann mithilfe von Strahlenmessgeräten verfolgt werden. Das hierfür verwendete Jod hat eine Halbwertszeit von ca. 8 Tagen.**

a) Wie viel Prozent der ihm verabreichten Menge an radioaktiven Jodatomen hat der Patient sechs Wochen nach einer solchen Untersuchung noch im Körper?
b) Wann sinkt der Wert unter 5 %?

Eine Halbwertszeit von ______ heißt: Die Hälfte der Dosis des Stoffes wird innerhalb von ______ abgebaut:

______ = 0,5; folglich ist a = ______

Es gilt also: ______ $^{\text{Anzahl der Tage}} = 0{,}05$

# 3.5 Logarithmusfunktionen

Eine Funktion, deren Funktionsgleichung die Form $f(x) = \log_a x$ ($a, x \in \mathbb{R}$; $a, x > 0$; $a \neq 1$) hat, heißt **Logarithmusfunktion.**

Die Logarithmusfunktion $f(x) = \log_a x$ ist die **Umkehrfunktion zur Exponentialfunktion** $g(x) = a^x$.

Funktionsgraphen zu $f(x) = e^x$ und $g(x) = \log_e x$

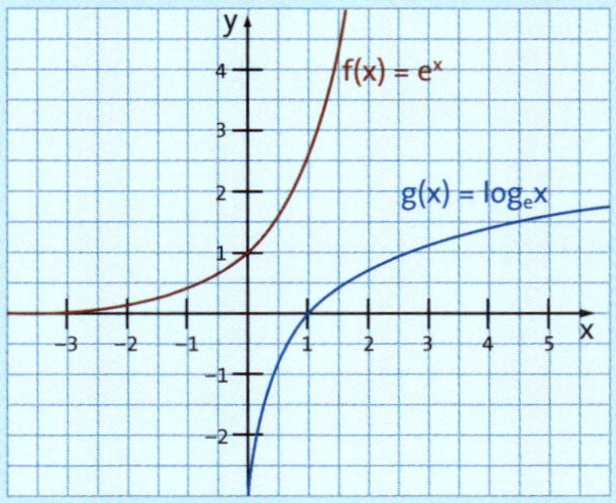


## Eigenschaften und Graphen

- Definitionsmenge: $\{x \mid 0 < x < \infty\}$
- Wertemenge: $\mathbb{R}$
- Der Graph geht durch den Punkt (1|0).
- Nullstelle: $x_0 = 1$

Der Graph ist
- für $a > 1$ monoton **steigend;**
- für $0 < a < 1$ monoton **fallend.**

Die Funktionsgraphen von

$f(x) = \log_a x$ und $g(x) = \log_{\frac{1}{a}} x$

werden durch Spiegelung an der x-Achse aufeinander abgebildet.

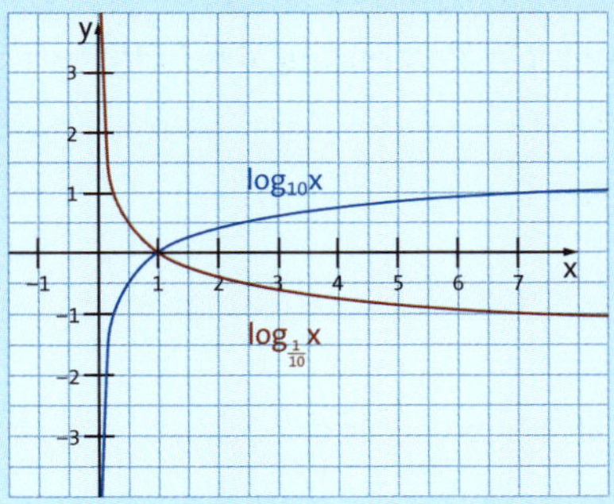


Häufig wird die **Basis 10** verwendet. Man spricht vom **dekadischen Logarithmus.** Man schreibt für $f(x) = \log_{10} x$ auch

**$f(x) = \lg x$** (↗ Kap. 3.3)

Die wahrscheinlich bekannteste Logarithmusfunktion ist die zur **Basis e:** $f(x) = \log_e x$. Man schreibt $f(x) = \ln x$. Der Buchstabe e symbolisiert eine feste Zahl (**eulersche Zahl;** $e \approx 2{,}718$).

Man spricht hier vom **natürlichen Logarithmus,** kurz **ln** („logarithmus naturalis“, sprich: „el-en“).

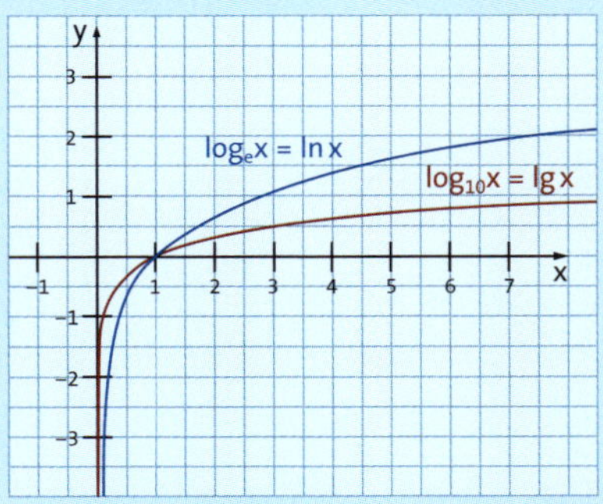

**ÜBUNG 23** **Betrachte die Funktion $\log_2 x$ und deren Umkehrfunktion.**

a) Zeichne den Graphen der Logarithmusfunktion $f_1(x) = \log_2 x$.

| **x** | 0,125 | 0,25 | 0,5 | 1 | 2 | 4 | 8 |
|---|---|---|---|---|---|---|---|
| **$f_1(x) = \log_2 x$** | | | | | | | |

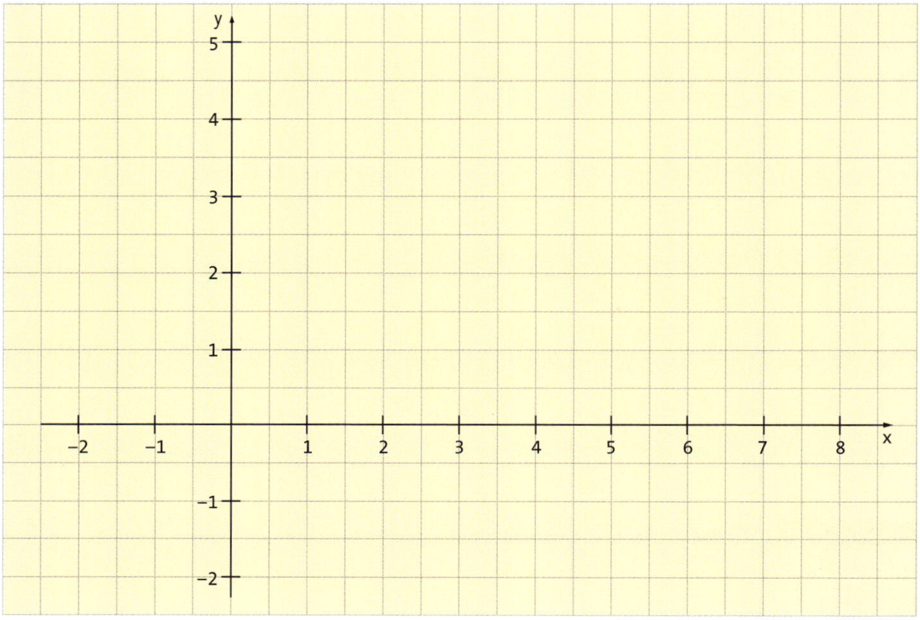


b) Lies die Funktionswerte $\log_2 1 =$ ____, $\log_2 3 \approx$ ____ und $\log_2 10 \approx$ ____ ab.

c) Zeichne den Graphen der Umkehrfunktion $f_2(x) = 2^x$ in das obige Koordinatensystem mit ein. Ergänze zunächst die folgende Wertetabelle:

| **x** | −3 | −2 | −1 | 0 | 1 | 2 | 3 |
|---|---|---|---|---|---|---|---|
| **$f_2(x) = 2^x$** | | | | | | | |

d) Was fällt dir an den Graphen in a) und c) auf?

e) Zeige für mindestens drei Punkte, dass der Graph von $f_2(x) = 2^x$ durch Spiegelung des Graphen von $f_1(x) = \log_2 x$ an der Geraden $y = x$ entsteht.

**ÜBUNG 24** **Zeichne die Graphen von $f_1(x) = \log_2 x$, $f_2(x) = \log_5 x$ und $f_3(x) = \log_{10} x$ in ein gemeinsames Koordinatensystem. Was haben diese Graphen gemeinsam und worin unterscheiden sie sich?**

90 Minuten

## KLASSENARBEIT 1

**AUFGABE 1** **Berechne.**

a) $\log_2 214$ =

b) $\log_6 1{,}7$ =

c) $\log_4 9$ =

d) $\log_4 0{,}1$ =

**AUFGABE 2** **Eine 10 cm lange Kerze wird angezündet. Beim Brennen wird sie stündlich um 1,3 cm kürzer.**

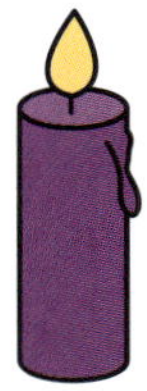

a) Wie lang ist die Kerze nach einer, drei, neun bzw. 14,5 Stunden?

b) Gib die Wachstumsfunktion an:

c) Nach wie viel Stunden ist die Kerze nur noch 4 cm lang?

d) Zeichne den Graphen der Wachstumsfunktion in dein Übungsheft.

**AUFGABE 3** **Welchen Betrag muss Familie Heller als Einmalzahlung bei der Bank anlegen, um bei einer jährlichen Verzinsung von 4,5 % nach 20 Jahren 100 000 € ausbezahlt zu bekommen?**

**AUFGABE 4** **Für die Ausbildung ihres Sohnes Tim-Lukas hat Familie Münzmann bei der Bank Vermehr 2 500 € fest angelegt. Sie haben für 18 Jahre eine feste Verzinsung von 3,5 % vereinbart.**

a) Wie viel Geld (in €) befindet sich nach drei Jahren auf diesem Konto?
b) Wie sieht der Kontostand nach 18 Jahren aus?

**AUFGABE 5** **5 000 € werden auf einem Konto mit 2,75 % verzinst.**

a) Welche Summe steht nach 8 Jahren zur Verfügung, wenn während dieser Zeit außer den Zinsgutschriften keine Kontobewegungen stattgefunden haben?

b) Wie viel Euro Zinsen bekommt der Sparer, wenn er jedes Jahr die Zinsen abgehoben hat?

c) Wie viel Zeit vergeht, bis sich das Kapital verdoppelt hat?

**AUFGABE 6** **Das Dorf Morlautern verzeichnete folgende Bevölkerungsentwicklung:**

| Jahr | 1993 | 1998 | 2003 | 2008 | 2013 |
|---|---|---|---|---|---|
| Einwohnerzahl | 345 | 355 | 366 | 377 | 388 |

a) Untersuche, ob exponentielles Wachstum vorliegt.
b) Um wie viel Prozent nimmt die Bevökerung jeweils innerhalb von fünf Jahren zu?
c) Mit welcher Einwohnerzahl ist bei gleichbleibendem Wachstum im Jahr 2018 zu rechnen?

**AUFGABE 7** **Im Jahr 2000 betrug die Weltbevölkerung 6,02 Milliarden Menschen. Im Jahr 1975 betrug sie 4,09 Milliarden.**

a) Berechne den Wachstumsfaktor für die Zeiteinheit „25 Jahre".
b) Wie viel Milliarden Menschen leben voraussichtlich im Jahr 2025 auf der Erde, wenn das Wachstum weiterhin so bleibt?
c) Wann wird es doppelt so viele Menschen geben wie im Jahr 2000?

TESTEN

**AUFGABE 8** **Laura bekommt um 9.30 Uhr 5 mg eines Medikaments injiziert. Innerhalb einer Stunde werden im Körper 8 % des Medikaments abgebaut. Wann befinden sich nur noch 0,3 mg in ihrem Körper?**

**AUFGABE 9** **Erstelle eine Wertetabelle für die Funktion mit der Gleichung $f(x) = \frac{3}{2} \ln x$ für $0 < x \leq 10$. Zeichne den Graphen der Funktion.**

**AUFGABE 10** **Wie ändert sich der Funktionswert der Exponentialfunktion f mit $f(x) = a^x$, wenn man ...**

a) x verdoppelt?
b) x halbiert?

**AUFGABE 11** **Ermittle die Gleichung der Exponentialfunktion $f(x) = a \cdot q^x$, deren Graph die Punkte $P_1$ und $P_2$ enthält.**

a) $P_1(1|3)$ und $P_2(2|4{,}5)$
b) $P_1(0|-3)$ und $P_2(3|-24)$

60 Minuten

## KLASSENARBEIT 2

**AUFGABE 12** **Wie verändert sich der Funktionswert der Funktion $f(x) = 2^x$, wenn das Argument x ...**

a) um 10 größer wird?
b) um 10 kleiner wird?
c) Kannst du diesen Sachverhalt in einer einfachen Regel zusammenfassen? (Tipp: $1024 \approx 1000$)

**AUFGABE 13** **Skizziere den Graphen der Funktion.**

a) $f(x) = 2^x$ b) $g(x) = 2^x - 2$ c) $h(x) = 0{,}5^x$ d) $i(x) = 3 \cdot 0{,}5^x$

**AUFGABE 14** **Ermittle die Logarithmen. Überprüfe dein Ergebnis, indem du dem umgekehrten Weg nachgehst.**

a) $\log_2 10$ b) $\log_2 1024$ c) $\log_2 0{,}25$ d) $\log_2 0{,}01$
e) $\log_4 16$ f) $\log_3 27$ g) $\log_5 7{,}6$ h) $\log_{0,6} 5{,}2$

**AUFGABE 15** **Löse folgende Gleichungen.**

a) $3^x = 27$ b) $7 \cdot 2^x = 140$ c) $0{,}5^{2x} + 3 = 78$
d) $4^{x+3} = 27$ e) $5 + 3^x = 27$ f) $3{,}5^{2x+1} = 3^{2-x}$

**AUFGABE 16** **Löse folgende Logarithmusgleichungen.**

a) $\log_8 x = 0$ b) $\log_4 x = 4$ c) $\log_{16} x = 0{,}5$
d) $\log_7 x = 1$ e) $3 \cdot \log_2(x + 2) = 10$ f) $\lg 2x = 4$

**AUFGABE 17** **Auf einem Teich wachsen Seerosen. Die Seerosen vermehren sich sehr schnell – jedes Jahr verdoppelt sich die von ihnen bedeckte Fläche. Nach 5 Jahren ist nur noch die Hälfte des Teiches frei.**

a) Wann ist der Teich vollkommen zugewachsen?
b) Wie viel Prozent des Teiches waren nach 1, 2, 3, 4, 5 Jahren mit Seerosen bedeckt?

**AUFGABE 18** **Ein Kapital in Höhe von 8 500 € wird mit einem Zinssatz von 3,9 % auf einem Tagesgeldkonto angelegt. Wie hoch ist der Kontostand nach 6,5 Jahren, wenn zwischenzeitlich keine Zinsen abgehoben werden?**

TESTEN

# 4 Der Kreis

## 4.1 Umfang und Flächeninhalt

WISSEN

Du erinnerst dich: Der **Kreis** K(M; r) ist die Menge aller Punkte, die von einem festen Punkt M den gleichen Abstand r haben. r heißt Radius des Kreises.

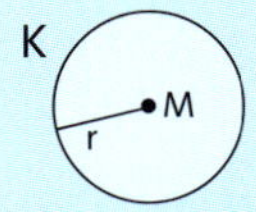


Jeder Kreis kann durch **zentrische Streckung** aus jedem beliebigen anderen Kreis erzeugt werden. Kreise sind daher immer **ähnlich** zueinander.
Jeder Kreis ist die Vergrößerung oder Verkleinerung eines anderen Kreises.

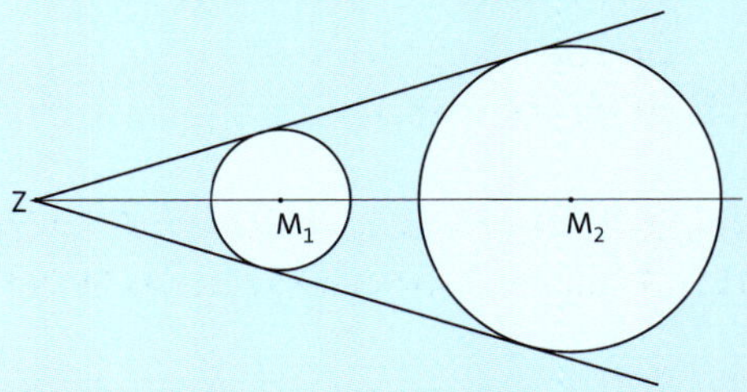


### Die Kreiszahl π

Da bei einer zentrischen Streckung die Längenverhältnisse gleich bleiben, ist für jeden Kreis das Verhältnis zwischen *Kreisumfang* und *Durchmesser d* gleich, nämlich

$\frac{U}{d} = \pi \approx 3{,}14$.

Ein Rad, dessen *Durchmesser einen Meter* beträgt, rollt bei einer Umdrehung π Meter ≈ 3,14 Meter weit.
Ein Rad, dessen Durchmesser einen halben Meter beträgt, rollt bei einer Umdrehung $\frac{\pi}{2}$ Meter ≈ 1,57 Meter weit.

### Umfang und Flächeninhalt

Für den **Umfang** des Kreises gilt:
$U = \pi \cdot d$ bzw. $U = 2 \cdot \pi \cdot r$

Für den **Flächeninhalt** des Kreises gilt:
$A = \pi \cdot r^2$

Ein Kreis mit dem Radius r = 2 cm hat den Umfang $U = \pi \cdot 4\,\text{cm} \approx 12{,}57\,\text{cm}$.

Ein Kreis mit dem Radius r = 3 cm hat den Flächeninhalt $A = \pi \cdot 9\,\text{cm}^2 \approx 28{,}27\,\text{cm}^2$.

Um den **Flächeninhalt eines Kreisrings** zu berechnen, musst du den Flächeninhalt des inneren Kreises von dem des äußeren Kreises abziehen:
$A = \pi \cdot r_2^2 - \pi \cdot r_1^2 = \pi\,(r_2^2 - r_1^2)$

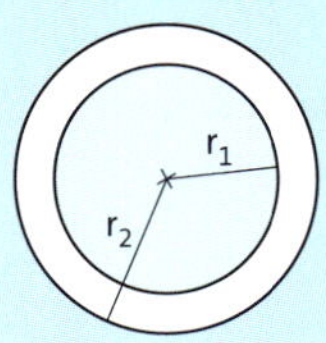


$r_2 = 3\,\text{cm}$; $r_1 = 2\,\text{cm}$;
$A = \pi\,(3^2\,\text{cm}^2 - 2^2\,\text{cm}^2)$
$= \pi\,(9 - 4)\,\text{cm}^2$
$= 5\pi\,\text{cm}^2 \approx 15{,}7\,\text{cm}^2$

**ÜBUNG 1** **Von einem Kreis ist jeweils eine von drei Größen gegeben. Berechne die fehlenden Größen.**

| | | | | | |
|---|---|---|---|---|---|
| **Radius r** | 10 cm | | | | |
| **Durchmesser d** | | 14 m | 6 dm | | |
| **Umfang U** | | | | 31,4 cm | 48,82 m |

**ÜBUNG 2** **Berechne.**

a) Miss den Durchmesser eines Kuchentellers und berechne seinen Umfang. Kontrolliere dein Ergebnis, indem du den Tellerrand mit einer Schnur umlegst und deren Länge misst.
b) Verfahre ebenso mit dem Rand eines Wasserglases.

**ÜBUNG 3** **Der Äquator eines kugelförmigen Planeten hat eine Länge von ca. 40 054,7 km. Berechne den Radius des Planeten.**

**ÜBUNG 4** **Von einem Kreis ist jeweils eine der drei Größen gemessen worden. Berechne die fehlenden Größen. Runde sinnvoll.**

| | | | | | |
|---|---|---|---|---|---|
| **Radius r** | 25 mm | 4,8 m | | | |
| **Umfang U** | | | 180 cm | | |
| **Flächeninhalt A** | | | | 150 $cm^2$ | 8,6 $dm^2$ |



**ÜBUNG 5** **Aus einem quadratischen Stück Stoff mit 1 m Seitenlänge werden gleich große Kreisflächen ausgeschnitten. Berechne jeweils, wie viel Quadratmeter Stoff übrig bleiben.**

a)

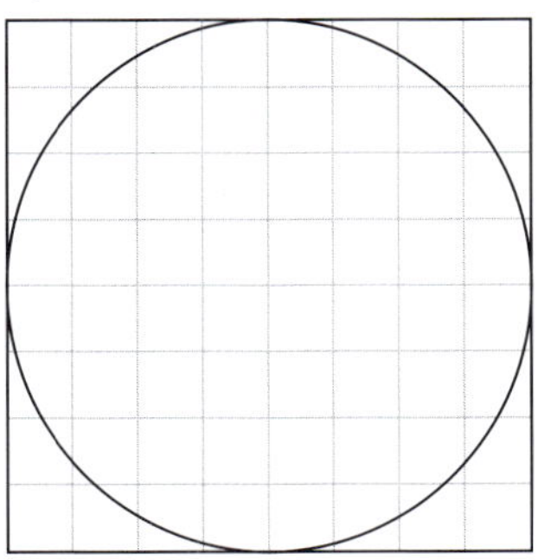

b)

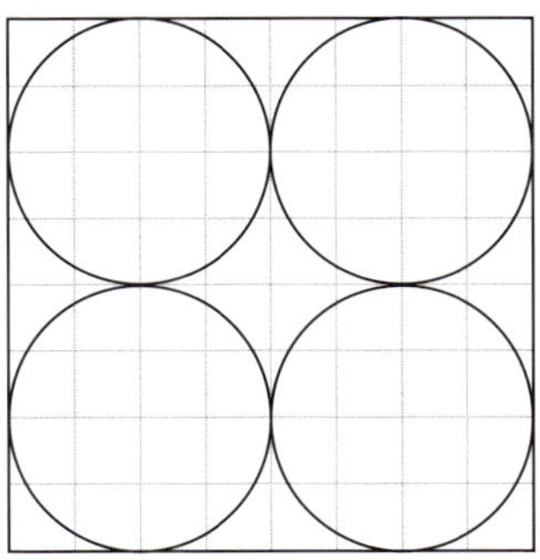

c)

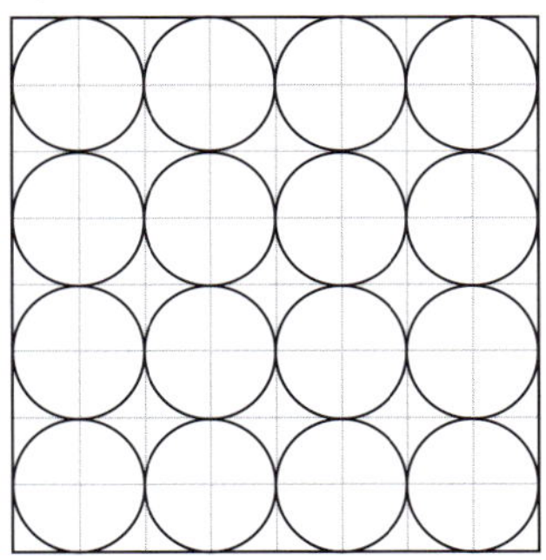

**ÜBUNG 6** **Ein rundes Zirkuszelt hat den Durchmesser 20 m. Die runde Manege, die sich genau im Zentrum des Zeltes befindet, hat den Radius 6,5 m. Berechne die Fläche, die für die Sitzreihen der Zuschauer zur Verfügung steht.**

**ÜBUNG 7** **Um eine kreisförmige Rasenfläche mit dem Radius 6 m soll ein ringförmiges Blumenbeet von 88 m² Inhalt angelegt werden. Wie breit kann das Blumenbeet werden?**

**ÜBUNG 8** **Berechne jeweils den Umfang und den Flächeninhalt der abgebildeten Figuren. (1 Kästchen ≙ 0,5 cm)**

a)

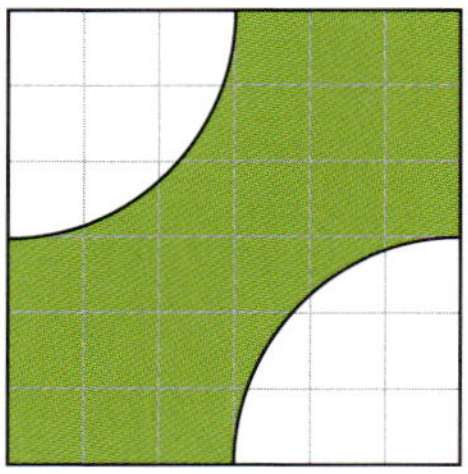

b)

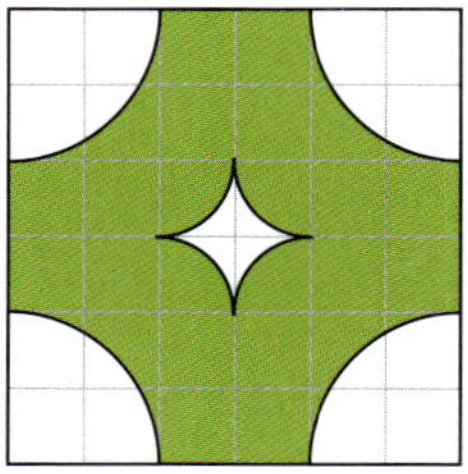

c)

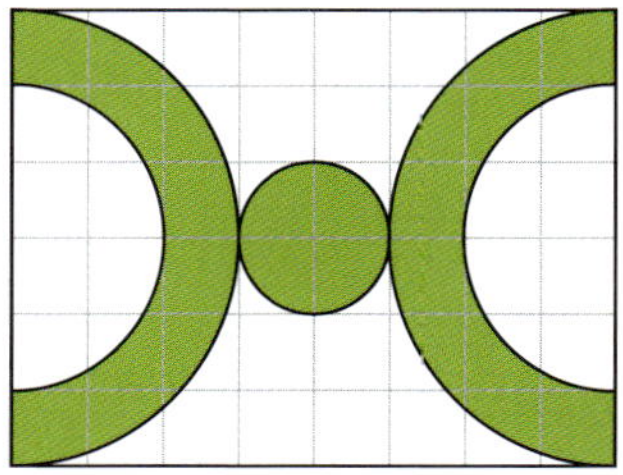

ÜBEN

## WISSEN

**Näherungsweise Berechnung von π**
Den Wert von π kann man näherungsweise berechnen, indem man die Umfänge von regelmäßigen einem Kreis einbeschriebenen und umbeschriebenen Vielecken bestimmt. Je größer die Eckenzahl der Vielecke, desto exakter ist die Näherung.

Man beginnt z. B. mit einem Sechseck: Der Kreisumfang U liegt zwischen den beiden Zahlen: $3 \cdot d$ und $3{,}4641 \cdot d$, also $3 \cdot d < U < 3{,}4641 \cdot d$, d bezeichnet den Durchmesser des Kreises.

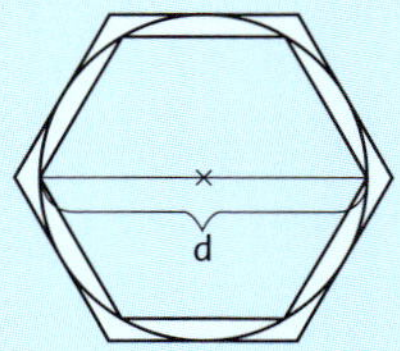


Wird je ein regelmäßiges Sechseck in und um den Kreis gelegt, so beträgt der Umfang des einbeschriebenen Sechsecks $3 \cdot d$; der des umbeschriebenen Sechsecks $3{,}4641 \cdot d$.

**ÜBUNG 9** **Ein Kreis mit einem Flächeninhalt von 100 cm² soll von einem möglichst kleinen Quadrat eingeschlossen werden.**

a) Berechne den Umfang $U_1$ dieses Quadrates.
b) Zeichne den Kreis mit dem umbeschriebenen Quadrat. Konstruiere nun das einbeschriebene Quadrat und miss die Seitenlängen. Berechne den Umfang $U_2$ dieses Quadrates.
c) Vergleiche die Umfänge $U_1$ und $U_2$ der beiden Quadrate mit dem Umfang des Kreises.

# 4.2 Kreisbogen und Bogenmaß

Ein **Kreisbogen** b ist ein Teil der vollständigen Kreislinie. Seine Länge ist durch den Radius und den Mittelpunktswinkel $\beta$ festgelegt. Für den gesamten Kreis beträgt der Mittelpunktswinkel 360°. Die Länge des gesamten Kreisbogens ist gleich dem gesamten Kreisumfang U. Daraus ergibt sich:
$\frac{b}{U} = \frac{\beta}{360^\circ}$.

Die **Länge des Kreisbogens** b berechnest du daher mit der folgenden Formel:

$$\mathbf{b = \frac{\beta}{360^\circ} \cdot U} = \frac{\beta}{360^\circ} \cdot 2 \cdot \pi \cdot r = \mathbf{\frac{\beta}{180^\circ} \cdot \pi \cdot r}$$

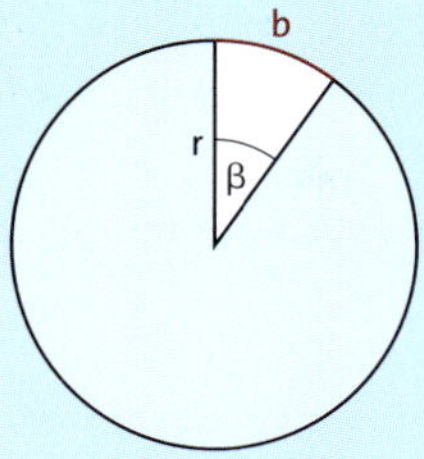


Kreisumfang
Vollkreis: $U = 2\pi r$

Länge des Bogens:

$$b = \frac{\beta}{360^\circ} \cdot \underbrace{2 \cdot \pi \cdot r}_{U}$$

$$= \frac{\beta}{180^\circ} \cdot \pi \cdot r$$

Je größer der Mittelpunktswinkel $\beta$, desto größer ist der zugehörige Kreisbogen b; der Halbkreis ist halb so lang wie der Vollkreis.

---

Die Winkelgröße kann nicht nur im Gradmaß angegeben werden, sondern auch im **Bogenmaß** (rad). Das Bogenmaß eines Winkels ist die Länge des zugehörigen Kreisbogens auf einem Kreis mit dem Radius 1.

**Wichtige Winkelgrößen im Bogenmaß:**

$0^\circ \triangleq 0$

$90^\circ \triangleq \frac{\pi}{2}$

$180^\circ \triangleq \pi$

$270^\circ \triangleq \frac{3\pi}{2}$

$360^\circ \triangleq 2\pi$

Winkel im Bogenmaß
= Winkel im Gradmaß $\cdot \frac{\pi}{180^\circ} \cdot 1$

*kurz:* $b = \beta \cdot \frac{\pi}{180^\circ}$

Beispiele:

$b_1 = 180^\circ \cdot \frac{\pi}{180^\circ} = \pi$

$b_2 = 30^\circ \cdot \frac{\pi}{180^\circ} = \frac{\pi}{6}$

---

In einem Kreis nennt man die Fläche, die von den Schenkeln eines Mittelpunktswinkels und dem zugehörigen Kreisbogen eingeschlossen wird, **Kreisausschnitt** oder **Kreissektor.**

Der **Flächeninhalt** eines Kreissektors hängt vom Mittelpunktswinkel und vom Radius des Kreises ab. Für die gesamte Kreisfläche beträgt der Mittelpunktswinkel 360°.

Daraus ergibt sich $\frac{A_{Sektor}}{A_{Kreis}} = \frac{\alpha}{360^\circ}$.

Den **Flächeninhalt des Kreisausschnitts** berechnest du mit der folgenden Formel:

$$\mathbf{A_{Sektor} = \frac{\alpha}{360^\circ} \cdot A_{Kreis} = \frac{\alpha}{360^\circ} \cdot \pi \cdot r^2}$$

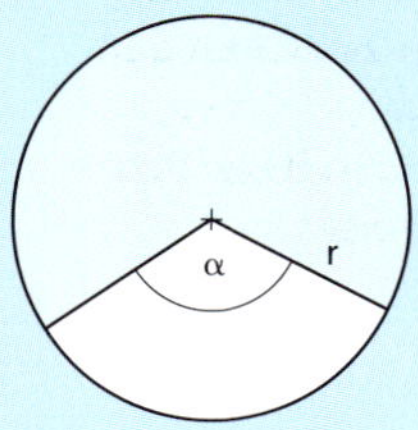


Kreisfläche
Vollkreis: $A_{Kreis} = \pi \cdot r^2$

Flächeninhalt des Sektors:

$$A_{Sektor} = \frac{\alpha}{360^\circ} \cdot \underbrace{\pi \cdot r^2}_{A_{Kreis}}$$

Je größer der Mittelpunktswinkel $\alpha$, desto größer der Flächeninhalt des zugehörigen Sektors.

**ÜBUNG 10** **Berechne für einen Kreisbogen jeweils den fehlenden Wert.**

| **Radius r** | 5 cm | | 3,5 dm | | 9,1 cm |
|---|---|---|---|---|---|
| **Winkel β** | 45° | 180° | | 120° | 65° |
| **Bogenlänge b** | | 7,4 mm | 18 dm | 10 m | |

**ÜBUNG 11** **Berechne für einen Kreisausschnitt jeweils den fehlenden Wert.**

| **Radius r** | 9 cm | 15,6 dm | | 17,8 mm | 2,2 m |
|---|---|---|---|---|---|
| **Winkel α** | 30° | | 98° | 100° | |
| **Fläche A** | | 21,2 $dm^2$ | 46,8 $m^2$ | | 11,49 $m^2$ |

**ÜBUNG 12** **Bestimme Umfang und Flächeninhalt der abgebildeten Figuren (1 Kästchen ≙ 0,5 cm).**

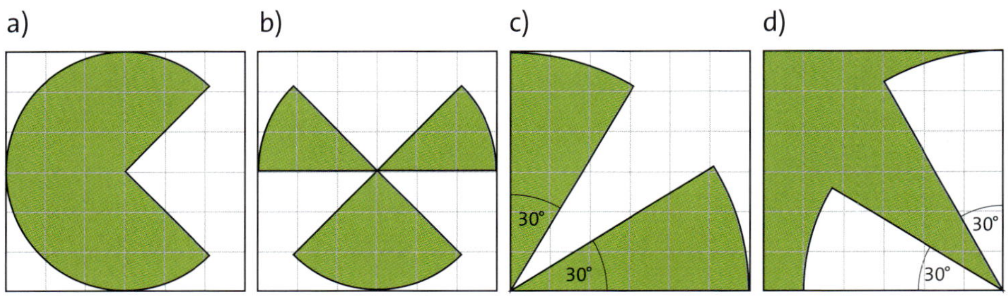


**WISSEN** ✚

**Flächeninhalt des Kreisabschnitts**
Um den Flächeninhalt eines Kreisabschnitts zu berechnen, musst du den Flächeninhalt des Dreiecks ABM von dem des Kreisausschnitts (Sektors) abziehen:

$A = \frac{\alpha}{360°} \cdot \pi \cdot r^2 - \frac{1}{2} \cdot sh$

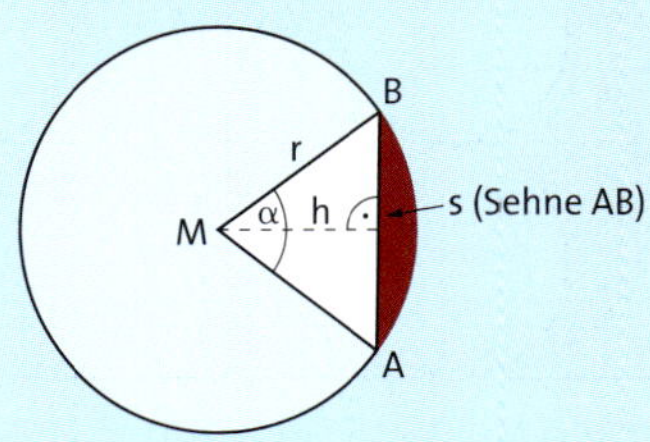


**ÜBUNG 13** **Berechne den Flächeninhalt eines Kreisabschnitts mit r = 7 cm und α = 90°.**

ÜBEN

60 Minuten

## KLASSENARBEIT 1

**AUFGABE 1** **Kreuze die wahren Aussagen an.**

a) Ein Kreis ist ...
☐ rund. (1)
☐ die Menge aller Punkte, die von einem Punkt M denselben Abstand haben. (2)

b) Die Formel für die Flächenberechnung eines Kreises lautet ...

☐ $A = 2 \cdot \pi \cdot r$ (1). ☐ $A = \pi \cdot r^2$ (2). ☐ $A = r \cdot \pi \cdot r$ (3).

c) Die Formel zur Berechnung des Kreisumfangs ist ...

☐ $U = \pi \cdot d$ (1). ☐ $U = \pi \cdot r^2$ (2). ☐ $U = 2 \cdot \pi \cdot r$ (3).

d) Die Kreiszahl ist näherungsweise ...

☐ 3,41 (1). ☐ 3,14 (2). ☐ $3\frac{1}{7}$ (3).

**AUFGABE 2** **Berechne die fehlenden Größen der Kreise. Runde sinnvoll.**

| | | | | | |
|---|---|---|---|---|---|
| **Radius r** | 4 cm | | | 9,6 km | |
| **Umfang U** | | 12 dm | | | 28 cm |
| **Fläche A** | | | $64\ m^2$ | | |

**AUFGABE 3** **Bestimme Umfang und Flächeninhalt der abgebildeten Figuren.**
**(1 Kästchen ≙ 0,5 cm)**

a) b) c) d)

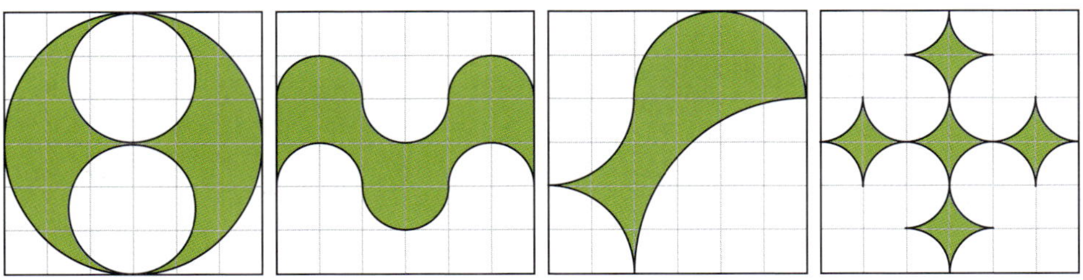

**AUFGABE 4** **Aus einem 50 cm × 60 cm großen Blechbogen sollen so viele Kreise wie möglich mit je 10 cm Durchmesser ausgestanzt werden. Wie groß ist der Verschnitt?**

TESTEN

**AUFGABE 5** Ein Kreisring ist 10 cm breit und hat einen Flächeninhalt von 500 $cm^2$. Wie groß sind die Radien des inneren und äußeren Kreises?

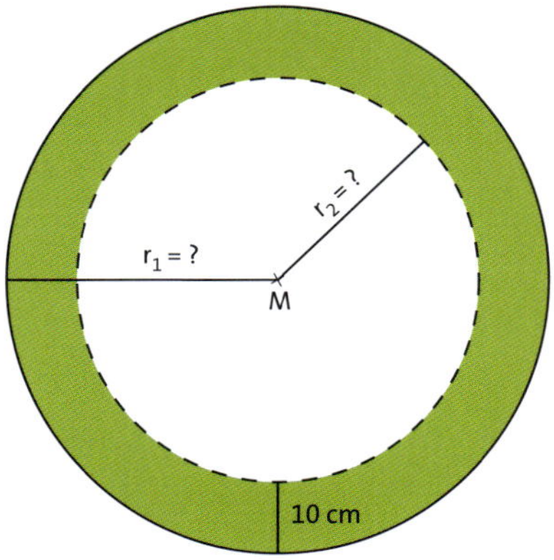


**AUFGABE 6** In der Mitte eines Verkehrskreisels soll ein rundes Beet mit 12 m Durchmesser angelegt werden. Auf dem einbeschriebenen Quadrat soll Rasen entstehen, die restliche Fläche soll mit Blumen bestückt werden. Rollrasen kostet pro Quadratmeter 15 €. Der Preis für Beetblumen beträgt 35 € pro Quadratmeter. Berechne die Kosten für die Bepflanzung des Kreisels.

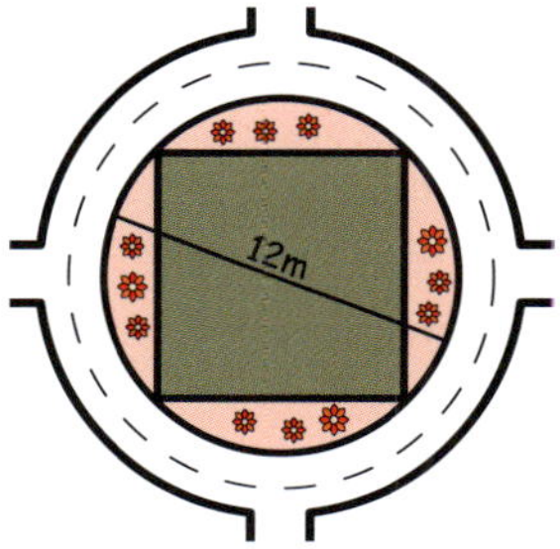


TESTEN

**AUFGABE 7** Zeichnet man drei Kreisbögen mit dem Radius 5 cm um ein gleichseitiges Dreieck mit der Seitenlänge 5 cm, so erhält man die abgebildete Figur. Berechne den Umfang und den Flächeninhalt dieser Figur.

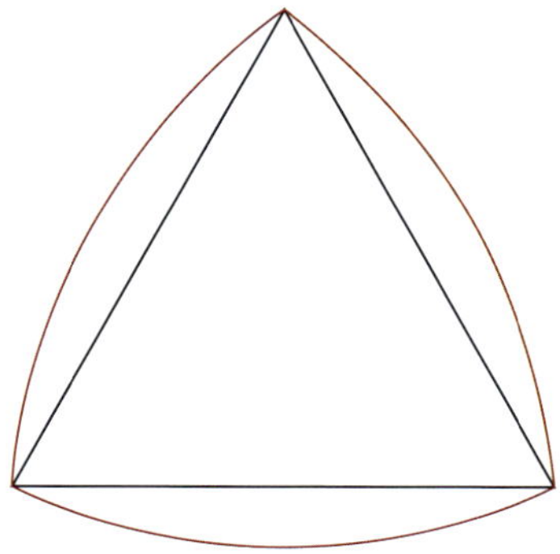

**AUFGABE 8** Ein Auto fährt mit einer Geschwindigkeit von 120 km/h. Wie oft dreht sich jedes Rad in einer Sekunde (Radradius: 30 cm)?

# 5 Raumgeometrie

## 5.1 Prisma und Zylinder

### Prisma

Ein **Prisma** wird begrenzt von

- einer **Grundfläche** und einer **Deckfläche,** die kongruente und zueinander parallele n-Eckflächen sind, und
- einer **Mantelfläche** (den Seitenflächen), die aus n Parallelogrammen besteht.

Besteht die Mantelfläche aus Rechtecken, so handelt es sich um ein **gerades Prisma,** sonst um ein **schiefes Prisma.**
Der Abstand zwischen Grund- und Deckfläche heißt **Höhe h** (Körperhöhe) des Prismas.

Berechnung des **Volumens:**
$\mathbf{V = A_G \cdot h}$

Berechnung des **Oberflächeninhalts:**
$\mathbf{A_O = 2A_G + A_M}$

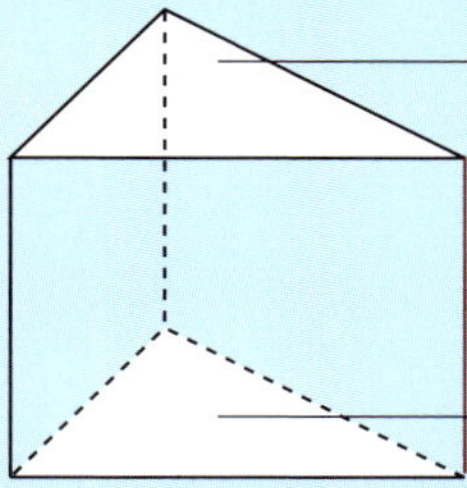


$A_G$ = Flächeninhalt der Grundfläche
$A_M$ = Flächeninhalt der Mantelfläche

Berechne Volumen und Oberflächeninhalt eines Prismas: Die Grundfläche ist ein rechtwinkliges Dreieck ($\gamma = 90°$) mit den Seitenlängen a = 3 cm; b = 4 cm; c = 5 cm ist; h = 4 cm.

$V = \left(\frac{1}{2} \cdot 4 \cdot 3\right) \text{cm}^2 \cdot 4\,\text{cm} = 24\ \text{cm}^3$

$A_O = 2 \cdot \left(\frac{1}{2} \cdot 4 \cdot 3\right) \text{cm}^2 + 4 \cdot (3 + 4 + 5)\ \text{cm}^2$
$= 60\ \text{cm}^2$

### Zylinder

Ein **gerader Kreiszylinder** (kurz: **Zylinder**) wird begrenzt von

- einer **Grundfläche** und einer **Deckfläche,** die zueinander parallele und kongruente Kreisflächen sind, und
- einer gekrümmten **Mantelfläche,** die abgerollt ein Rechteck ergibt.
- Der Abstand zwischen Grund- und Deckfläche heißt **Höhe h** des Zylinders.

Berechnung des **Volumens:**
$\mathbf{V = A_G \cdot h}$ bzw. $\mathbf{V = \pi \cdot r^2 \cdot h}$
Berechnung des **Oberflächeninhalts:**
$\mathbf{A_O = 2A_G + A_M}$ bzw.

$\mathbf{A_O = 2 \cdot \pi \cdot r^2 + 2 \cdot \pi \cdot r \cdot h}$

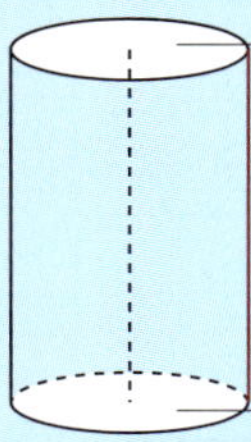


$A_G$: Flächeninhalt der Grundfläche
$A_M$: Flächeninhalt der Mantelfläche

Volumen und Oberflächeninhalt eines Zylinders mit dem Radius r = 2 cm und der Höhe h = 3 cm:
$V = (\pi \cdot 2^2 \cdot 3)\ \text{cm}^3 = 12 \cdot \pi\,\text{cm}^3 \approx 37{,}7\,\text{cm}^3$
$A_O = (2 \cdot \pi \cdot 2^2 + 2 \cdot \pi \cdot 2 \cdot 3)\,\text{cm}^2 \approx 62{,}8\,\text{cm}^2$

**ÜBUNG 1** **Eine Konservendose mit dem Durchmesser 10 cm hat eine Höhe von 15 cm.**

a) Berechne das Fassungsvermögen der Dose.
b) Wie viel Quadratzentimeter Blech wurden zur Herstellung der Dose benötigt?

**ÜBUNG 2** **Berechne die Volumen der abgebildeten Körper.**

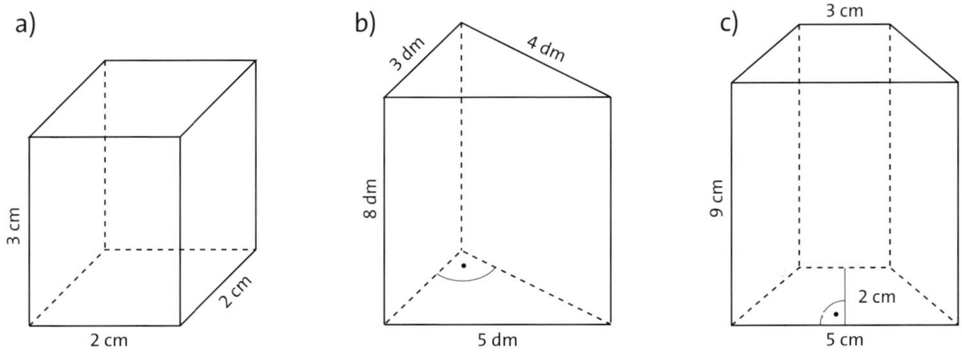


**ÜBUNG 3** **Gegeben sind jeweils zwei Größen eines Zylinders. Berechne die fehlenden Größen. Runde sinnvoll.**

| | | | | |
|---|---|---|---|---|
| **Radius** | 5 cm | | | 3,5 dm |
| **Höhe** | 10 cm | 3,6 cm | | |
| **Grundfläche** | | 39 $cm^2$ | 176,7 $cm^2$ | |
| **Mantel** | | | | |
| **Oberfläche** | | | | |
| **Volumen** | | | 883,5 $cm^3$ | 215,51 $dm^3$ |

**ÜBUNG 4** **Ein zylinderförmiger Behälter mit dem Durchmesser 50 cm und der Höhe 1 m wird mit 40 l Wasser befüllt. Wie hoch steht das Wasser im Behälter? Wie viel Prozent des Behälters sind gefüllt?**

**ÜBUNG 5** **Ein Holzring hat die Form eines Hohlzylinders. Berechne das Volumen und die Oberfläche des Ringes mit $r_1$ = 5 cm, $r_2$ = 8 cm und h = 3 cm. Stelle auch eine Formel für die Berechnung des Volumens eines Hohlzylinders auf.**

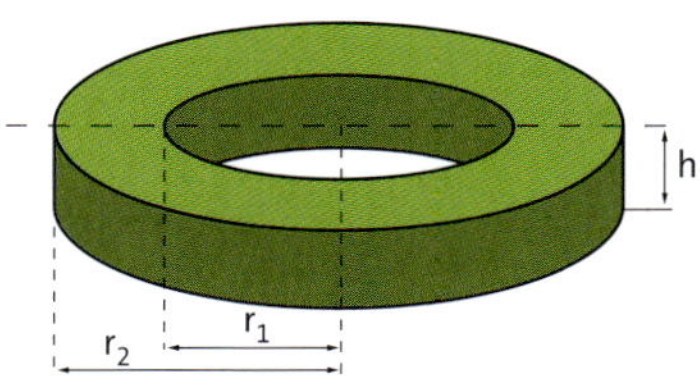

# 5.2 Pyramide und Kegel

## Pyramide

Eine **Pyramide** wird begrenzt von
- einer **Grundfläche** (n-Eckfläche) und
- n Dreiecksflächen mit gemeinsamem Scheitelpunkt **S** (**Spitze** der Pyramide).

Der Abstand zwischen Grundfläche und Spitze heißt **Höhe h** (Körperhöhe) der Pyramide.
- Die **Seitenhöhen** der Dreiecksflächen des Mantels werden meist mit $h_a$ oder $h_s$ bezeichnet.

Berechnung des **Volumens:**

$$\mathbf{V = \frac{1}{3} A_G \cdot h}$$

Berechnung des **Oberflächeninhalts:**

$$\mathbf{A_O = A_G + A_M}$$

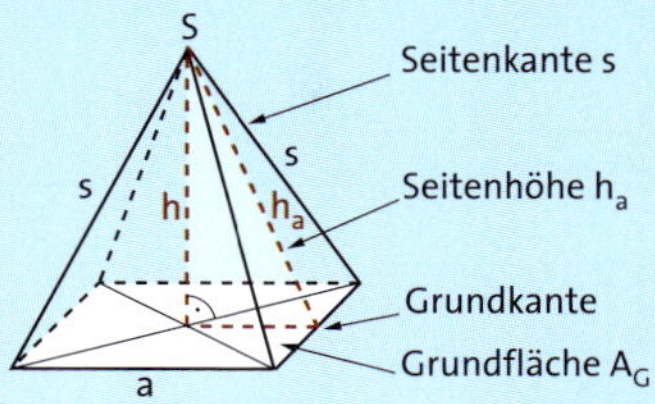


$A_G$: Flächeninhalt der Grundfläche
$A_M$: Flächeninhalt der Mantelfläche

Volumen und Oberflächeninhalt einer quadratischen Pyramide mit der Grundkantenlänge a = 3 cm und der Höhe h = 5 cm:

$V = \left(\frac{1}{3} a^2 \cdot h\right) cm^3 = \left(\frac{1}{3} \cdot 9 \cdot 5\right) cm^3 = 15\,cm^3$

$h_a = \left(\sqrt{1{,}5^2 + 5^2}\right) cm \approx 5{,}22\,cm$

$A_O = \left(3^2 + 4 \cdot \frac{1}{2} \cdot 3 \cdot h_a\right) cm^2$

$\approx \left(9 + 4 \cdot \frac{1}{2} \cdot 3 \cdot 5{,}22\right) cm^2$

$\approx 40{,}32\,cm^2$

## Kegel

Ein gerader **Kreiskegel** wird begrenzt von
- einer **Grundfläche** (Kreisfläche) und
- einer gekrümmten Fläche, die abgerollt einen Kreisausschnitt (mit Radius s) ergibt.

Der **Mantel** $A_M$ mit **Spitze S** ist ein Ausschnitt aus der Kreisfläche $A_K$ mit dem Radius s.
Jede Strecke, die die Spitze mit der Grundkante verbindet, heißt **Mantellinie s.**
Der Abstand zwischen Grundfläche und Spitze heißt **Höhe h** (Körperhöhe) des Kegels.

Berechnung des **Volumens:**

$\mathbf{V = \frac{1}{3} A_G \cdot h}$ bzw. $\mathbf{V = \frac{1}{3} \pi \cdot r^2 \cdot h}$

Berechnung des **Oberflächeninhalts:**
$\mathbf{A_O = A_G + A_M}$ bzw. $\mathbf{A_O = \pi \cdot r^2 + \pi \cdot r \cdot s}$

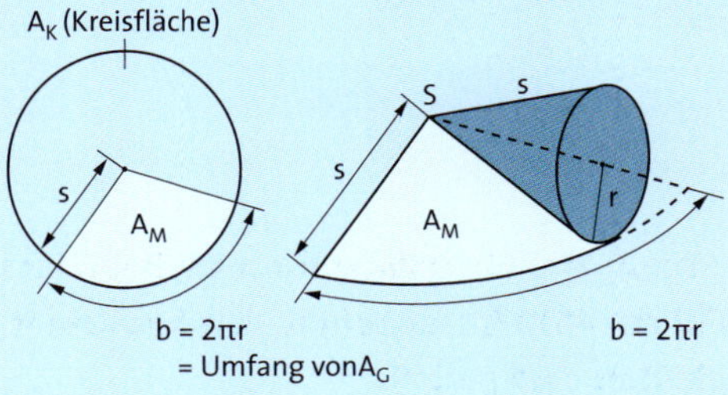


$A_G$: Flächeninhalt der Grundfläche
$A_M$: Flächeninhalt der Mantelfläche

Volumen und Oberflächeninhalt eines Kreiskegels mit r = 2,5 cm und h = 1 cm:

$V = \left(\frac{1}{3} \pi \cdot 2{,}5^2 \cdot 1\right) cm^3 \approx 6{,}545\,cm^3$;

$s = \sqrt{r^2 + h^2} \approx 2{,}69\,cm$
$A_O = (\pi \cdot 2{,}5^2 + \pi \cdot 2{,}5 \cdot 2{,}69)\,cm^2 \approx 40{,}76\,cm^2$

**ÜBUNG 6** **Eine quadratische Pyramide hat die Grundkante a = 5 cm und die Höhe h = 8 cm. Berechne die Länge s einer Seitenkante, die Seitenhöhe $h_a$ sowie den Inhalt der Mantelfläche und den Oberflächeninhalt.**

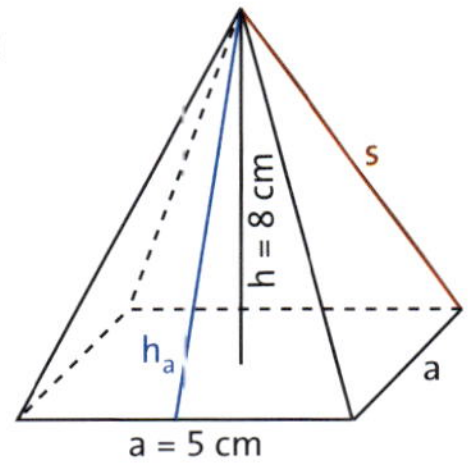


**ÜBUNG 7** **Berechne das Volumen V der Pyramide mit der Höhe h = 12,4 cm.**

a) Die Grundfläche ist ein Quadrat mit der Seitenlänge a = 5,1 cm.
b) Die Grundfläche ist ein Rechteck mit den Seitenlängen a = 2,5 cm und b = 4 cm.
c) Die Grundfläche ist ein Trapez mit den Maßen a = 7,2 cm, c = 4,1 cm und Höhe $h_T$ = 2,2 cm.

**ÜBUNG 8** **Berechne die Oberfläche des Kegels.**

a) r = 4 cm, s = 6 cm b) r = 2 dm, s = 1,5 dm c) d = 26 cm, s = 13 cm

ÜBEN

**ÜBUNG 9** **Aus dem abgebildeten Kreisausschnitt soll eine Schultüte hergestellt werden.**

a) Berechne, wie viel Quadratzentimeter Pappe benötigt werden. (Der Klebefalz bleibt unberücksichtigt.)
b) Wie groß ist der Rauminhalt dieser 39 cm hohen Tüte?

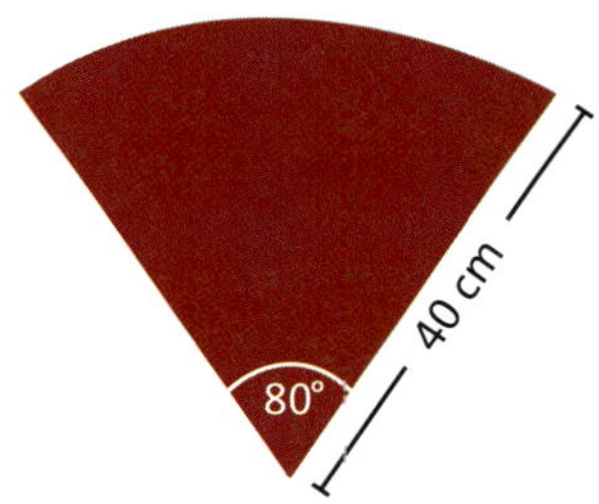


**WISSEN**

**Satz des Cavalieri**
Zwei Körper haben dasselbe Volumen, wenn
- sie dieselbe Höhe und inhaltsgleiche Grundflächen haben und
- alle zur Grundfläche parallelen Schnittflächen in gleicher Höhe inhaltsgleich sind.

Die beiden Pyramiden haben dasselbe Volumen:

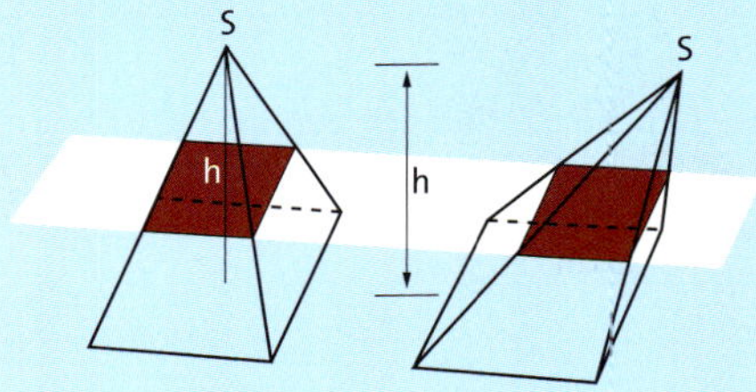

**ÜBUNG 10** **Begründe mithilfe des Satzes von Cavalieri.**

a) Jeder schiefe Zylinder ist volumengleich zu einem entsprechenden (gleiche Grundfläche) geraden Zylinder.
b) Jeder schiefe Kegel ist volumengleich zu einem entsprechenden (gleiche Grundfläche) geraden Kegel.

**ÜBUNG 11** **Berechne die Volumen der abgebildeten Körper.**

a)

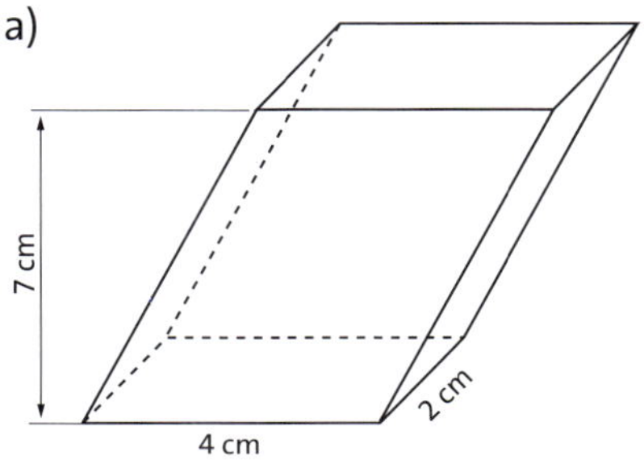


b)

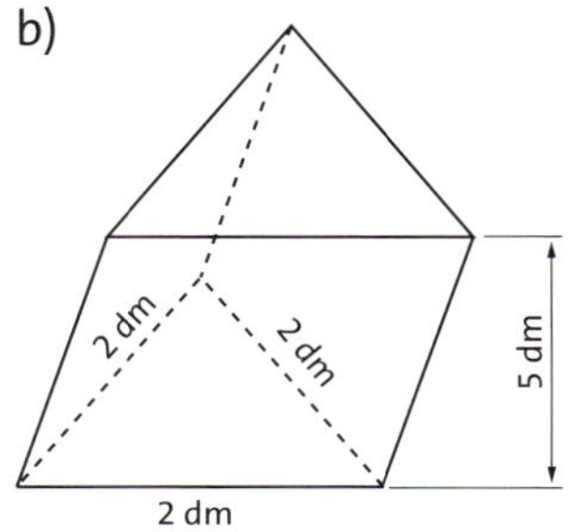


## WISSEN

**Pyramiden- und Kreiskegelstumpf**
Schneidet man von einer Pyramide durch einen geraden Schnitt parallel zur Grundfläche eine Pyramide ab, so erhält man einen **Pyramidenstumpf.**

Schneidet man von einem Kreiskegel durch einen geraden Schnitt parallel zur Grundfläche einen Kreiskegel ab, so erhält man einen **Kreiskegelstumpf.**

**ÜBUNG 12** **Berechne das Volumen des Pyramidenstumpfes und das des Kegelstumpfes.**

a)

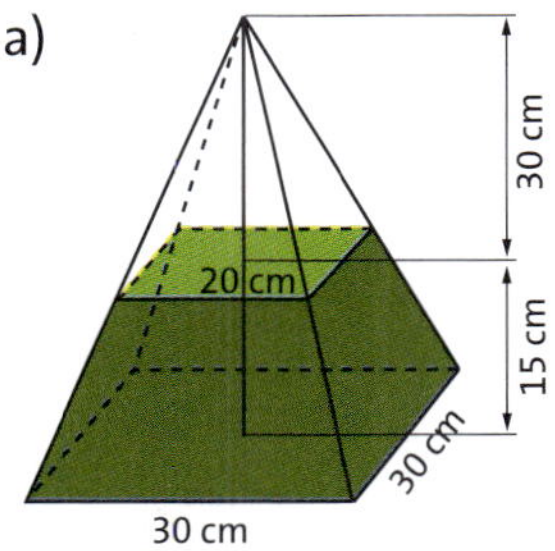


b)

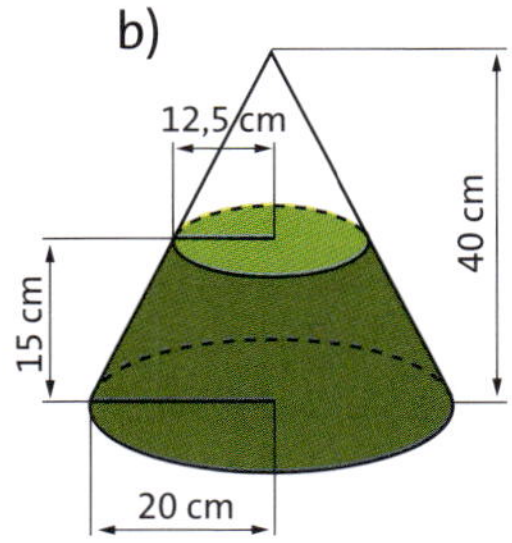


**ÜBUNG 13** **Ein Cocktailglas ist bis zur halben Höhe mit leckerem Saft gefüllt. Ist das Glas (bezogen auf das Volumen) auch tatsächlich halb voll?**

ÜBEN

# 5.3 Die Kugel

## Kugel

Die Menge aller Punkte, deren Entfernung von M gleich r ist, bildet eine **Kugelfläche.**

Ein **Kugelkörper** ist die Menge aller Punkte des Raumes, deren Entfernung von einem festen Punkt M höchstens r ist.

Unter einer **Kugel** versteht man einen Kugelkörper oder eine Kugelfläche.

Berechnung des **Volumens:**

$V = \frac{4}{3} \cdot \pi \cdot r^3$

Berechnung des **Oberflächeninhalts:**

$A_O = 4 \cdot \pi \cdot r^2$

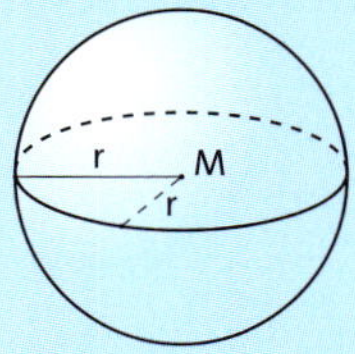


Volumen und Oberflächeninhalt einer Kugel mit dem Radius r = 5 cm:

$V = \frac{4}{3} \cdot \pi \cdot 5^3\,cm^3 \approx 523{,}6\,cm^3$

$A_O = 4 \cdot \pi \cdot 25\,cm^2 \approx 314{,}15\,cm^2$

## Satz des Cavalieri

Um die Volumenformel für die Kugel zu beweisen, kann man den Satz des Cavalieri (↗ Kap. 5.2) verwenden.
Man zeigt, dass das Volumen eines Zylinders mit dem Radius r und der Höhe h = r, aus dem ein Kegel mit dem Radius r und der Höhe r ausgeschnitten wird, gleich dem Volumen einer Halbkugel mit demselben Radius ist.

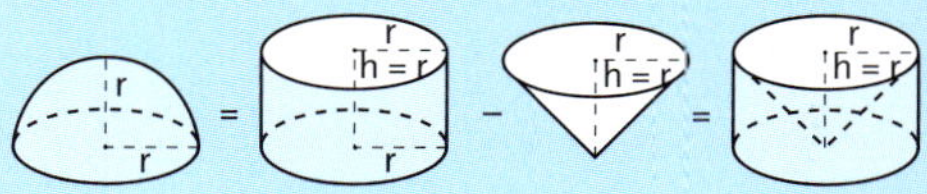


Es gilt:
- Die Grundflächen beider Körper haben denselben Flächeninhalt und die Körperhöhen sind ebenfalls gleich.
- Schneidet man die Körper in beliebiger Höhe parallel zur Grundfläche, so entstehen flächengleiche Schnittflächen:

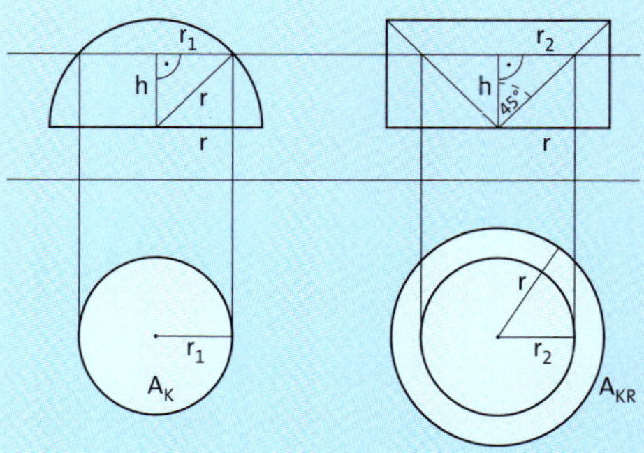


| **Kreisfläche:** | **Kreisringfläche:** |
|---|---|
| $A_K = \pi \cdot r_1^2$ | $A_{KR} = \pi \cdot (r^2 - r_2^2)$ |
| $r_1^2 = r^2 - h^2$ | $r_2 = h$ (Katheten) |
| $A_K = \pi \cdot (r^2 - h^2)$ | $A_{KR} = \pi \cdot (r^2 - h^2)$ |

Es folgt:

$V_{Halbkugel} = V_{Zylinder} - V_{Kegel} = \frac{2}{3} \cdot \pi \cdot r^2 \cdot h$

Mit r = h gilt: $V_{Kugel} = \frac{4}{3} \cdot \pi \cdot r^3$

WISSEN

## Kugelabschnitt und -kappe

Durch einen ebenen Schnitt zerlegt man

- den *Kugelkörper* in zwei **Kugelabschnitte.**
- die *Kugeloberfläche* in zwei **Kugelkappen.**

**Radius der Grundfläche** des Kugelabschnittes: $R = \sqrt{h(2r - h)}$

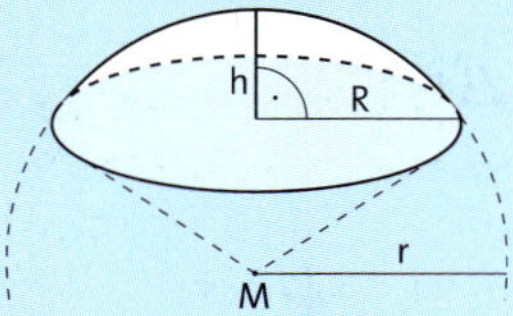


**Volumen** eines Kugelabschnittes:

$$V = \frac{\pi}{6} h \cdot (3R^2 + h^2) = \frac{1}{3}\pi \cdot h^2 (3r - h)$$

**Oberflächeninhalt** einer Kugelkappe:
$A_O = \pi \cdot (2R^2 + h^2)$

*Gegeben:* $r = 3\,\text{cm};\ h = 1{,}5\,\text{cm}$

$R \approx 2{,}6\,\text{cm}$

$V \approx \frac{\pi}{6} \cdot 1{,}5 \cdot (3 \cdot 2{,}6^2 + 1{,}5^2)\,\text{cm}^3 \approx 17{,}7\,\text{cm}^3$

$A_O \approx \pi(2 \cdot 2{,}6^2 + 1{,}5^2)\,\text{cm}^2 \approx 49{,}5\,\text{cm}^2$

## Kugelausschnitt und -sektor

Wird ein Kugelabschnitt durch einen auf die Grundfläche aufgesetzten Kegel ergänzt, dessen Spitze der Kugelmittelpunkt ist, so entsteht ein **Kugelausschnitt (Kugelsektor).**

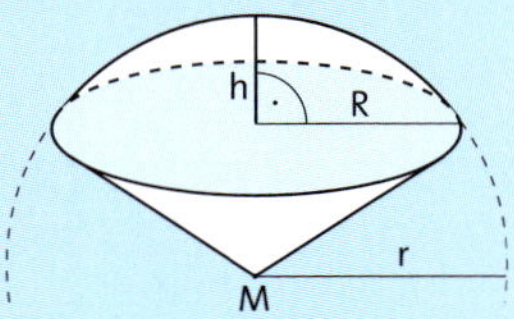


Berechnung des **Volumens:**

$$V = \frac{2}{3}\pi \cdot r^2 \cdot h$$

Berechnung des **Oberflächeninhalts:**
$A_O = \pi \cdot r \cdot (R + 2h)$

*Gegeben:* $r = 2\,\text{cm};\ h = 1{,}5\,\text{cm}$

$V = \left(\frac{2}{3}\pi \cdot 2^2 \cdot 1{,}5\right)\text{cm}^3 \approx 12{,}56\,\text{cm}^3$

$R = \sqrt{h(2r - h)} \approx 1{,}9\,\text{cm}$

$A_O \approx \pi \cdot 2 \cdot (1{,}9 + 2 \cdot 1{,}5)\,\text{cm}^2 \approx 30{,}8\,\text{cm}^2$

## Kugelschicht und -zone

Durch zwei zueinander parallele ebene Schnitte wird

- aus dem Kugelkörper eine **Kugelschicht** herausgeschnitten,
- aus der Kugeloberfläche eine **Kugelzone** ausgeschnitten.

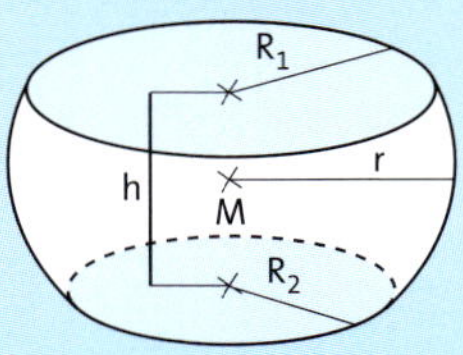


Berechnung des **Volumens:**

$$V = \frac{\pi}{6} h \cdot (3R_1^2 + 3R_2^2 + h^2)$$

Berechnung des **Oberflächeninhalts:**
$A_O = \pi \cdot (R_1^2 + R_2^2 + 2rh)$

*Gegeben:* $r = 3\,\text{cm};\ h = 2\,\text{cm}$

$R_1 = \sqrt{5}\,\text{cm} \approx 2{,}2\,\text{cm};\ R_2 = 3\,\text{cm}$

$V \approx \frac{\pi}{6} \cdot 2 \cdot (3 \cdot 5 + 3 \cdot 9 + 4)\,\text{cm}^3 \approx 48{,}2\,\text{cm}^3$

**ÜBUNG 14** **Berechne Volumen und Oberflächeninhalt der Kugel.**

a) r = 1 cm  b) d = 4 cm  c) r = 1,2 m  d) r = 18 mm

**ÜBUNG 15** **Das Volumen einer Kugel beträgt 212,18 cm³. Berechne den Radius. Löse die Formel zunächst nach r auf.**

**ÜBUNG 16** **Die Oberfläche einer Kugel beträgt 784,27 cm³. Berechne das Volumen.**

**ÜBUNG 17** **Bearbeite die Aufgaben zur Kugel.**

a) Wie verändert sich das Volumen einer Kugel, wenn man den Radius verdoppelt?
b) Wie muss der Radius verändert werden, damit sich das Volumen verdoppelt?

**ÜBUNG 18** **Der Erdradius beträgt etwa 6 370 km. Ungefähr 71 % der Erdoberfläche sind mit Wasser bedeckt. Berechne den Flächeninhalt der Landmasse.**

**ÜBUNG 19** **Fünf Stahlkugeln mit dem Durchmesser 2 cm werden eingeschmolzen und zu einer großen Kugel geformt.**

a) Welchen Radius hat die neue Kugel?
b) Vergleiche die Oberfläche der fünf einzelnen Kugeln mit der Oberfläche der großen Kugel.

**ÜBUNG 20** **Aus einem Wasserhahn tropft alle 10 Sekunden ein kugelförmiger Wassertropfen mit dem Durchmesser 2 mm.**

a) Wie viel Liter werden dadurch in einem Jahr verschwendet?
b) Reicht die Menge für ein Vollbad (ca. 375 l)?

**ÜBUNG 21** **Eine Geburtstagstorte hat die Form einer Halbkugel mit einem Durchmesser von 30 cm.**

a) Die Torte wurde mit einer Marzipanschicht überzogen. Wie viel Quadratzentimeter Marzipanschicht wurden zur Herstellung benötigt?
b) Leider wurde die Torte schon angeschnitten. Berechne das Volumen der restlichen Torte.

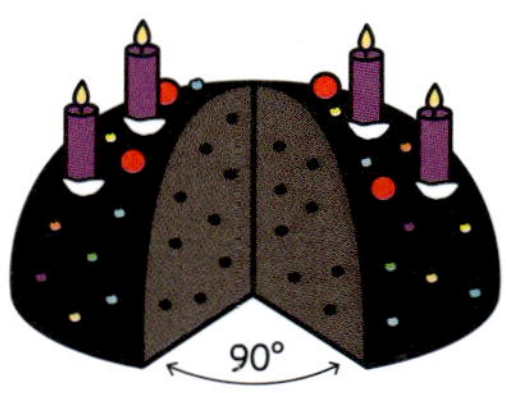


**ÜBUNG 22** **Ein Fußball darf offiziell einen Umfang zwischen 68 und 70 cm haben. Um wie viel Prozent ist das Volumen beim Mindestmaß kleiner als beim Höchstmaß?**

ÜBEN

**ÜBUNG 23** **Berechne Volumen und Oberfläche des Kugelabschnitts bzw. der Kugelkappe.**

r = 10 cm

R = 6 cm

h = 2 cm

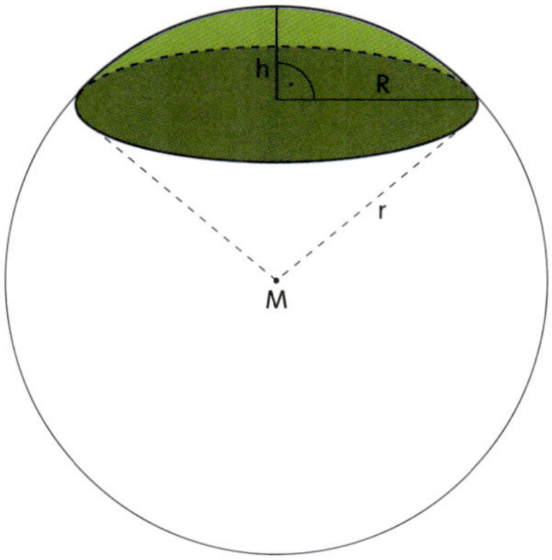


**ÜBUNG 24** **Zur Herstellung eines kugelförmigen Briefbeschwerers wird von einer Glaskugel eine Kappe abgetrennt.**

a) Berechne das Volumen des fertigen Briefbeschwerers.
b) Um das Gewicht des Briefbeschwerers zu reduzieren, wird ein Kugelausschnitt aus der Kugel herausgefräst. Bestimme nun das Volumen.

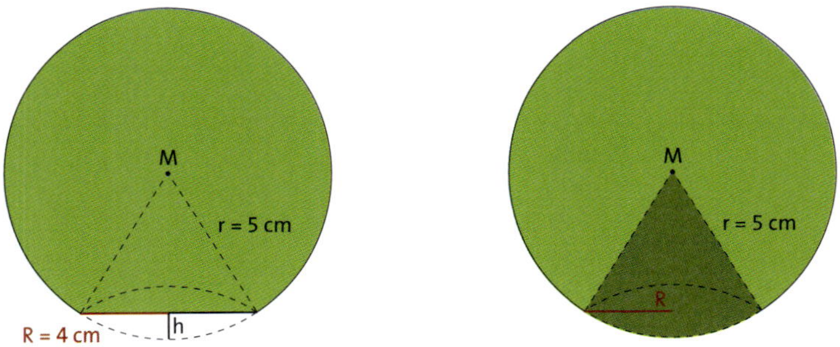


**ÜBUNG 25** **Wie dick ist die Wand einer Christbaumkugel aus Glas, wenn ihr Durchmesser 12,5 cm und ihre Masse 8,6 g beträgt? (Dichte: 2,6 g/cm³)**

## KLASSENARBEIT 1

60 Minuten

**AUFGABE 1** **Gib an, welche Gegenstände die Form eines Zylinders haben.**

a) Konservendose
b) Stromkabel
c) Münze
d) Wasserflasche
e) Filzstift
f) Strohhalm

**AUFGABE 2** **Berechne jeweils das Volumen und den Oberflächeninhalt.**

a)

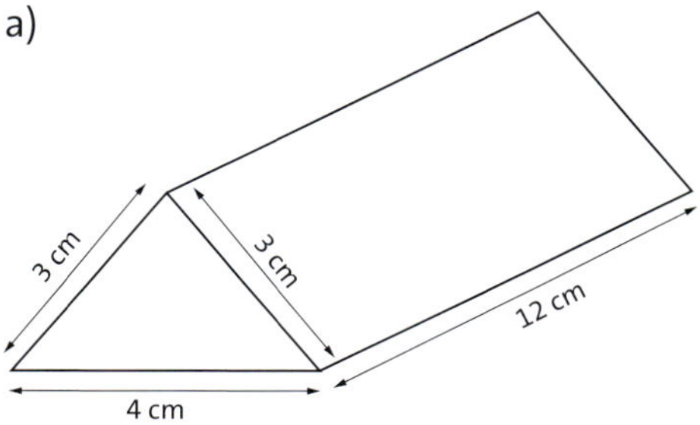


b)

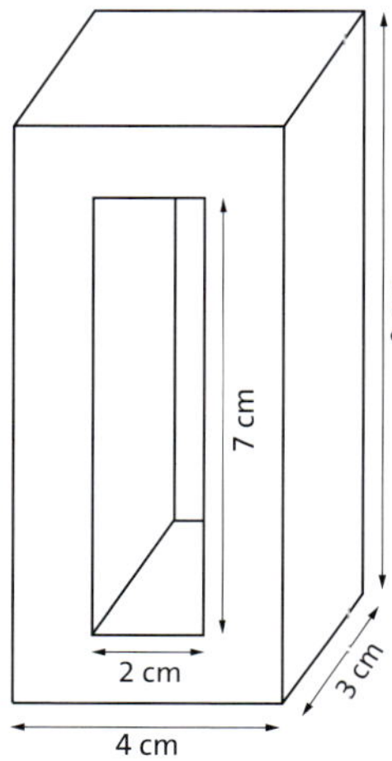


**AUFGABE 3** **Gegeben ist die Grundfläche eines Prismas bzw. eines Teilzylinders. Die Höhe beträgt jeweils 8 cm. Berechne das Volumen.**

a)

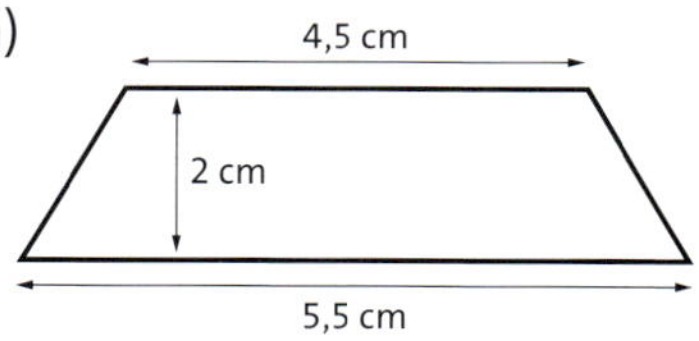


b)

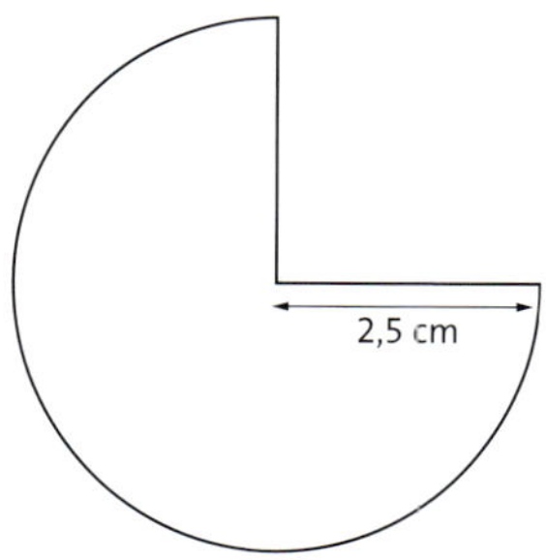


**AUFGABE 4** **Für eine Weihnachtsbaumdekoration wird auf jeder Seite eines Würfels eine quadratische Pyramide aufgesetzt. Der so entstandene Stern wird mit goldener Folie beklebt. Der Würfel hat die Kantenlänge 2 cm, die Seitenkanten der Pyramiden haben jeweils die Länge 3 cm. Wie viele Quadratzentimeter Folie werden benötigt?**

**AUFGABE 5** **Vergleiche – ohne zu rechnen – die vier abgebildeten Körper hinsichtlich ihrer Rauminhalte. Begründe.**

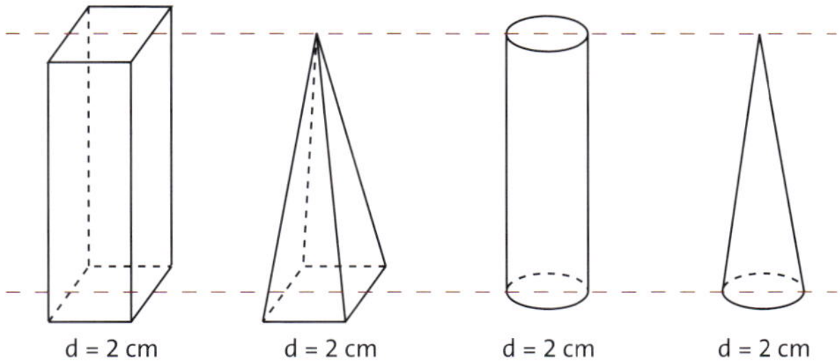


**AUFGABE 6** **Stelle zunächst die entsprechende Formel um, berechne dann.**

a) Eine quadratische Pyramide hat das Volumen 300 $cm^3$ und die Höhe 30 cm. Wie lang ist die Grundkante der Pyramide?
b) Eine quadratische Pyramide hat das Volumen 300 $cm^3$ und die Kantenlänge 30 cm. Wie hoch ist die Pyramide?

**AUFGABE 7** **Vergleiche die beiden Pyramiden hinsichtlich des Volumens. Begründe.**

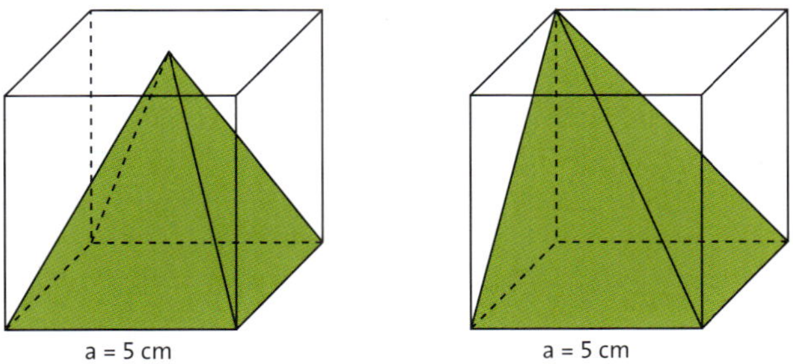


**AUFGABE 8** **Im Sommer schmilzt das Eis sehr schnell. Ist die Waffel groß genug, um das geschmolzene Eis der Kugel aufzunehmen?**

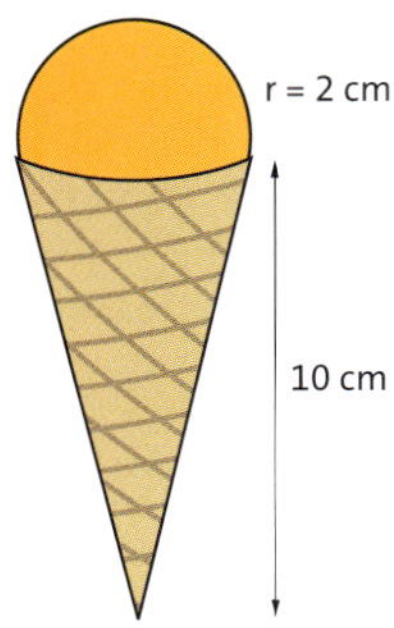


**AUFGABE 9** **Gibt es eine Kugel, bei der die Maßzahl des Rauminhaltes mit der Maßzahl des Oberflächeninhaltes übereinstimmt? Überprüfe.**

# 6 Trigonometrie

## 6.1 Seitenverhältnisse im rechtwinkligen Dreieck



Im rechtwinkligen Dreieck heißt die dem rechten Winkel gegenüberliegende Seite **Hypotenuse.** Die beiden Schenkel des rechten Winkels heißen **Katheten.**

Der Winkel $\alpha$ sei nicht der rechte Winkel:
- Die Kathete, die $\alpha$ gegenüberliegt, heißt **Gegenkathete** von $\alpha$,
- die Kathete, die einen Schenkel von $\alpha$ bildet, heißt **Ankathete** von $\alpha$.

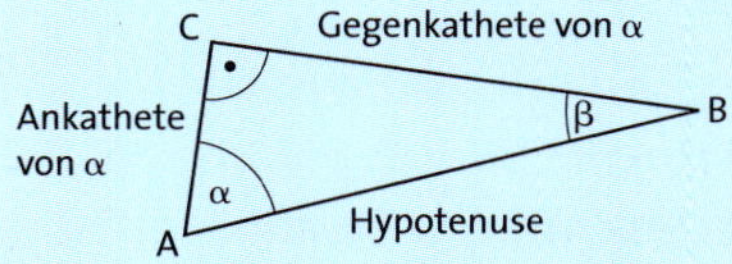


### Seitenverhältnisse

Rechtwinklige Dreiecke, die in einem weiteren – außer dem rechten – Winkel übereinstimmen, stimmen in allen drei Winkeln überein und sind **ähnlich** zueinander.

ABC ~ A'B'C'

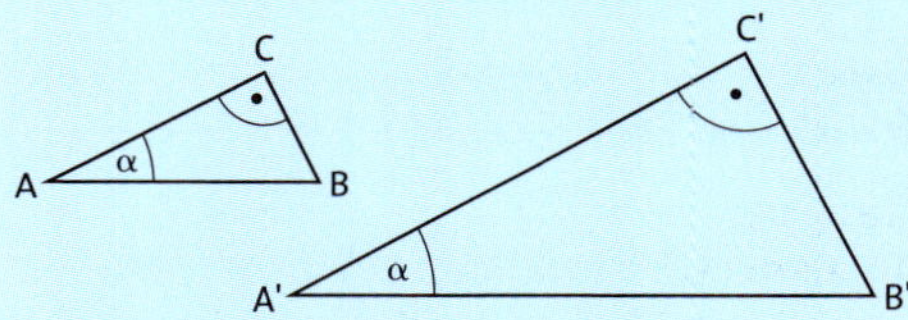


In allen **rechtwinkligen Dreiecken,** die auch im Winkel $\alpha$ ($\alpha \neq 90°$) übereinstimmen, hat der Quotient

$$\textbf{sin}\ \alpha = \frac{\textbf{Länge der Gegenkathete von } \alpha}{\textbf{Länge der Hypotenuse}}$$

denselben Wert.
Dieser Wert heißt **Sinus von $\alpha$ (sin $\alpha$).**

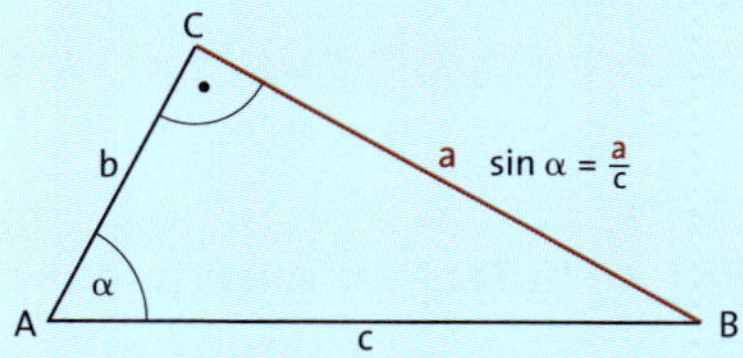


Ebenso hat der Quotient

$$\textbf{cos}\ \alpha = \frac{\textbf{Länge der Ankathete von } \alpha}{\textbf{Länge der Hypotenuse}}$$

in allen **rechtwinkligen Dreiecken,** die im Winkel $\alpha$ ($\alpha \neq 90°$) übereinstimmen, denselben Wert.
Dieser Wert heißt **Kosinus von $\alpha$ (cos $\alpha$).**

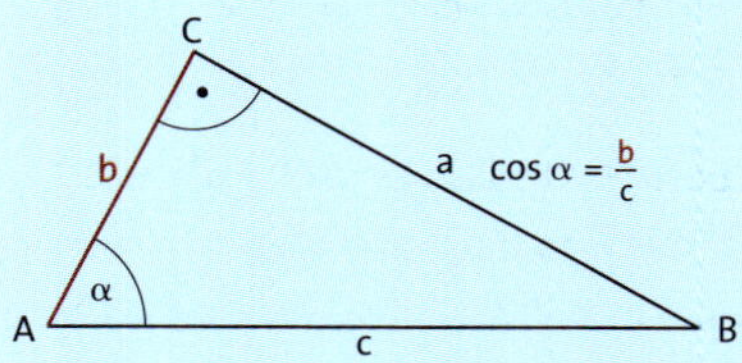

**ÜBUNG 1** **Betrachte das rechtwinklige Dreieck.**

a) Ordne den Seiten die richtigen Bezeichnungen zu: Hypotenuse, Ankathete von $\alpha$, Gegenkathete von $\alpha$, Ankathete von $\gamma$, Gegenkathete von $\gamma$.
b) Warum gibt es zu $\beta$ weder eine Ankathete noch eine Gegenkathete?
c) Bestimme $\sin\alpha$, $\sin\gamma$, $\cos\alpha$ und $\cos\gamma$.

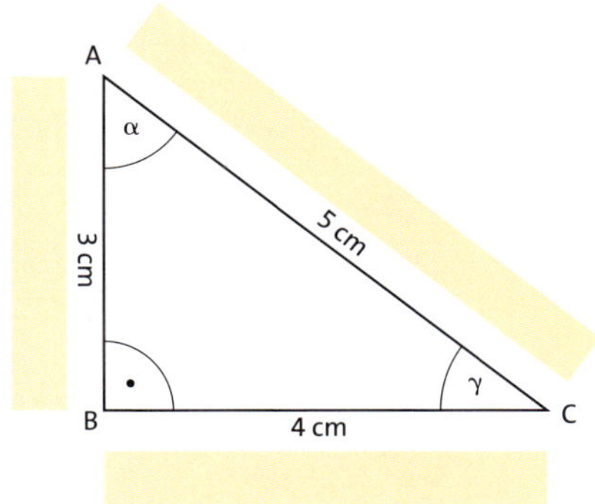


**ÜBUNG 2** **In einem rechtwinkligen Dreieck ist a = 13 cm, b = 5 cm und c = 12 cm.**

a) Ergänze die Skizze.
b) Berechne auf drei Stellen nach dem Komma $\sin\beta$, $\sin\gamma$, $\cos\beta$ und $\cos\gamma$.
c) Warum kann man $\sin\alpha$ und $\cos\alpha$ nicht genauso berechnen?

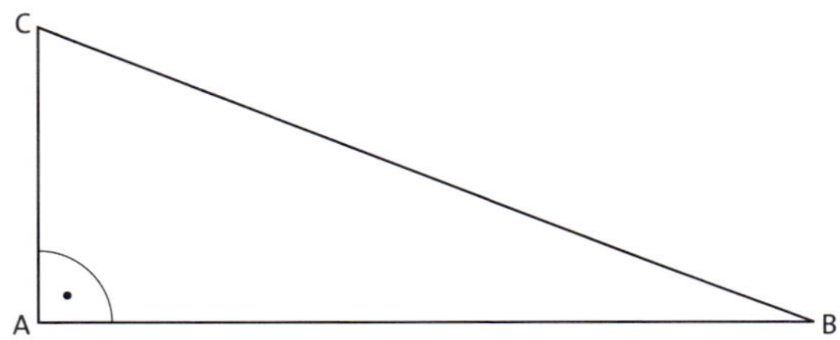


## WISSEN

**Tangens**
In allen rechtwinkligen Dreiecken, die auch im Winkel $\alpha$ ($\alpha \neq 90°$) übereinstimmen, hat der Quotient

$$\tan\alpha = \frac{\text{Länge der Gegenkathete von } \alpha}{\text{Länge der Ankathete von } \alpha}$$

denselben Wert.
Dieser Wert heißt **Tangens von $\alpha$** ($\tan\alpha$).

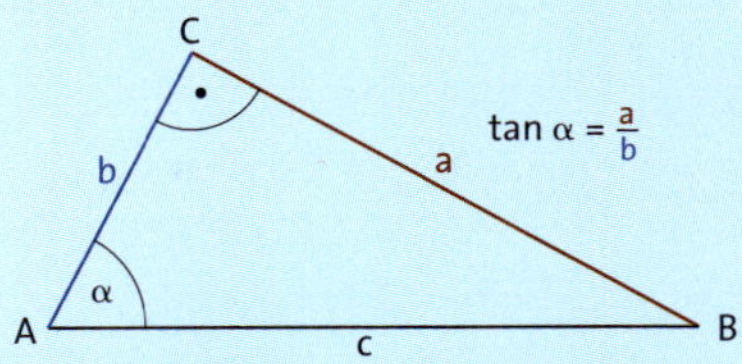


**ÜBUNG 3** **Ein rechtwinkliges Dreieck ABC hat die Hypotenuse b = 10 cm und die Kathete a = 4 cm.**

a) Berechne die Länge der Kathete c.
b) Zeichne das Dreieck.
c) Berechne auf drei Stellen nach dem Komma $\sin\alpha$, $\sin\gamma$, $\cos\alpha$, $\cos\gamma$, $\tan\alpha$ und $\tan\gamma$.

**ÜBUNG 4** **Gib auf drei Stellen nach dem Komma gerundet an.**

a) $\sin 30°$ b) $\sin 22{,}5°$ c) $\cos 17{,}3°$ d) $\tan 45°$ e) $\cos 60°$ f) $\tan 60°$

**WISSEN**

**Winkelgrößen mit dem Taschenrechner berechnen**
Mit dem Taschenrechner kannst du aus den Sinus- und Kosinuswerten auch die Winkelgrößen bestimmen. Hierzu brauchst du die jeweiligen „Umkehrtasten" **$\sin^{-1}$**, **$\cos^{-1}$** und **$\tan^{-1}$**.
Achte auf die passende Einstellung des Gradmaßes: DEG muss eingestellt sein, wenn du im Gradmaß, und RAD, wenn du im Bogenmaß rechnen willst.

$\sin\alpha = 0{,}5$
$\alpha$ kannst du mit dem Taschenrechner wie folgt berechnen:
$\alpha = \mathbf{\sin^{-1}} 0{,}5 = 30°$

ÜBEN

**ÜBUNG 5** **Ergänze folgende Tabelle.**

| Winkel $\alpha$ | $\sin\alpha$ | $\cos\alpha$ | $\tan\alpha$ |
|---|---|---|---|
| 15° | | | |
| | | 0,906 | |
| | | | 28,636 |
| | 0,707 | | |

**ÜBUNG 6** **Gegeben sind folgende Größen: $c = 5{,}5\,\text{cm}$, $\beta = 50°$ und $\gamma = 90°$.**

a) Berechne $\alpha$.

b) Es gilt $\sin\beta = \frac{b}{c}$, folglich ist $b = c \sin\beta$. Berechne b.

c) Es gilt $\sin\alpha = \frac{a}{c}$, folglich ist $a = c \sin\alpha$. Berechne a.

**ÜBUNG 7** **In einem rechtwinkligen Dreieck ($\alpha = 90°$) sind folgende Größen bekannt: $a = 6\,\text{cm}$ und $\gamma = 30°$.**

a) Fertige eine Skizze an und markiere die fehlenden Stücke.
b) Berechne den fehlenden Winkel.
c) Berechne die Längen der Seiten c und b.

**ÜBUNG 8** **Finn ist ein begeisterter Gleitsegler. Er startet aus einer Höhe von 85 m und gleitet mit seinem Gleitsegel ohne Aufwind in einem Gleitwinkel von ca. 7° abwärts. Gib seine Flugweite und seine Gleitstrecke an.**

Skizze für Finns Flug

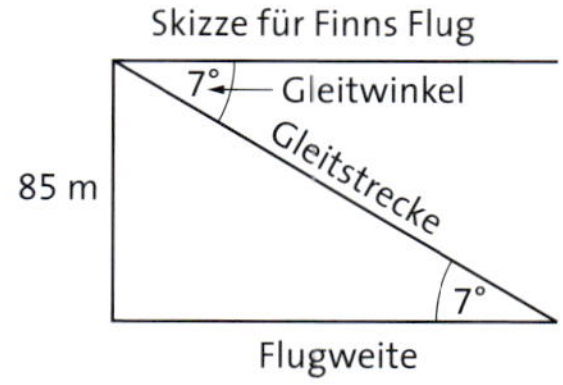

# 6.2 Trigonometrische Funktionen

Besonders einfach kann man Sinus und Kosinus berechnen, wenn man das Dreieck so wählt, dass die Hypotenuse die Länge 1 hat. Dann gilt:

- $\sin\alpha = \frac{\text{Gegenkathete von }\alpha}{1}$
  $= \text{Gegenkathete von }\alpha$
- $\cos\alpha = \frac{\text{Ankathete von }\alpha}{1} = \text{Ankathete von }\alpha$

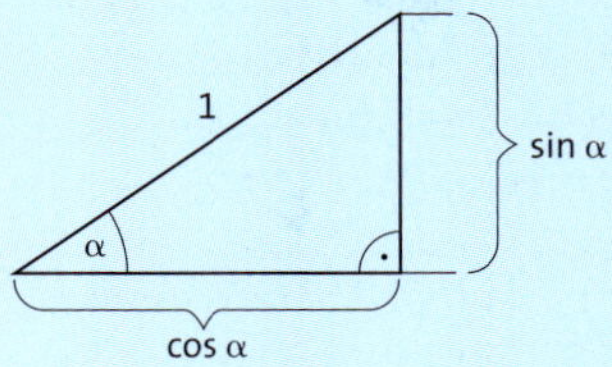


$\sin 30° = \frac{1}{2}$; $\sin 45° = \frac{1}{2} \cdot \sqrt{2}$
$\cos 30° = \frac{1}{2} \cdot \sqrt{3}$; $\cos 45° = \frac{1}{2} \cdot \sqrt{2}$

Die trigonometrischen Funktionen werden deshalb am **Einheitskreis** erklärt. Dies ist ein Kreis mit dem Radius 1, dessen Mittelpunkt im Koordinatenursprung (0|0) liegt.

Betrachte Kosinus und Sinus als x- bzw. y-Koordinate des Kreispunktes P.

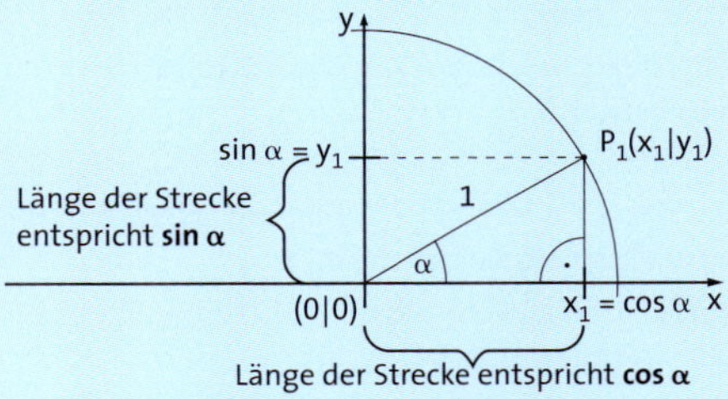


Wandert der Punkt P (cos α|sin α) entlang des Kreisbogens, so erhält man für jeden Winkel α mit 0° < α < 90° einen Sinus-Wert und einen Kosinus-Wert.

Darüber hinaus vereinbart man

- $\sin 0° = 0$ und $\sin 90° = 1$; sowie
- $\cos 0° = 1$ und $\cos 90° = 0$.

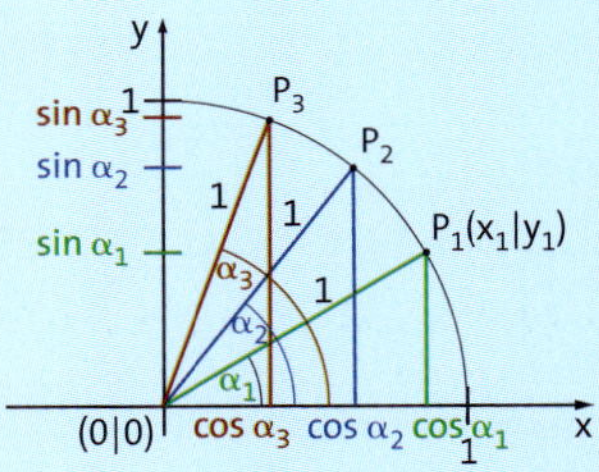


Wandert der Punkt P auf dem Kreisbogen weiter, so entsteht ein **stumpfer bzw. überstumpfer Winkel** α, dessen Sinus und Kosinus du bestimmen kannst, wie in den Abbildungen rechts zu sehen.

Darüber hinaus vereinbart man:

- $\sin 180° = 0$; $\sin 270° = -1$; $\sin 360° = 0$;
- $\cos 180° = -1$; $\cos 270° = 0$; $\cos 360° = 1$

*Merke:* Sinus und Kosinus eines Winkels liegen immer zwischen −1 und 1:
$-1 \leq \sin\alpha \leq 1$; $-1 \leq \cos\alpha \leq 1$

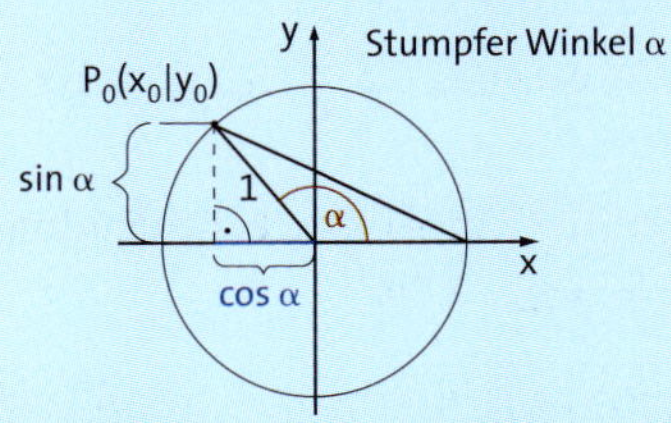


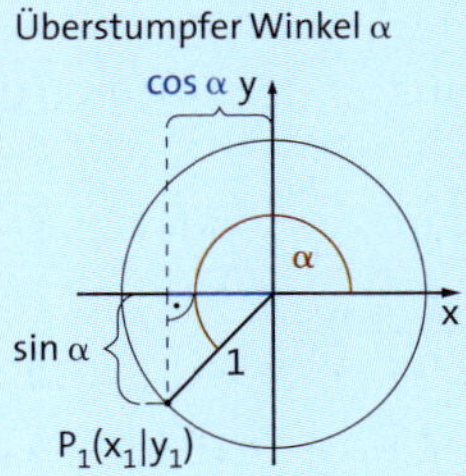


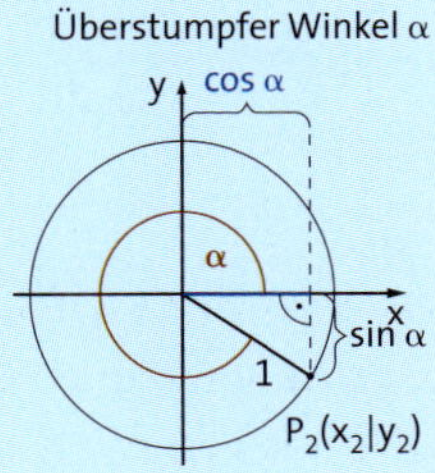

Man kann die Wertepaare, die bei größer werdendem Winkel entstehen, in eine Tabelle eintragen. Der Winkel wird dabei oft im **Bogenmaß** (↗ Kap. 4.2) angegeben und mit x (statt $\alpha$) bezeichnet.

*Beachte:* Der Begriff Winkel (Bogen) wird damit auf beliebige reelle Werte erweitert.

■ Sinus und Kosinus ordnen auf diese Weise jeder reellen Zahl eindeutig eine Zahl zwischen −1 und 1 zu. Man spricht von **Winkelfunktionen** oder **trigonometrischen Funktionen.**

■ Die Funktionswerte wiederholen sich in festen Abständen. Man sagt daher: Die trigonometrischen Funktionen sind **periodisch.**

| Gradmaß | Bogenmaß | sin x | cos x | tan x |
|---|---|---|---|---|
| 0° | 0 | 0 | 1 | 0 |
| 30° | $\frac{\pi}{6}$ | $\frac{1}{2}$ | $\frac{1}{2}\sqrt{3}$ | $\frac{1}{3}\sqrt{3}$ |
| 45° | $\frac{\pi}{4}$ | $\frac{1}{2}\sqrt{2}$ | $\frac{1}{2}\sqrt{2}$ | 1 |
| 60° | $\frac{\pi}{3}$ | $\frac{1}{2}\sqrt{3}$ | $\frac{1}{2}$ | $\sqrt{3}$ |
| 90° | $\frac{\pi}{2}$ | 1 | 0 | n. def. |
| 120° | $\frac{2\pi}{3}$ | $\frac{1}{2}\sqrt{3}$ | $-\frac{1}{2}$ | $-\sqrt{3}$ |
| 135° | $\frac{3\pi}{4}$ | $\frac{1}{2}\sqrt{2}$ | $-\frac{1}{2}\sqrt{2}$ | −1 |
| 150° | $\frac{5\pi}{6}$ | $\frac{1}{2}$ | $-\frac{1}{2}\sqrt{3}$ | $-\frac{1}{3}\sqrt{3}$ |
| 180° | $\pi$ | 0 | −1 | 0 |

$2\pi = 360°$; $4\pi = 720°$; $-\pi = -180°$; $3\pi = 540°$ usw.

**Sinusfunktion: f(x) = sin x**

■ Definitionsmenge: $\mathbb{R}$
■ Wertemenge: $\{y \mid -1 \leq y \leq 1\}$
■ periodisch mit der **Periode 2π**
■ Nullstellen liegen bei ...; $-2\pi$; $-\pi$; 0; $\pi$; $2\pi$; ...
allgemein: $0 + k\pi$ ($k \in \mathbb{Z}$)
■ Hochpunkte: $\left(\frac{\pi}{2} + 2k\pi \mid 1\right)$; $k \in \mathbb{Z}$
■ Tiefpunkte: $\left(\frac{3\pi}{2} + 2k\pi \mid -1\right)$; $k \in \mathbb{Z}$
■ Graph ist **punktsymmetrisch** zum Ursprung (ungerade Funktion), d. h., $f(-x) = -f(x)$

Überträgt man die Wertepaare aus der Darstellung am Einheitskreis in ein Koordinatensystem, so erhält man den Graphen der Sinusfunktion:

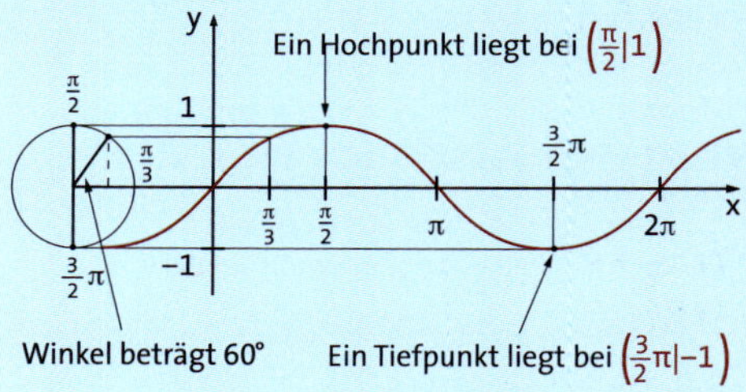


Periode $2\pi$, denn $\sin(x + 2\pi) = \sin x$

**Kosinusfunktion: f(x) = cos x**

■ Definitionsmenge: $\mathbb{R}$
■ Wertemenge: $\{y \mid -1 \leq y \leq 1\}$
■ periodisch mit der **Periode 2π**
■ Nullstellen liegen bei ...; $-\frac{\pi}{2}$; $\frac{\pi}{2}$; $\frac{3\pi}{2}$; $\frac{5\pi}{2}$; ...
allgemein: $(2k + 1)\frac{\pi}{2}$ ($k \in \mathbb{Z}$)
■ Hochpunkte: $(0 + 2k\pi \mid 1)$; $k \in \mathbb{Z}$
■ Tiefpunkte: $(\pi + 2k\pi \mid -1)$; $k \in \mathbb{Z}$
■ Graph ist **achsensymmetrisch** zur y-Achse (gerade Funktion), d. h., $f(-x) = f(x)$

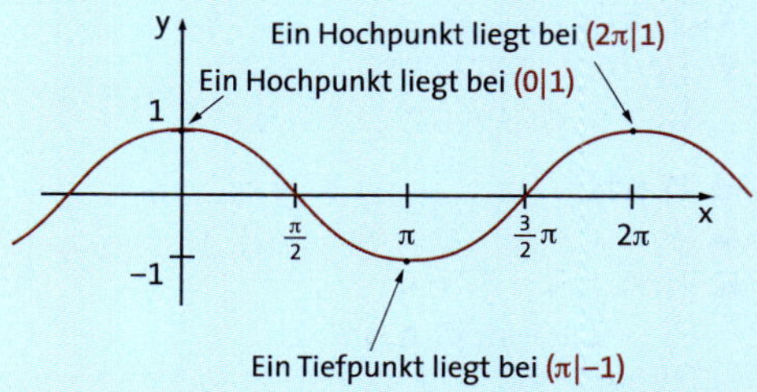


Periode $2\pi$, denn $\cos(x + 2\pi) = \cos x$

**ÜBUNG 9** **Gib die folgenden Winkel im Bogenmaß an.**
**Beispiel: $\alpha = 15°$ soll im Bogenmaß angegeben werden: $x = \frac{15°}{180°} \cdot \pi = \frac{1}{12} \cdot \pi \approx 0{,}262$**

a) 15° b) 30° c) 45° d) 60° e) 90°

f) 125° g) 180° h) 225° i) 270° j) 360°

**ÜBUNG 10** **Berechne. (Achtung: Hier musst du den Taschenrechner auf Bogenmaß (RAD) umstellen.)**

a) $\sin 3\pi$ b) $\cos 0{,}5\pi$ c) $\tan 1{,}5\pi$ d) $\sin 2{,}45$ e) $\cos 1{,}6$ f) $\tan 4$

**ÜBUNG 11** **Berechne x. Gib den Winkel im Bogenmaß an.**

a) $\sin x = 0{,}5$ b) $\cos x = 0{,}5$ c) $\sin x = 0{,}725$ d) $\cos x = -0{,}356$

**ÜBUNG 12** **Gib zu jeder Gleichung in Übung 11 noch mindestens eine weitere Lösung im Bogenmaß und zwei weitere im Gradmaß an.**

**ÜBUNG 13** **Zeichne die Sinuskurve für $0 \leq x \leq 2\pi$. Für welche x-Werte gilt $\sin x = 0$?**

**ÜBUNG 14** **Gib jeweils drei verschiedene Hoch- und Tiefpunkte der Sinus- und der Kosinusfunktion an.**



## WISSEN

**Tangensfunktion $f(x) = \tan x$**
Es gilt:

$\tan x = \frac{\sin x}{\cos x}$;

daher ist die Tangensfunktion nur dort definiert, wo die Kosinusfunktion keine Nullstelle hat.

- Definitionsmenge: $\left\{x \mid x \in \mathbb{R};\ x \neq (2z+1) \cdot \frac{\pi}{2}\right\};\ z \in \mathbb{Z}$
- Wertemenge: $\{y \mid -\infty < y < \infty\}$
- periodisch mit der **Periode $\pi$**
- Nullstellen liegen bei $\ldots; -2\pi; -\pi; 0; \pi; 2\pi; \ldots$ allgemein $0 + k\pi$ $(k \in \mathbb{Z})$
- Es gibt keine Hoch- und keine Tiefpunkte
- Graph ist **punktsymmetrisch** zum Ursprung (ungerade Funktion), d. h., $f(-x) = -f(x)$

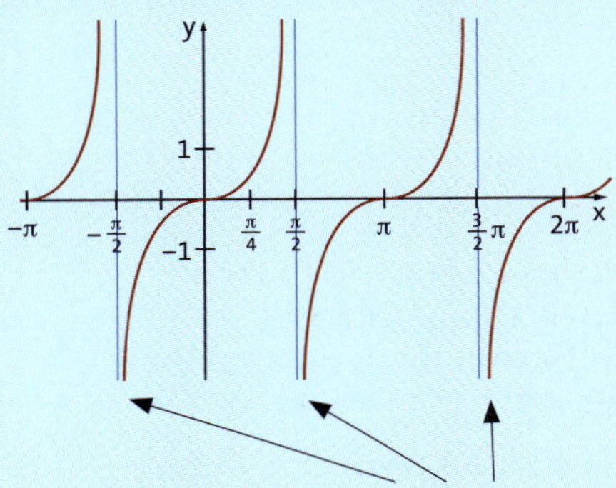


Definitionslücken bei $\ldots -\frac{\pi}{2}; \frac{\pi}{2}; \frac{3\pi}{2}; \ldots$

**ÜBUNG 15** **Berechne x. Gib einen Winkel im Bogenmaß sowie einen Winkel im Gradmaß an, die diese Gleichung lösen.**

a) $\tan x = 0{,}5$ b) $\tan x = 23{,}9$ c) $\tan x = -4$

**ÜBUNG 16** **Hannah behauptet, dass zwei Winkel, die den gleichen Sinuswert haben, auch den gleichen Kosinuswert haben. Leonie ist anderer Meinung und verweist auf die Graphen der Sinus- und Kosinusfunktion. Wer hat recht? Begründe deine Antwort.**

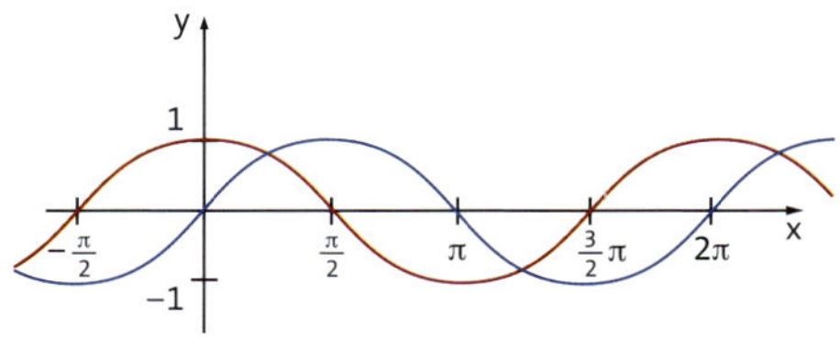


**ÜBUNG 17** **Betrachte die Graphen der Tangensfunktion und der Kosinusfunktion. Warum hat der Graph der Tangensfunktion Definitionslücken? Vergleiche die Definitionslücken der Tangensfunktion mit den Nullstellen der Kosinusfunktion. Was fällt dir auf?**

## WISSEN

**Amplitude, Frequenz und Phasenverschiebung**

In der Funktion $f(x) = a \sin x$ heißt a ($a \neq 0$) die **Amplitude** der Sinuskurve. a gibt den maximalen Ordinatenwert (y-Wert) an.
Durch den Parameter a wird die Funktion in y-Richtung für $|a| > 1$ gestreckt bzw. für $|a| < 1$ gestaucht.

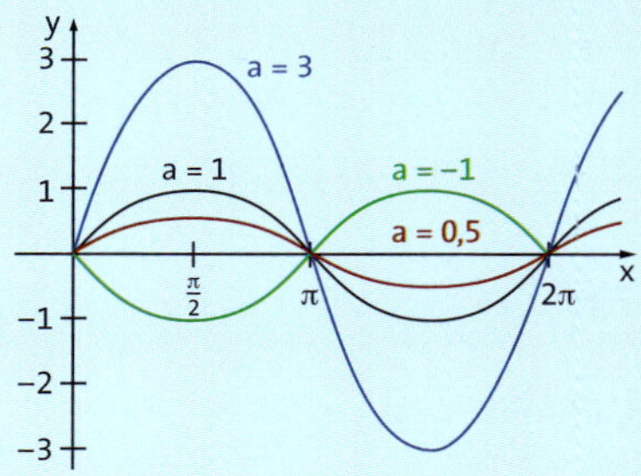


In der Funktion $f(x) = \sin bx$ heißt b ($b \neq 0$) die **Frequenz** der Sinuskurve. Die Frequenz gibt die Anzahl der vollständigen Perioden in einem Intervall der Länge $2\pi$ an.
Durch den Parameter b wird die Funktion in x-Richtung gestreckt oder gestaucht.

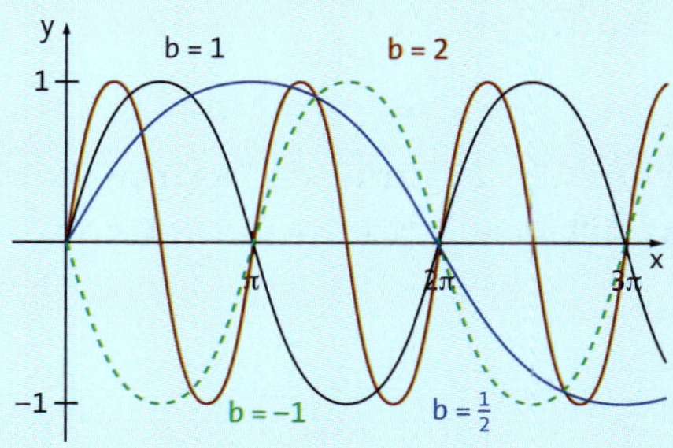


In der Funktion $f(x) = \sin (x + c)$ heißt c **Phasenverschiebung** der Sinuskurve. Durch den Parameter c wird die Funktion in x-Richtung verschoben.

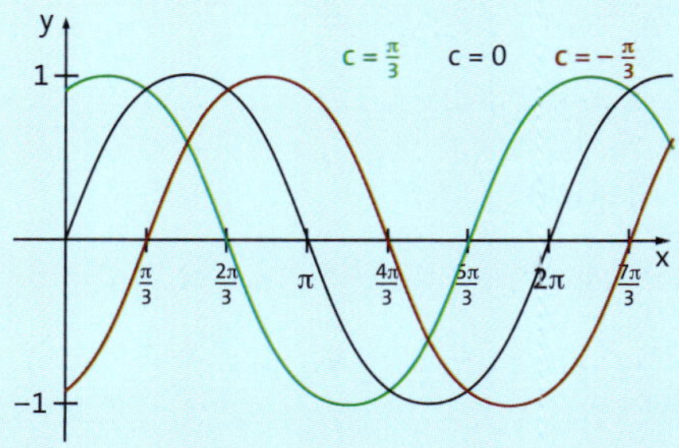

**ÜBUNG 18** **Wir betrachten die Funktionen sin x; 3 sin x; 0,5 sin x und −2 sin x.**

a) Fülle folgende Wertetabelle aus.

| **x** | 0 | $\frac{\pi}{6}$ | $\frac{\pi}{3}$ | $\frac{\pi}{2}$ | $\frac{2\pi}{3}$ | $\frac{5\pi}{6}$ | $\pi$ | $\frac{7\pi}{6}$ | $\frac{3\pi}{2}$ | $\frac{5\pi}{3}$ | $2\pi$ |
|---|---|---|---|---|---|---|---|---|---|---|---|
| **sin x** | | | | | | | | | | | |
| **3 sin x** | | | | | | | | | | | |
| **0,5 sin x** | | | | | | | | | | | |
| **−2 sin x** | | | | | | | | | | | |

b) Zeichne mithilfe der Wertetabelle aus a) die Graphen in ein Koordinatensystem.
c) Gib für jede der Funktionen die Wertemenge an.

| **Funktion** | sin x | 3 sin x | 0,5 sin x | −2 sin x |
|---|---|---|---|---|
| **Wertemenge** | $\{y \mid -1 \leq y \leq 1\}$ | | | |

d) Gib die Hoch- und Tiefpunkte der einzelnen Graphen an ($k \in \mathbb{Z}$).

| **Funktion** | sin x | 3 sin x | 0,5 sin x | −2 sin x |
|---|---|---|---|---|
| **Hochpunkte** | $\left(\frac{\pi}{2} + 2k\pi \mid 1\right)$ | | | |
| **Tiefpunkte** | $\left(\frac{3\pi}{2} + 2k\pi \mid -1\right)$ | | | |

**ÜBUNG 19** **Betrachte die Graphen der Funktionen cos x, $\cos\left(x + \frac{\pi}{2}\right)$ und $\cos\left(x - \frac{\pi}{6}\right)$. Was fällt dir auf? Was ist gleich? Worin unterscheiden sie sich?**

| | gleich | nicht gleich |
|---|---|---|
| a) Definitionsmenge | ☐ | ☐ |
| b) Wertemenge | ☐ | ☐ |
| c) Periodenlänge | ☐ | ☐ |
| d) Nullstellen | ☐ | ☐ |
| e) Hochpunkte und Tiefpunkte | ☐ | ☐ |
| f) Symmetrieeigenschaften | ☐ | ☐ |

ÜBEN

# 6.3 Sätze und Anwendungen

**Sinussatz:** In jedem Dreieck verhalten sich die Längen zweier Seiten wie die Sinuswerte der gegenüberliegenden Winkel:

$\frac{a}{b} = \frac{\sin\alpha}{\sin\beta}; \frac{a}{c} = \frac{\sin\alpha}{\sin\gamma}; \frac{b}{c} = \frac{\sin\beta}{\sin\gamma}$

bzw.

$\frac{a}{\sin\alpha} = \frac{b}{\sin\beta} = \frac{c}{\sin\gamma}$

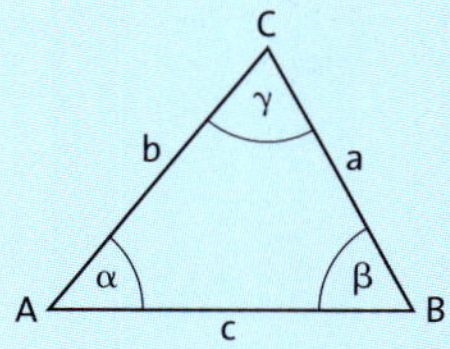


Wenn im Dreieck ABC zwei gegenüberliegende Stücke (eine Seite und ein Winkel) gegeben sind, so kannst du für ein weiteres Stück das gegenüberliegende und damit das ganze Dreieck berechnen.

**Kosinussatz:** In jedem Dreieck ist das Quadrat über der einen Seite gleich der Summe der Quadrate über den beiden anderen Seiten vermindert um das doppelte Produkt aus diesen Seiten und dem Kosinus des von ihnen eingeschlossenen Winkels:

- $\alpha$ wird von b und c eingeschlossen:
  $a^2 = b^2 + c^2 - 2bc \cdot \cos\alpha$
- $\beta$ wird von a und c eingeschlossen:
  $b^2 = a^2 + c^2 - 2ac \cdot \cos\beta$
- $\gamma$ wird von a und b eingeschlossen:
  $c^2 = a^2 + b^2 - 2ab \cdot \cos\gamma$

*Merke:* Für rechtwinklige Dreiecke (hier $\gamma = 90°$) ergibt sich aus der letzten Gleichung:
$c^2 = a^2 + b^2 - 2ab \cdot 0$, d. h., $c^2 = a^2 + b^2$.
Der Kosinussatz heißt daher auch **verallgemeinerter Satz des Pythagoras.**

Sind von einem Dreieck die Längen zweier Seiten und die Größe des eingeschlossenen Winkels bekannt, so kann man die Länge der dritten Seite berechnen:

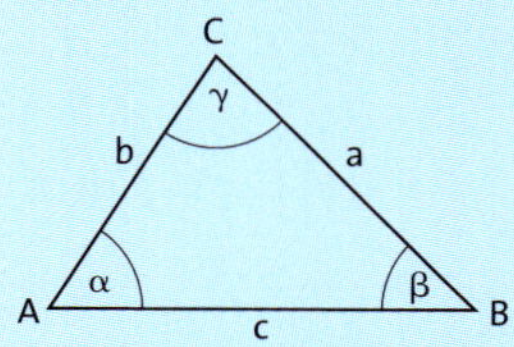


b = 5 cm
c = 7 cm
$\alpha = 57{,}1°$

Berechne a.

$a = \sqrt{b^2 + c^2 - 2bc \cdot \cos\alpha}$

$\approx \sqrt{25 + 49 - 70 \cdot 0{,}543}$

$\approx \sqrt{35{,}99} \approx 6$

**a ≈ 6 cm**

**Additionstheoreme:** Mithilfe der Additionstheoreme kannst du aufgrund schon bekannter Funktionswerte weitere Funktionswerte der Sinus- und der Kosinusfunktion berechnen.

$\sin(\alpha + \beta) = \sin\alpha \cdot \cos\beta + \cos\alpha \cdot \sin\beta$
$\sin(\alpha - \beta) = \sin\alpha \cdot \cos\beta - \cos\alpha \cdot \sin\beta$
$\cos(\alpha + \beta) = \cos\alpha \cdot \cos\beta - \sin\alpha \cdot \sin\beta$
$\cos(\alpha - \beta) = \cos\alpha \cdot \cos\beta + \sin\alpha \cdot \sin\beta$

$\sin 105° = \sin(45° + 60°)$
$= \sin 45° \cdot \cos 60° + \cos 45° \cdot \sin 60°$
$= \frac{1}{2}\sqrt{2} \cdot \frac{1}{2} + \frac{1}{2}\sqrt{2} \cdot \frac{1}{2}\sqrt{3}$
$= \frac{1}{4}\sqrt{2} + \frac{1}{4}\sqrt{2} \cdot \sqrt{3}$
$\approx 0{,}966$

WISSEN

## Dreiecksstücke berechnen

**Gegeben: sss** (a, b, c)
Die drei Seiten eines Dreiecks sind gegeben, **gesucht sind die drei Winkel:**

$\cos\alpha = \frac{b^2 + c^2 - a^2}{2bc}$

$\cos\beta = \frac{a^2 + c^2 - b^2}{2ac}$

$\cos\gamma = \frac{a^2 + b^2 - c^2}{2ab}$

(oder: $\gamma = 180° - \alpha - \beta$)

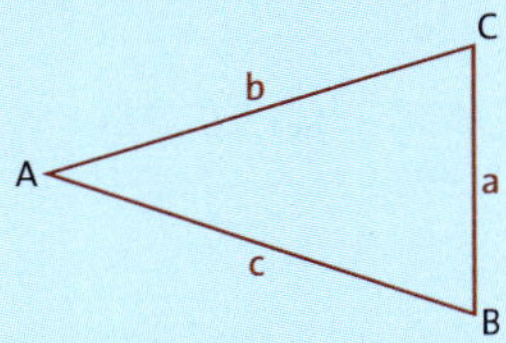


Gegeben: a = 3 cm; b = 2 cm; c = 1,5 cm

$\cos\alpha = \frac{2^2 + 1{,}5^2 - 3^2}{2 \cdot 2 \cdot 1{,}5} \approx -0{,}4583$

damit $\alpha \approx 117{,}3°$

Analog erhält man $\beta \approx 36{,}3°$ und $\gamma \approx 26{,}4°$.

**Gegeben: sws** (z. B. b, α, c)
Zwei Seiten und ein Winkel eines Dreiecks sind bekannt, **gesucht sind die fehlende Seite und zwei Winkel:**

$a = \sqrt{b^2 + c^2 - 2bc \cdot \cos\alpha}$

$\sin\beta = \frac{\sin\alpha \cdot b}{a}$

$\gamma = 180° - \alpha - \beta$

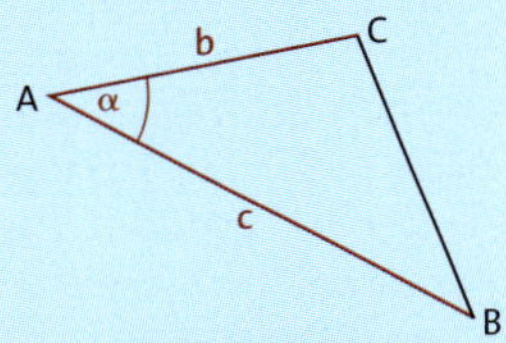


Gegeben: b = 3 cm; c = 2 cm; α = 50°

$a = \sqrt{3^2 + 2^2 - 2 \cdot 3 \cdot 2 \cdot \cos 50°} \approx 2{,}3$

$a \approx 2{,}3\,\text{cm}$; $\beta \approx 87{,}7°$; $\gamma \approx 42{,}3°$

**Gegeben: Ssw** (z. B. b, c, γ)
Zwei Seiten und der der größeren der beiden Seiten gegenüberliegende Winkel sind bekannt, **gesucht sind zwei Winkel und eine Seite:**

$\sin\beta = \frac{b}{c}\sin\gamma$; $\alpha = 180° - \beta - \gamma$

$a = \sqrt{b^2 + c^2 - 2bc \cdot \cos\alpha}$

oder $a = b \cdot \frac{\sin\alpha}{\sin\beta}$

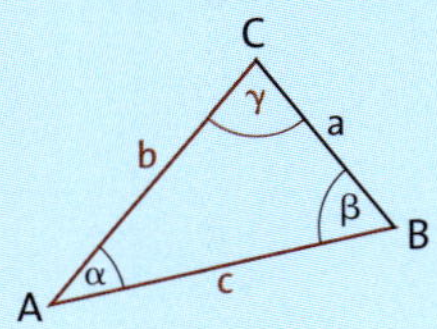


Gegeben: b = 1 cm; c = 2 cm; γ = 60°

$\sin\beta = \frac{1}{2}\sin 60° \approx 0{,}43$; $\beta \approx 25{,}5°$; $\alpha \approx 94{,}5°$

$a \approx 2{,}3\,\text{cm}$

**Gegeben: wsw** (z. B. α, c, β)
Zwei Winkel und ein gemeinsamer Schenkel als Seite sind bekannt, **gesucht sind zwei Seiten und ein Winkel:**

$\gamma = 180° - \alpha - \beta$; $b = c \cdot \frac{\sin\beta}{\sin\gamma}$

$a = \sqrt{b^2 + c^2 - 2bc \cdot \cos\alpha}$

oder $a = c \cdot \frac{\sin\alpha}{\sin\gamma}$

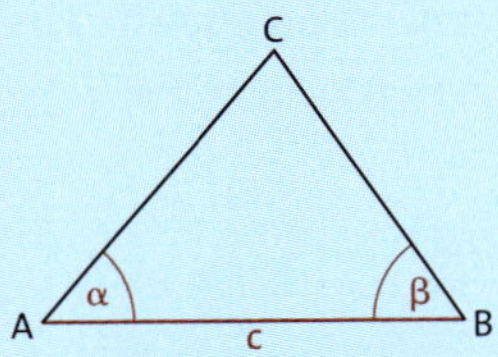


Gegeben: α = 40°; c = 3 cm; β = 70°

$\gamma = 70°$; $b = 3 \cdot \frac{\sin 70°}{\sin 70°} = 3$; $b = 3\,\text{cm}$;

$a \approx 2{,}05\,\text{cm}$

**ÜBUNG 20** **Betrachte das abgebildete Dreieck.**

a) Welcher Winkel lässt sich mithilfe des Sinussatzes berechnen?
b) Berechne die fehlenden Winkel.
c) Berechne die fehlende Seite c mithilfe des Sinussatzes.

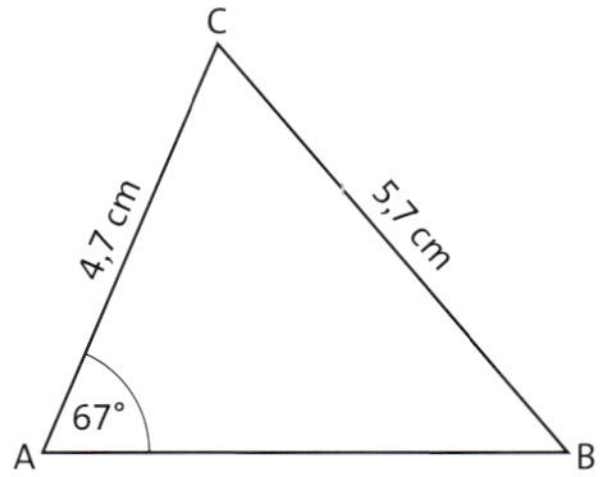


**ÜBUNG 21** **Berechne wie in Übung 20 die fehlenden Stücke (hiermit sind immer Winkel und Seitenlängen gemeint) des Dreieckes mit b = 5 cm; c = 8 cm und $\gamma$ = 33°. Fertige zunächst eine Skizze an und trage die gegebenen Stücke ein.**

**ÜBUNG 22** **Berechne für das abgebildete Dreieck die fehlenden Stücke.**

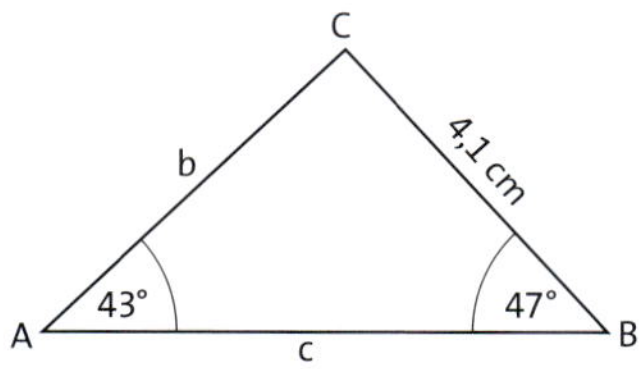


**ÜBUNG 23** **Berechne für das abgebildete Dreieck mithilfe des Kosinussatzes die Länge der Seite c.**

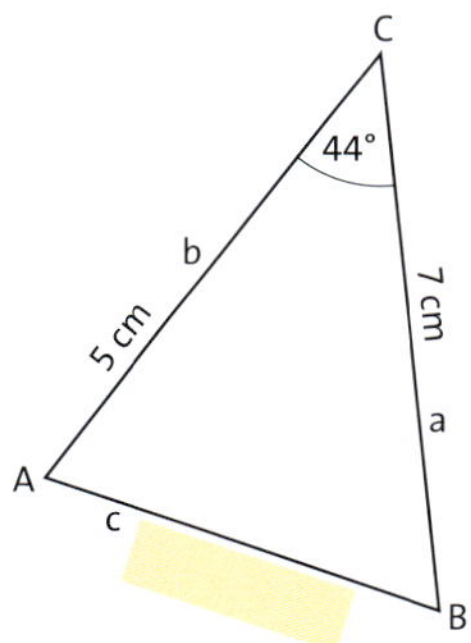


**ÜBUNG 24** **Berechne die fehlenden Stücke für das Dreieck ABC mit b = 50 dm; c = 4,5 m und $\alpha$ = 53°. Fertige zunächst eine Skizze an und markiere die gegebenen Stücke.**

**ÜBUNG 25** **Berechne jeweils die Innenwinkel eines Dreiecks ABC mit den Seiten ...**

a) a = 5 cm; b = 6,8 cm; c = 5,7 cm.
b) a = 23 mm; b = 2,8 cm; c = 35 mm.

ÜBEN

**ÜBUNG 26** **Berechne die Länge des Zaunes, den man benötigt, um das dreieckige Grundstück zu umzäunen ($\alpha = 24°$, $\gamma = 35°$).**

$\alpha + \beta + \gamma = 180°$ folglich ist $\beta =$

Mithilfe des kann man AB = c bestimmen:

$\frac{\sin}{\sin} =$

Mithilfe des kann man AC = b bestimmen.

Die Länge des Zaunes beträgt somit etwa .

**WISSEN**

**Einige Funktionswerte der Sinus- und der Kosinusfunktion**

| **x** | 0° | 30° | 45° | 60° | 90° |
|---|---|---|---|---|---|
| **sin x** | 0 | 0,5 | $\frac{1}{2}\sqrt{2} \approx 0{,}707$ | $\frac{1}{2}\sqrt{3} \approx 0{,}866$ | 1 |
| **cos x** | 1 | $\frac{1}{2}\sqrt{3} \approx 0{,}866$ | $\frac{1}{2}\sqrt{2} \approx 0{,}707$ | 0,5 | 0 |

**ÜBUNG 27** **Berechne mithilfe der obigen Tabelle und der Additionstheoreme, also ohne Taschenrechner, folgende Funktionswerte.**

a) sin 75° b) cos 75° c) sin (−15°) d) cos (−15°) e) sin 105° f) cos 105°

sin (−45°) =

**1. Schritt:** Suche aus der Tabelle zwei Winkel aus, die addiert bzw. subtrahiert den Wert ergeben.

$45° - 90° = -45°$

**2. Schritt:** Wende das entsprechende Additionstheorem an.

$\sin(-45) = \sin(45° - 90°)$
$= \sin(45°) \cdot \cos(90°) - \cos(45°) \cdot \sin(90°)$
$\approx 0{,}707 \cdot 0 - 0{,}707 \cdot 1$
$= -0{,}707$

**ÜBUNG 28** **Beweise mithilfe der Additionstheoreme: $\sin(2x) = 2 \sin x \cos x$**

**ÜBUNG 29** **Fertige zunächst eine Skizze an und berechne anschließend die fehlenden Stücke des Dreiecks ABC.**

| | a | b | c | $\alpha$ | $\beta$ | $\gamma$ |
|---|---|---|---|---|---|---|
| a) | 3 cm | 6,2 cm | | | 115° | |
| b) | | 7 cm | 3,2 cm | 128° | | |
| c) | 7 cm | 8 cm | 9 cm | | | |
| d) | | | 7 cm | 55° | 73° | |

a)

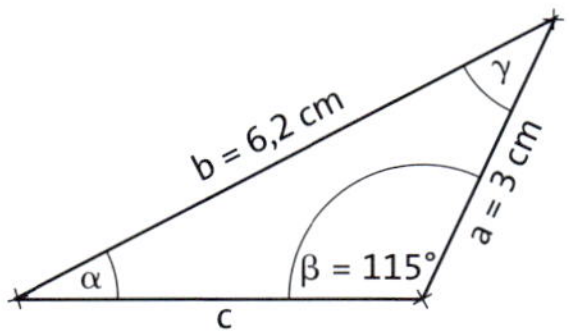


Gegeben: zwei Seiten und der der größeren der beiden Seiten gegenüberliegende Winkel (Ssw).

$\sin \alpha = \frac{\sin 115°}{6{,}2\,\text{cm}} \cdot 3 \approx$

$\alpha \approx$

$\gamma = 180° - \alpha - \beta =$

$c = \sqrt{a^2 + b^2 - 2ab \cdot \cos \gamma}$

$c = \sqrt{\phantom{xxxxxxxx}}$

$c \approx$

b)

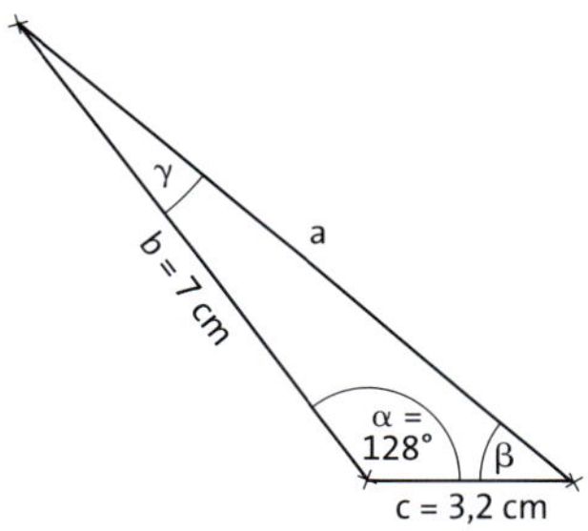


Gegeben: sws

$a = \sqrt{b^2 + c^2 - 2bc \cdot \cos \alpha}$

$a = \sqrt{\phantom{xxxxxxxx}}$

$\sin \gamma = \frac{\sin 128°}{9{,}3\,\text{cm}} \cdot 3{,}2\,\text{cm} \approx$

$\beta = 180° - \alpha - \gamma =$

Rechne in deinem Übungsheft weiter.

70 Minuten

## KLASSENARBEIT 1

**AUFGABE 1** **Betrachte das rechtwinklige Dreieck ABC. Kreuze die richtigen Antworten an.**

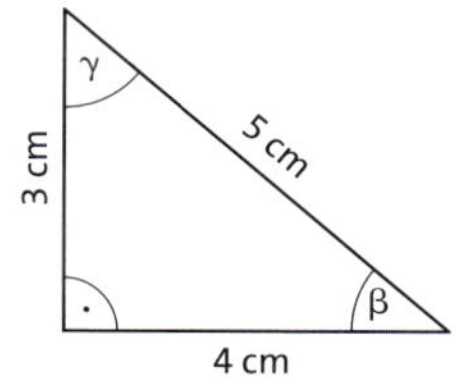


- [ ] $\cos\gamma = \frac{4}{5}$
- [ ] $\cos\gamma = \frac{3}{5}$
- [ ] $\cos\beta = \frac{3}{5}$
- [ ] $\cos\beta = \frac{5}{3}$
- [ ] $\tan\beta = \frac{4}{3}$
- [ ] $\tan\beta = \frac{3}{4}$

**AUFGABE 2** **In der folgenden Abbildung sind die Graphen der Funktionen $f_1(x) = \cos\left(x + \frac{\pi}{2}\right)$, $f_2(x) = -2\cos x$, $f_3(x) = \sin\left(\frac{1}{2}x\right)$ und $f_4(x) = \sin(2x)$ abgebildet.**

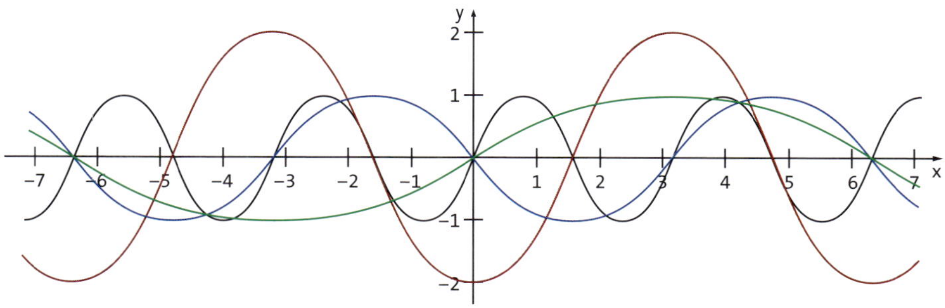


a) Schreibe jeweils an den Graphen die entsprechende Funktionsgleichung.
b) Gib für jeden Funktionsgraphen die Wertemenge an.
c) Gib für jeden Funktionsgraphen zwei Hoch- und zwei Tiefpunkte an.
d) Gib für jeden Funktionsgraphen die Periodenlänge in Bogen- und Gradmaß an.
e) Gib für jeden Funktionsgraphen die Nullstellen in Bogen- und Gradmaß an.

Trage deine Lösungen in folgende Tabelle ein:

| Funktion | $\cos\left(x + \frac{\pi}{2}\right)$ | $-2\cos x$ | $\sin\left(\frac{1}{2}x\right)$ | $\sin(2x)$ |
|---|---|---|---|---|
| Wertemenge | | | | |
| Hochpunkte | | | | |
| Tiefpunkte | | | | |
| Periodenlänge | | | | |
| Nullstellen | | | | |



TESTEN

**AUFGABE 3** Die Spitze eines 50 m entfernten Turmes wird unter dem Höhenwinkel 30° gesehen. Fertige hierzu eine Skizze an. Wie hoch ist der Turm?

**AUFGABE 4** Betrachte die Zeichnung und berechne b auf drei Nachkommastellen genau.

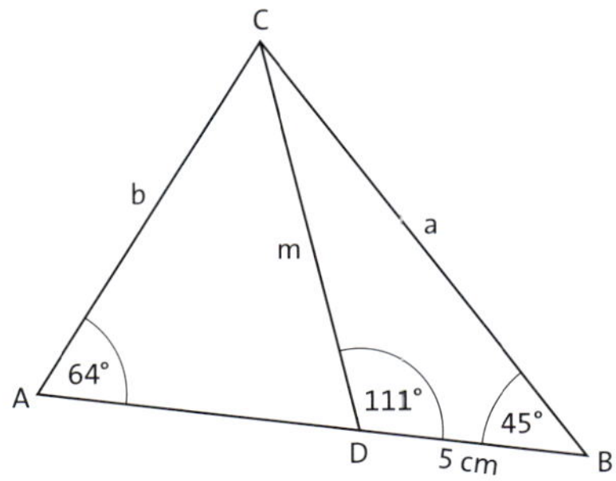


**AUFGABE 5** Jonas ist ein begeisterter Gleitsegler. Er gleitet mit einem Gleitwinkel von 6°. Seine Flugweite beträgt 692 m. Aus welcher Höhe ist er gestartet? Gib seine Gleitstrecke an. (Tipp: Fertige zunächst eine Skizze an.)



**AUFGABE 6** Durch einen Berg wird ein geradliniger Tunnel gegraben. Philipp kann den Anfang und das Ende des Tunnels sehen (siehe Zeichnung). Der Tunnelanfang ist 6,5 km und das Tunnelende 5 km von Philipp entfernt. Der Winkel zwischen beiden Strecken beträgt 135°.

a) Zeichne die angegebenen Werte in die Skizze ein.
b) Wie lang ist der Tunnel?

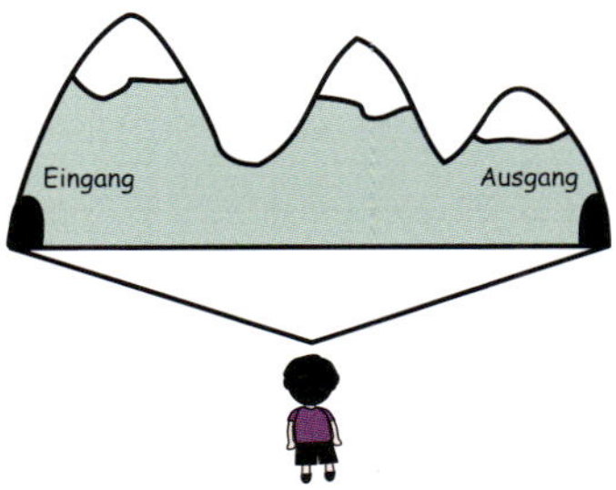


**AUFGABE 7** Johanna soll die Luftlinienentfernung zwischen Ahausen und Witzighausen bestimmen. Zwischen den beiden Ortschaften liegt jedoch ein Berg. Um die Entfernung dennoch bestimmen zu können, markiert sie den Punkt C und führt Messungen durch, deren Ergebnisse auf der Abbildung schon eingetragen wurden. Kann Johanna jetzt die Luftlinienentfernung berechnen? Wie weit liegen die beiden Orte voneinander entfernt?

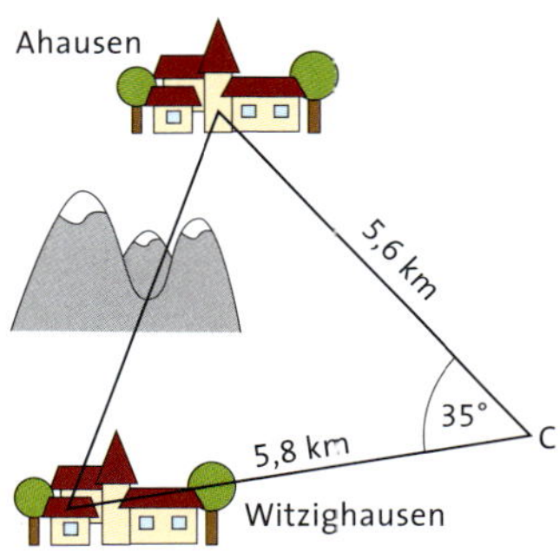

# 7 Im Beruf: Prozent- und Zinsrechnung

Eine **Prozentangabe** (p %) ist ein Bruch mit dem Nenner 100:

$p\,\% = \frac{p}{100}$.

$1\,\% = \frac{1}{100}$; $7\,\% = \frac{7}{100}$ usw.

- Prozentangaben werden immer auf den **Grundwert G** (das Ganze) bezogen, dieser entspricht 100 %.
- Der **Prozentwert W** gibt an, um wie viel (konkrete Zahl) vom Grundwert es geht.
- Der **Prozentsatz p %** gibt an, wie groß der Anteil dieser Zahl am Grundwert ist.
- **p** heißt **Prozentzahl** oder **Prozentpunkt.**

1 % von G ist $\frac{1}{100} \cdot G = \frac{G}{100}$

9 % von 250 sind $\frac{9}{100} \cdot 250 = \frac{9 \cdot 250}{100} = 22{,}5$

---

- Den **Prozentsatz** berechnet man mit der Gleichung: $p\,\% = \frac{W}{G}$, bzw. $p = \frac{W \cdot 100}{G}$
- Den **Prozentwert W** berechnet man mit der Gleichung: $W = p\,\% \cdot G$ bzw. $W = \frac{p \cdot G}{100}$
- Den **Grundwert G** berechnet man mit der Gleichung: $G = \frac{W}{p\,\%}$ bzw. $G = \frac{W \cdot 100}{p}$

200 Autos von 800 Autos entsprechen einem *Prozentsatz* von $\frac{200}{800} = \frac{25}{100} = 25\,\%$.

5 % von 200 € entsprechen einem *Prozentwert* von $\frac{5}{100} \cdot 200\,€ = 10\,€$.

7 % entsprechen 21 €, also beträgt der *Grundwert* $\frac{21\,€ \cdot 100}{7} = 300\,€$.

## Zinsen

Die Formeln der Zinsrechnung entsprechen denen der Prozentrechnung, es werden lediglich andere Begriffe verwendet.

**Zinssatz p %** ≙ Prozentsatz p %
**Zinsen Z** ≙ Prozentwert W
**Kapital K** ≙ Grundwert G

- Den **Zinssatz p %** berechnet man mit der Gleichung: $p\,\% = \frac{Z}{K}$ bzw. $p = \frac{Z \cdot 100}{K}$
- Die **Zinsen Z** berechnet man mit der Gleichung: $Z = K \cdot p\,\%$ bzw. $Z = \frac{K \cdot p}{100}$
- Das **Kapital K** berechnet man mit der Gleichung: $K = \frac{Z}{p\,\%}$ bzw. $K = \frac{Z \cdot 100}{p}$

Erhält man für ein Kapital von 4 000 € 280 € Zinsen, so beträgt der *Zinssatz* 7 %.

Bei einem Zinssatz von 6 % erhält man für ein Kapital von 250 € genau 15 € *Zinsen.*

Erhält man bei einem Zinssatz von 4,5 % Zinsen in Höhe von 90 €, so beträgt das *Kapital* 2 000 €.

WISSEN

ÜBEN

**ÜBUNG 1** Berechne die fehlenden Angaben.

| | | | | |
|---|---|---|---|---|
| **Grundwert** | 120 € | | 775 € | 7,6 kg |
| **Prozentwert** | 45 € | 17 km | | 1,9 kg |
| **Prozentsatz** | | 2,5 % | 95 % | |

**ÜBUNG 2** Bei einer Kontrollstation der Polizei werden ca. 27 % der 158 untersuchten Fahrzeuge beanstandet. Wie viele Fahrzeuge sind dies?

**ÜBUNG 3** Die Miete von Familie Dessoy ist von 450 € auf 490 € gestiegen. Wie viel Prozent müssen sie nun mehr bezahlen?

**ÜBUNG 4** Ein Fliesenleger braucht 562 Fliesen, um ein Bad zu fliesen. Es ist damit zu rechnen, dass während der Arbeit 8 % kaputtgehen. Wie viele Fliesen benötigt er?

**ÜBUNG 5** Wegen eines Hagelschadens verkauft ein Autohaus einen Neuwagen mit einem Rabatt von 20 %. Er kostet jetzt nur noch 23 600 €. Wie hoch war des Preis des Neuwagens vor der Preissenkung?

**ÜBUNG 6** Eine Firma nimmt bei der Bank ein Darlehen von 8 000 € zur Renovierung einiger Büroräume auf. Der Zinssatz beträgt 6,9 %. Wie viel Zinsen muss die Firma pro Jahr an die Bank bezahlen, solange sie nichts an die Bank zurückgezahlt hat?

**ÜBUNG 7** Ein Kreditinstitut wirbt: „Wir leihen Ihnen 1 000 € und Sie zahlen 199 € Zinsen im ersten Jahr!“ Wie hoch ist der Zinssatz? Was hältst du von diesem Angebot?

## WISSEN +

**Monats- und Tageszinsen**
Üblicherweise bezieht sich der Zinssatz auf ein Jahr (Jahreszinssatz). Man kann aber auch die Zinsen für einen Tag, t Tage oder m Monate ausrechnen.

*Merke:* Banken rechnen für jeden Monat 30 Tage und für jedes Kalenderjahr 360 Tage.

| Zinsen | Zinssatz | Kapital |
|---|---|---|
| **1 Jahr:** $Z = \frac{K \cdot p}{100}$ | **1 Jahr:** $p = \frac{Z \cdot 100}{K}$ | **1 Jahr:** $K = \frac{Z \cdot 100}{p}$ |
| **m Monate:** $Z_m = \frac{k \cdot p \cdot m}{100 \cdot 12}$ | **m Monate:** $p = \frac{Z_m \cdot 100 \cdot 12}{K \cdot m}$ | **m Monate:** $K = \frac{Z_m \cdot 100 \cdot 12}{p \cdot m}$ |
| **t Tage:** $Z_t = \frac{K \cdot p \cdot t}{100 \cdot 360}$ | **t Tage:** $p = \frac{Z_t \cdot 100 \cdot 360}{K \cdot t}$ | **t Tage:** $K = \frac{Z_t \cdot 100 \cdot 360}{p \cdot t}$ |

**ÜBUNG 8** **Berechne die Zinsen von …**

a) 1 200 € bei 4 % in 2 Monaten:

b) 7 200 € bei 6 % in 265 Tagen:

c) 570 € bei 3,25 % in 8 Monaten:

d) 1 500 € bei 3,75 % in 200 Tagen:

**ÜBUNG 9** **Frau Sommer hat 2017 einen Betrag von 2 400 € auf ihrem Sparbuch. Der Zinssatz beträgt 2,5 %. Nach einem Jahr werden die angefallenen Zinsen nicht ausbezahlt, sondern das Geld verbleibt auf dem Konto. Wie verändert sich ihr Kontostand nach einem (zwei) weiteren Jahr(en), wenn sie in der Zwischenzeit weder Geld abhebt noch einbezahlt?**

| | Guthaben | Zinsen | Neues Guthaben |
|---|---|---|---|
| **2017** | 2 400 € | 60 € | 2 460 € |
| **2018** | 2 460 € | | |
| **2019** | | | |



## WISSEN

**Zinseszinsen**

Nach einem Jahr erhöht sich das Guthaben um die Zinsen. Für die Zinsen erhält man ebenfalls wieder Zinsen, die Zinseszinsen. Das Guthaben, das aus dem Kapital nach mehreren Jahren erwächst, berechnet man durch wiederholte Multiplikation des Kapitals mit dem Faktor $\left(1 + \frac{p}{100}\right)$.

Für zwei Jahre muss man also rechnen:

$K_2 = K \cdot \left(1 + \frac{p}{100}\right) \cdot \left(1 + \frac{p}{100}\right) = K \cdot \left(1 + \frac{p}{100}\right)^2$

Für n Jahre muss man rechnen:

$K_n = K \cdot \left(1 + \frac{p}{100}\right)^n$

Ein Kapital von 2 200 € wird zu einem Zinssatz von 6 % angelegt. Auf welchen Betrag ist das Kapital nach zwei Jahren angewachsen?

$K_2 = K \cdot \left(1 + \frac{6}{100}\right)^2 = 2\,200\,€ \cdot \left(1 + \frac{6}{100}\right)^2$

$= 2\,471{,}92\,€$

*Ende 2. Jahr:* 2 471,92 €

Das Kapital ist nach zwei Jahren auf 2 471,92 € angewachsen.

**ÜBUNG 10** **Auf welchen Betrag wächst ein Kapital von 12 000 € nach 5 Jahren (mit Zinseszins) bei einem Zinssatz von 3 % an? Wie viel Zinsen hätte man insgesamt erhalten, wenn man den Jahreszins jeweils am Ende des Jahres abgehoben hätte? Vergleiche.**

## KLASSENARBEIT 1

45 Minuten

**AUFGABE 1** Was sagst du zu diesem Zeitungsartikel?

> Allgemeines
>
> **Jeder Vierte will unsterblich sein**
>
> In einer Umfrage wollten 44% der Befragten nicht älter als 80 Jahre werden. Höchstens 100 Jahre wollten 18% werden. Lediglich 4% gaben an, sie wollten unsterblich sein.

**AUFGABE 2** Im Fahrstuhl eines Bürogebäudes befinden sich 6 Leute, das sind 50 % mehr als zugelassen. Wie viele Personen dürften eigentlich mit dem Fahrstuhl fahren?

**AUFGABE 3** Ein Fernseher kostet 490 €. Nach einer ersten Preissenkung um 5 % wird der ermäßigte Preis noch mal um 10 % reduziert. Um wie viel Prozent wurde der Fernseher insgesamt preiswerter?

**AUFGABE 4** Ein Möbelhaus wirbt in einem Prospekt: „Wir zahlen ihre Mehrwertsteuer! Rabatt in Höhe der Mehrwertsteuer auf alle Möbelangebote.“ So kostet ein Futonbett nur noch 154 € statt 179 €. Wie viel müsste das Bett kosten, wenn der Käufer tatsächlich keine Mehrwertsteuer zu bezahlen hätte? (Hinweis: Die Mehrwertsteuer beträgt 19 % vom Nettopreis. Der ursprüngliche Preis von 179 € entspricht dem Bruttopreis, also dem Nettopreis plus Mehrwertsteuer.)

**AUFGABE 5** Ein kleines Unternehmen möchte ein Darlehen über 20 000 € für einen Geschäftswagen aufnehmen und lässt sich von verschiedenen Banken folgende Angebote unterbreiten: Bank A: „Wir können Ihnen einen Zinssatz von 7,5 % anbieten.“ Bank B: „Bei uns zahlen Sie monatlich nur 158,34 € Zinsen.“ Welches ist das günstigere Angebot?

**AUFGABE 6** Im Zeitraum vom 15. April bis 30. September eines Jahres werden 2 800 € mit 5,25 % verzinst. Berechne die anfallenden Zinsen.

**AUFGABE 7** Für einen Kredit sind im Jahr 12 % Zinsen zu bezahlen. Wie teuer ist ein Kredit von 15 000 €, wenn er nach

a) 5 Monaten zurückgezahlt wird?
b) 5 Jahren zurückgezahlt wird?

70 Minuten

## KLASSENARBEIT 2

**AUFGABE 8** **Bestimme die in der Tabelle fehlenden Größen durch Kopfrechnen.**

| | | | | | | |
|---|---|---|---|---|---|---|
| **Prozentsatz p** | 12,5 % | 25 % | | 175 % | | 40 % |
| **Prozentwert W** | | 82 km | 0,8 km | 455 € | 400 $m^2$ | |
| **Grundwert G** | 400 kg | | 4 000 m | | 1 ha | 210 $m^3$ |

**AUFGABE 9** **Annika will sich ein neues Handy kaufen. Ihr Lieblingsmodell kostet 172 €. Sie möchte es mit Zinsen finanzieren. Ihr Guthaben beträgt 6 450 € und wird bei der Bank mit 3,1 % verzinst.**
**Wie viele Monate muss sie warten, bis sie das Geld zusammen hat?**

**AUFGABE 10** **Jakob hat am 2. Januar 1 680 € eingezahlt. Leider hat er einen Zaunpfahl gerammt und muss sein Auto reparieren lassen. Dazu muss er sich das gesamte Kapital bereits am 20. Mai wieder auszahlen lassen.**
**Wie hoch sind die Zinsen, wenn das Geldinstitut ihm einen Zinssatz von 5,2 % zugesichert hat?**

**AUFGABE 11** **Für einen Kredit in Höhe von 4 500 €, der in 36 Monatsraten zurückgezahlt werden soll, liegen vier Angebote vor. Welches ist das günstigste?**

Die Bedingungen sind jeweils:
a) Gesamtrückzahlungsbetrag (einschließlich aller Kosten): 5 008,50 €
b) 1. Rate zu 201 € und 35 weitere Raten zu je 134,80 €
c) effektiver Jahreszinssatz: 3,6 %
d) 3,0 % Zinsen pro Jahr, dazu 1,8 % Bearbeitungsgebühr

**AUFGABE 12** **Maximilian legt ein Kapital von 2 800 € an.**

a) Die Bank sichert ihm 5,5 % zu. Nach welcher Zeit hat sich das Kapital verdoppelt?
b) Welchen Zinssatz muss die Bank gewähren, wenn sich das Geld schon in 10 Jahren verdoppeln soll?
c) Nach welcher Zeit verdoppelt sich ein Kapital von 3 800 €, wenn dieses ebenfalls bei einem Zinssatz von 5,5 % angelegt wird?

TESTEN

# 8 Zufallsversuche und Wahrscheinlichkeiten

## 8.1 Wichtige Begriffe und Erwartungswert

WISSEN

| | |
|---|---|
| Ein **Zufallsversuch** ist ein beliebig oft wiederholbarer Vorgang mit ungewissem Ausgang (Ergebnis).<br><br>Ein **Ereignis** ist die Zusammenfassung bestimmter (günstiger) Ergebnisse. Das zugehörige **Gegenereignis** ist die Zusammenfassung aller anderen (ungünstigen) Ergebnisse.<br>Die Zusammenfassung aus Ereignis und Gegenereignis ist ein **sicheres Ereignis.** D. h., die Summe der Wahrscheinlichkeiten für das Ereignis und das Gegenereignis ist immer 1.<br><br>*Beachte:* Die Wahrscheinlichkeiten sind Zahlen zwischen 0 und 1. | Lennart lost mithilfe einer Münze aus, wer heute kochen darf. Bei Kopf darf Lennart kochen, bei Zahl kocht Julia.<br><br>Lennart kocht gerne, daher lautet das günstige Ergebnis (da es nur ein günstiges Ergebnis gibt, ist dies auch das Ereignis):<br>*M: Lennart kocht.*<br>Dieses Ereignis tritt mit der Wahrscheinlichkeit $p = 0{,}5$ ein.<br>Das ungünstige Ergebnis (Gegenereignis) lautet:<br>$\overline{M}$: *Julia kocht.*<br>Dieses Gegenereignis tritt mit der Wahrscheinlichkeit $q = 0{,}5$ ein.<br><br>Ein sicheres Ereignis ist:<br>*M oder* $\overline{M}$ *tritt ein: Lennart oder Julia kocht.*<br>Dieses sichere Ereignis hat die Wahrscheinlichkeit $0{,}5 + 0{,}5 = 1$. |
| Führt man mehrere Zufallsexperimente gleichzeitig oder nacheinander aus, so spricht man von einem **mehrstufigen Zufallsversuch.** | Das mehrfache Werfen einer Münze ist z. B. ein mehrstufiges Zufallsexperiment. |
| Ist die Wahrscheinlichkeit für das Eintreten eines bestimmten Ergebnisses nicht bekannt, so kannst du die **relative Häufigkeit** als Schätzwert benutzen.<br>Du erinnerst dich:<br>$\text{relative Häufigkeit} = \frac{\text{absolute Häufigkeit}}{\text{Anzahl der Wiederholungen}}$<br><br>Je größer die Anzahl der Wiederholungen ist, desto näher liegt die relative Häufigkeit an der Wahrscheinlichkeit. | Jan trifft beim Basketball mit einer Wahrscheinlichkeit von ca. 75 % = 0,75 den Korb.<br><br>Da er bei den letzten 100 Würfen 75-mal getroffen hat, beträgt die relative Häufigkeit $h_r = \frac{75}{100}$.<br><br>100 Würfe sind eine hohe Zahl von Wiederholungen, sodass man die relative Häufigkeit als Wahrscheinlichkeit p annehmen kann.<br><br>$p = \frac{75}{100} = 0{,}75$ |

**ÜBUNG 1** **Werfen eines Würfels.**

a) Wirf 24-mal einen Würfel. Notiere die Ergebnisse in Form einer Strichliste. Berechne die relativen Häufigkeiten.
b) Wirf nun weitere 80-mal denselben Würfel. Notiere wiederum die Ergebnisse in Form einer Strichliste. Berechne wieder die relativen Häufigkeiten.
c) Wie erklärst du die unterschiedlichen Häufigkeitsverteilungen?

## WISSEN

**Erwartungswert**
Um die Gewinnchancen bei Glücksspielen einschätzen zu können, muss man wissen, welcher durchschnittliche Gewinn pro Experiment zu erwarten ist.
Diesen zu erwartenden Gewinn nennt man **Erwartungswert E(X).**
Der Erwartungswert ist im Prinzip das „arithmetische Mittel der Zukunft“.

Ist der Erwartungswert
- E(X) = 0, so handelt es sich um ein faires Spiel.
- E(X) > 0, so ist mit einem Gewinn zu rechnen.
- E(X) < 0, so ist mit einem Verlust zu rechnen.

**Zufallsgrößen** $X_i$ sind Zahlenwerte, die den Ergebnissen eines Zufallsversuches zugeordnet werden.

***Werfen zweier Münzen***
Zwei Münzen werden geworfen. Lea erhält 2 €, falls beide Münzen die gleiche Seite zeigen ((W; W) oder (Z; Z)) und muss jeweils einen Euro zahlen, wenn sie unterschiedliche Seiten zeigen ((W; Z) oder (Z; W))

| Ergebnis | (W, W) | (Z, Z) | (W, Z) | (Z, W) |
|---|---|---|---|---|
| Zufallsgröße | 2 € | 2 € | −1 € | −1 € |
| Wahrscheinlichkeit | 0,25 | 0,25 | 0,25 | 0,25 |
| Erwartungswert | 0,25 · 2 € + 0,25 · 2 € − 0,25 · 1 € − 0,25 · 1 € = 0,50 € | | | |

Es ist zu erwarten, dass Lea im Mittel 0,50 € pro Spiel gewinnt.

**ÜBUNG 2** **Die Klasse 10 will auf dem nächsten Schulfest ein Glücksrad bauen. Einmal drehen kostet 1 €. Bei Rot bekommt man 3 €, bei Blau 1,50 € und bei Gelb bekommt man nichts zurück. Berechne den Erwartungswert. Ist mit einem Gewinn zu rechnen?**

**ÜBUNG 3** **Beim abgebildeten Spielautomat beträgt der Einsatz pro Spiel 1 €. Man erhält 7 €, wenn im roten Rahmen zwei Herzen erscheinen, sowie 2 €, wenn im roten Rahmen zwei andere gleiche Symbole erscheinen.**

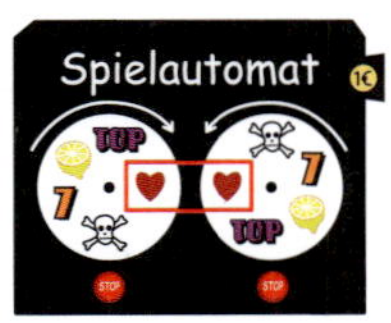


a) Ist das Spiel fair?
b) Laut Gesetz müssen mindestens 60 % aller Einsätze wieder ausgespielt werden. Ist dies hier der Fall?

# 8.2 Bernoulli-Versuch und Bernoulli-Kette

Ein einstufiger Zufallsversuch mit genau zwei möglichen Ausgängen heißt **Bernoulli-Versuch.**

Das Eintreten des gewünschten Ergebnisses heißt **Erfolgsergebnis** und das des unerwünschten Ergebnisses heißt **Misserfolgsergebnis:**

- Die **Erfolgswahrscheinlichkeit** für das gewünschte Ergebnis (Erfolg) wird mit **p** bezeichnet.
- Die **Misserfolgswahrscheinlichkeit**, d. h. die Wahrscheinlichkeit für das unerwünschte Ergebnis (Misserfolg), wird mit **q** (oder 1 – p) bezeichnet.

Da nur die Ergebnisse **Erfolg** oder **Misserfolg** eintreten können, muss die Summe der beiden Wahrscheinlichkeiten 1 (100 %) ergeben: **p + q = 1** d. h., **q = 1 – p**

Wird ein Bernoulli-Versuch **n**-mal so wiederholt, dass sich die Erfolgswahrscheinlichkeit nicht ändert und somit auch *nicht* die Misserfolgswahrscheinlichkeit, so spricht man von einer **n-stufigen Bernoulli-Kette.**

In einer Urne sind 2 blaue und 8 grüne Kugeln.

Marvin wettet, dass er mit verbundenen Augen eine blaue Kugel zieht. Zieht er eine blaue Kugel, so hat er die Wette gewonnen.

– Das Erfolgsergebnis ist
E: „Er zieht eine blaue Kugel."
Er zieht die blaue Kugel mit der Erfolgswahrscheinlichkeit $p = \frac{2}{10} = 0{,}2$.

– Das Misserfolgsergebnis ist:
$\overline{E}$: „Er zieht eine grüne Kugel."
Er zieht die grüne Kugel mit der Misserfolgswahrscheinlichkeit $q = \frac{8}{10} = 0{,}8$.

*Beachte:* $p + q = 0{,}2 + 0{,}8 = 1$

Es werden *drei* Kugeln nacheinander gezogen, wobei sie nach jedem Ziehen wieder zurückgelegt werden, d. h., die Wahrscheinlichkeiten ändern sich nicht. Es handelt sich um eine *drei*stufige Bernoulli-Kette: *n = 3*.

*Merke:* Werden die Kugeln nicht zurückgelegt, so ändern sich die Wahrscheinlichkeiten, d. h., es ist keine Bernoulli-Kette.

---

Die Wahrscheinlichkeit, bei n Durchführungen des Zufallsversuchs *genau k (höchstens k* oder *mindestens k)* Erfolgsergebnisse zu haben, hast du bisher mithilfe eines Baumdiagramms bestimmt. Da dies sehr aufwendig ist, verwendet man oft die **Binomialkoeffizienten,** die man mithilfe des pascalschen Dreiecks leicht ermitteln kann.

*Merke:* Dazu musst du die folgende Kurzschreibweise kennen:

$\binom{n}{k}$ (sprich „n über k")

gibt die ***Anzahl*** der n-stufigen Ergebnisse an, die genau k Erfolgsergebnisse enthalten.

Pascalsches Dreieck:

$$1$$
$$\binom{1}{0}=1 \quad \binom{1}{1}=1$$
$$\binom{2}{0}=1 \quad \binom{2}{1}=2 \quad \binom{2}{2}=1$$
$$\binom{3}{0}=1 \quad \binom{3}{1}=3 \quad \binom{3}{2}=3 \quad \binom{3}{3}=1$$
$$\binom{4}{0}=1 \quad \binom{4}{1}=4 \quad \binom{4}{2}=6 \quad \binom{4}{3}=4 \quad \binom{4}{4}=1$$
$$\binom{5}{0}=1 \quad \binom{5}{1}=5 \quad \binom{5}{2}=10 \quad \binom{5}{3}=10 \quad \binom{5}{4}=5 \quad \binom{5}{5}=1$$

Beispiel: $\binom{3}{1} = 1 + 2 = 3$

Am linken und rechten Rand stehen Einsen. Jeder andere Koeffizient wird bestimmt, indem man die beiden schräg über ihm stehenden Koeffizienten addiert.

Die Anzahl der Möglichkeiten, bei *n* Durchführungen genau *k* Erfolgsergebnisse zu erhalten, beträgt $\binom{n}{k}$.

*Beachte:* Den Wert von $\binom{n}{k}$ kannst du im pascalschen Dreieck ablesen.

Bei dreimaligem Ziehen (n = 3) einer Kugel (mit Zurücklegen), genau 2 blaue Kugeln (k = 2) zu erwischen, gibt es insgesamt $\binom{3}{2} = 3$ Möglichkeiten:

●●●, ●●● und ●●●.

D. h., es gibt drei 3-stufige Ergebnisse, die genau 2 Erfolgsergebnisse enthalten.

---

Die Wahrscheinlichkeit, dass *genau k* Erfolge ($0 \leq k \leq \mathbf{n}$) in einer **n**-stufigen Bernoulli-Kette auftreten – d. h., es gibt genau (n – k) Misserfolge – beträgt:

$$P(X = k) = \underbrace{\binom{n}{k} \cdot p^k q^{n-K}}_{\text{Kurzschreibweise: } B(k;\, n;\, p)}$$

wobei die (Zufalls-)Variable X hier angibt, wie oft das Erfolgsergebnis eintreten soll:

- $X = k$ bedeutet *genau k*,
- $X \leq k$ bedeutet *höchstens k* und
- $X \geq k$ bedeutet *mindestens k*

Erfolgsergebnisse.

Wie groß ist die *Wahrscheinlichkeit* bei dreimaligem Ziehen (n = 3) genau zwei blaue Kugeln zu ziehen?

k = 2 (Anzahl der Erfolge)
X = k = 2 (genau zwei Erfolge)
Erfolgswahrscheinlichkeit: p = 0,2
Misserfolgswahrscheinlichkeit: q = 0,8

Die Wahrscheinlichkeit, genau zwei blaue Kugeln zu ziehen, beträgt

$$P(X = 2) = B(2;\, 3;\, 0{,}2) = \binom{3}{2} \cdot 0{,}2^2 \cdot 0{,}8^{3-2} = 0{,}096 = 9{,}6\,\%$$

---

Die Wahrscheinlichkeit, dass *höchstens k* Erfolge ($0 \leq k \leq \mathbf{n}$) in einer **n**-stufigen Bernoulli-Kette auftreten, beträgt:

$$P(X \leq k) = P(X = 0) + P(X = 1) + P(X = 2) + \ldots + P(X = k)$$

Wie groß ist die Wahrscheinlichkeit, bei dreimaligem Ziehen (n = 3) höchstens zwei blaue Kugeln zu ziehen?

| k | P(X = k) | Bemerkungen |
|---|---|---|
| 2 | $3 \cdot 0{,}2^2 \cdot 0{,}8 = 0{,}096$ | W. für genau 2 blaue K. |
| 1 | $3 \cdot 0{,}2 \cdot 0{,}8^2 = 0{,}384$ | W. für genau 1 blaue K. |
| 0 | $1 \cdot 0{,}8^3 = 0{,}512$ | W. für genau 0 blaue K. |
| | $P(X \leq 2) = 0{,}992$ | W. für höchstens 2 blaue K. |

Die Wahrscheinlichkeit, höchstens zwei blaue Kugeln zu ziehen, beträgt

$$P(X \leq 2) = P(X = 0) + P(X = 1) + P(X = 2) = 0{,}096 + 0{,}384 + 0{,}512 = 0{,}992 = 99{,}2\,\%.$$

WISSEN

**WISSEN**

**Wahrscheinlichkeiten bestimmen mithilfe des Gegenereignisses**

Kennt man die Wahrscheinlichkeit für das Gegenereignis $\overline{E}$, so lässt sich daraus leicht die Wahrscheinlichkeit für das Ereignis E berechnen:
$P(E) = 1 - P(\overline{E})$

Manchmal lässt sich das Gegenereignis leichter bzw. schneller berechnen als das Ereignis.

In diesen Fällen ist es sinnvoll, zunächst die Wahrscheinlichkeit für das Gegenereignis zu bestimmen, um daraus schließlich die Wahrscheinlichkeit für das Ereignis selbst zu bestimmen.

Wir betrachten wieder die Urne mit 2 blauen und 8 grünen Kugeln.

Gesucht ist die Wahrscheinlichkeit, bei der Ziehung von 3 Kugeln höchstens 2 grüne Kugeln zu ziehen.

E: Ziehen von höchstens 2 grünen Kugeln.
$\overline{E}$: Ziehen von genau 3 grünen Kugeln

$n = 3$
Erfolgswahrscheinlichkeit: $p = 0{,}8$
Misserfolgswahrscheinlichkeit: $q = 0{,}2$
$P(\overline{E}) = B(3; 3; 0{,}8) = 1 \cdot 0{,}8^3 = 0{,}512$

Die Wahrscheinlichkeit, höchstens 2 grüne Kugeln zu ziehen, beträgt also:
$P(E) = 1 - P(\overline{E}) = 1 - 0{,}512 = 0{,}488$
$= 48{,}8\,\%$

ÜBEN

**ÜBUNG 4** **Gib das Gegenereignis an.**

a) Er hat mindestens eine von vier Fragen richtig beantwortet.

b) Er hat mindestens eine von vier Fragen falsch beantwortet.

**ÜBUNG 5** **Bei einem Multiple-Choice-Test im Chemieunterricht gab es zwölf Fragen mit jeweils drei Antworten, von denen je genau eine richtig war.
Vier der zwölf Fragen konnte Felix nur durch Raten beantworten.
Wie groß sind seine Chancen, dass er bei diesen vier Fragen …**

a) viermal richtig geantwortet hat?
b) mindestens einmal falsch geantwortet hat?
c) mindestens einmal richtig geantwortet hat?

**ÜBUNG 6** **Ermittle folgende Wahrscheinlichkeiten.**

a) $P(X = 3)$ bei $n = 4$ und $p = 0{,}9$
b) $P(X = 5)$ bei $n = 10$ und $p = 0{,}4$
c) $P(X \geq 4)$ bei $n = 7$ und $p = 0{,}2$

**ÜBUNG 7** **Philipp bummelt über den Festmarkt und entdeckt eine Schießbude. Aus seinen bisherigen Erfahrungen weiß er, dass er bei zehn Schüssen siebenmal trifft. Um seine Freundin zu beeindrucken, behauptet er, dass er mit fünf Schüssen auch fünf Treffer landen wird. Mit welcher Wahrscheinlichkeit trifft Philipp bei fünf Schüssen ...**

a) tatsächlich fünfmal?
b) mindestens einmal?
c) mindestens dreimal?
d) höchstens dreimal?

Erfolgsereignis E: Er landet einen Treffer: $P(E) = \frac{7}{10} =$

Sechste Zeile pascalsches Dreieck: $\binom{5}{0} = 1$; $\binom{5}{1} = 5$; $\binom{5}{2} = 10$; $\binom{5}{3} = 10$; $\binom{5}{4} = 5$; $\binom{5}{5} = 1$

zu a) $P(X = 5) = 0{,}7^5 \approx$

Antwort:

zu b) $P(X \geq 1) = 1 - P(X = 0) = 1 - (0{,}7^0 \cdot 0{,}3\quad) \approx$
Dies geht schneller über das Gegenereignis.

Antwort:

zu c) $P(X \geq 3) = \binom{5}{3} \cdot 0{,}7^3 \cdot 0{,}3^2 + \binom{5}{4} \cdot 0{,}7^4 \cdot 0{,}3^1 + \binom{5}{5} \cdot 0{,}7^5 \cdot 0{,}3^0 \approx$

Antwort:

zu d) $P(X \leq 3) =$

Antwort:

**ÜBUNG 8** **Neun Schülerinnen und Schüler der Klasse 10b treffen sich regelmäßig, um Mathe zu üben. Erfahrungsgemäß erscheint jede(r) mit der Wahrscheinlichkeit von 0,7. Mit welcher Wahrscheinlichkeit ...**

a) sind alle Schülerinnen und Schüler anwesend?
b) sind mindestens 7 Schülerinnen und Schüler anwesend?
c) sind weniger als die Hälfte anwesend?
d) ist keine einzige Schülerin und kein einziger Schüler anwesend?

# 8.3 Bedingte Wahrscheinlichkeiten

Manche Ereignisse sind von anderen Ereignissen abhängig. Die Wahrscheinlichkeit eines solchen Ereignisses nennt man **bedingte Wahrscheinlichkeit.**

Die Wahrscheinlichkeit, an einer Krankheit zu erkranken, ist von bestimmten Umwelteinflüssen abhängig. Es handelt sich also um eine bedingte Wahrscheinlichkeit.

Man nennt $P_A(B)$ die bedingte Wahrscheinlichkeit des Ereignisses B unter der Voraussetzung, dass A schon eingetreten ist.

Die Ellen-Key-Schule besuchen 278 Schülerinnen und 311 Schüler. 23 von ihnen nehmen dieses Jahr am Schüleraustausch mit Frankreich teil. Es fahren 17 Schülerinnen mit.

$P_A(B) = \frac{\text{am Schüleraustausch teilnehmende Mädchen}}{\text{Gesamtzahl der Mädchen}}$

ist die *bedingte Wahrscheinlichkeit* dafür, dass eine zufällig ausgewählte Person der Ellen-Key-Schule am Austausch teilnimmt, unter der Voraussetzung, dass diese Person ein Mädchen ist.

Mit Vierfeldertafeln lassen sich Fragen der bedingten Wahrscheinlichkeit $P_A(B)$ besonders übersichtlich darstellen.

Eine Vierfeldertafel ist eine Tabelle, die die Häufigkeiten von Ereignissen (E) und deren Gegenereignissen ($\overline{E}$) enthält:

| | A | $\overline{A}$ | Summe |
|---|---|---|---|
| B | 17 | 6 | 23 |
| $\overline{B}$ | 261 | 305 | 566 |
| Summe | 278 | 311 | 589 |

A: Person ist Schülerin.
$\overline{A}$: Person ist Schüler.
B: Person nimmt am Austausch teil.
$\overline{B}$: Person nimmt nicht am Austausch teil.

Mithilfe der Vierfeldertafel kannst du diese Wahrscheinlichkeit leicht bestimmen:

17 Schülerinnen (A) nehmen am Schüleraustausch teil (B).

6 Schüler ($\overline{A}$) nehmen am Schüleraustausch teil (B).

Insgesamt nehmen 17 + 6 = 23 Schüler und Schülerinnen am Schüleraustausch teil.

Die Wahrscheinlichkeit, dass eine zufällig ausgewählte Person (Schülerin oder Schüler) dieser Schule am Schüleraustausch teilnimmt, beträgt:

$\frac{23}{589} \approx 0{,}039$,

da 23 der 589 Schülerinnen und Schüler am Schüleraustausch teilnehmen.

Handelt es sich bei der ausgewählten Person um einen Jungen, so beträgt die Wahrscheinlichkeit, dass er an der Fahrt teilnimmt:

$\frac{6}{311} \approx 0{,}020$,

da nur 6 der 311 Jungen am Schüleraustausch teilnehmen.

WISSEN

**ÜBUNG 9** **Lies dir folgende Aufgabenstellung genau durch und ergänze anschließend den Text. Ein Vater hat zwei Kinder und wird nach dem Geschlecht der Kinder gefragt. Er antwortet, dass …**

a) das erstgeborene Kind ein Mädchen ist. Wie groß ist die Wahrscheinlichkeit, dass auch das zweitgeborene Kind ein Mädchen ist?
b) mindestens eines der Kinder ein Mädchen ist. Wie groß ist die Wahrscheinlichkeit, dass auch das andere Kind ein Mädchen ist?

Mithilfe der folgenden Tabelle kann man die Fragen leicht beantworten. Die zweite und dritte Spalte zeigt, welche Möglichkeiten bei zwei Kindern bestehen. Insgesamt gibt es vier Kombinationen.

| Kombination | 1. Kind | 2. Kind | Das erstgeborene Kind ist ein Mädchen. | Mindestens eines der Kinder ist ein Mädchen. |
|---|---|---|---|---|
| 1 | Junge | Junge | wird nicht berücksichtigt, weil das 1. Kind kein Mädchen ist | wird nicht berücksichtigt, weil kein Mädchen dabei ist |
| 2 | Junge | Mädchen | wird nicht berücksichtigt, weil das 1. Kind kein Mädchen ist | 1. Möglichkeit |
| 3 | Mädchen | Junge | 1. Möglichkeit | 2. Möglichkeit |
| 4 | Mädchen | Mädchen | 2. Möglichkeit | 3. Möglichkeit |

zu a) Wenn man davon ausgeht, dass das erste Kind ein Mädchen ist, so gibt es ____ von ____ Möglichkeiten, dass auch das zweite Kind ein Mädchen ist. Die Wahrscheinlichkeit, dass beide Kinder Mädchen sind, beträgt somit ____.

zu b) Wenn man davon ausgeht, dass eines der Kinder ein Mädchen ist, so gibt es ____ von ____ Möglichkeiten, dass auch das andere Kind ein Mädchen ist. Die Wahrscheinlichkeit, dass beide Kinder Mädchen sind, beträgt somit ____.

**ÜBUNG 10** **50 Deutsche und 50 Franzosen nehmen an einer Konferenz teil. 13 Deutsche und 2 Franzosen trinken zum Frühstück Orangensaft. Du beobachtest einen Teilnehmer, der zum Frühstück Orangensaft trinkt. Wie groß ist die Wahrscheinlichkeit, dass es sich um einen Deutschen handelt?**

**ÜBUNG 11** **Für den Wandertag soll eine Schülerin oder ein Schüler als Organisatorin bzw. Organisator ausgelost werden. Die folgende Tabelle gibt eine Altersverteilung innerhalb der Klasse 10 a wieder. Ergänze die Tabelle und beantworte anschließend die Fragen.**

| Geschlecht | Anzahl der Schüler/innen unter 16 Jahre | Anzahl der Schüler/innen mindestens 16 Jahre | Gesamtanzahl |
|---|---|---|---|
| weiblich | 8 | 4 | |
| männlich | | 7 | |
| Gesamtanzahl | 14 | | |

Mit welcher Wahrscheinlichkeit ist die ausgeloste Person ...
a) unter 16 Jahren?
b) männlich?
c) mindestens 16 Jahre und männlich?
d) unter 16 Jahren und weiblich?
e) weiblich und jünger als 16 Jahre?
f) weder männlich noch jünger als 16 Jahre?
g) männlich, wenn sie unter 16 Jahre alt ist?
h) männlich, wenn sie mindestens 16 Jahre alt ist?
i) weiblich, wenn sie unter 16 Jahren alt ist?
j) weiblich, wenn sie mindestens 16 Jahre alt ist?
k) mindestens 16 Jahre alt, wenn sie männlich ist?
l) mindestens 16 Jahre alt, wenn sie weiblich ist?

ÜBEN

**ÜBUNG 12** **Dr. Sommer hat einen Test zur Feststellung einer Krankheit entwickelt. Dieser Test liefert mit einer Wahrscheinlichkeit von 99,7 % das richtige Ergebnis. D. h., der Test liefert bei 99,7 % der Erkrankten ein positives Ergebnis (die Krankheit wurde richtig erkannt) und bei 99,7 % der Gesunden ein negatives Ergebnis (der Test zeigt in diesen Fällen, dass diese Krankheit hier nicht vorliegt). Angenommen, jeder 1 000. Einwohner eines Landes ist erkrankt. Wie groß ist bei einem positiven Testergebnis die Wahrscheinlichkeit, die Krankheit zu haben?**

**ÜBUNG 13** **Lisa, Tim und Jakob wurden in der Schule beim Graffitisprühen erwischt. Nun sitzt jeder für sich in einem Raum und wartet auf seine Strafe. Die Direktorin lässt ihnen mitteilen, dass sie in ihrer großen Güte beschlossen hat, einen von ihnen „laufen zu lassen“; dieser wurde bereits per Los bestimmt. Tim rechnet aus, dass die Wahrscheinlichkeit, verschont zu werden, $\frac{1}{3}$ beträgt. Dann bittet er den Hausmeister, doch wenigstens zu verraten, wer von den beiden anderen auf alle Fälle nicht verschont wird. Nach kurzem Zögern teilt der Hausmeister ihm mit, dass Jakob auf alle Fälle bestraft wird. Erfreut stellt nun Tim fest, dass die Chance, nicht bestraft zu werden, auf $\frac{1}{2}$ gestiegen ist. Stimmt Tims Überlegung? Begründe deine Antwort.**

35 Minuten

## KLASSENARBEIT 1

**AUFGABE 1** **An einem Spielautomaten beträgt der Einsatz pro Spiel 1 €. Mit welchem Gewinn ist zu rechnen, wenn die Gewinnchancen wie folgt aussehen:**

| Gewinn in € | 5 | 2 | −1 |
|---|---|---|---|
| Wahrscheinlichkeiten | 0,015 | 0,03 | 0,075 |

**AUFGABE 2** **Eine neue Behandlungsmethode führt in 80 % aller Fälle zu guten Erfolgen ohne erkennbare Nebenwirkungen. Wie groß ist die Wahrscheinlichkeit, dass bei der Behandlung von insgesamt 10 Patient(inn)en …**

a) mindestens 50 % die Behandlung gut überstanden haben?
b) höchstens 2 Patient(inn)en die Behandlung gut überstanden haben?
c) höchstens 3 Patient(inn)en keinerlei Erfolge zeigten?

**AUFGABE 3** **1901 entdeckte Karl Landsteiner (1930 Nobelpreis für Medizin) nach ausgiebigen Tests mit Blut der Mitglieder seines Labors vier Blutgruppen: A, B, AB und 0. Er nannte dieses Blutgruppensystem AB0-System. Auch heute ist es beim Blutaustausch das wichtigste Blutgruppensystem geblieben. Ein weiteres Blutgruppenantigen wurde mit dem Rhesus-Faktor = Antigen D im Jahre 1940 entdeckt. Der Mensch kann den Rhesusfaktor besitzen (RH+) oder nicht besitzen (RH–).**

| | 0 | A | B | AB | Summe |
|---|---|---|---|---|---|
| RH+ | 36,6 % | 36,1 % | 8,1 % | 3,1 % | |
| RH– | 7,0 % | 6,9 % | 1,6 % | 0,6 % | |
| Summe | 43,6 % | | | 3,7 % | 100 % |

Eine Person wird willkürlich ausgewählt. Mit welcher Wahrscheinlichkeit besitzt sie …
a) die Blutgruppe B?
b) den Rhesusfaktor?
c) den Rhesusfaktor und die Blutgruppe 0 ?
d) den Rhesusfaktor, wenn man schon weiß, dass sie die Blutgruppe 0 hat?
e) den Rhesusfaktor nicht?
f) den Rhesusfaktor nicht, wenn man schon weiß, dass sie die Blutgruppe A hat?
g) den Rhesusfaktor nicht, wenn man schon weiß, dass sie die Blutgruppe AB hat?

TESTEN

## KLASSENARBEIT 2

60 Minuten

TESTEN

**AUFGABE 4 Es wird fünfmal mit einem idealen Würfel gewürfelt. Das Erzielen einer Sechs soll als Erfolg gelten, alle anderen Würfe als Misserfolg.**

a) Wie hoch ist die Wahrscheinlichkeit, keinen, einen, zwei, drei, vier oder fünf Erfolge zu erzielen?
b) Wie hoch ist die Wahrscheinlichkeit, mindestens eine Sechs zu haben, wenn man fünfmal werfen darf?
c) Wie verändert sich diese Wahrscheinlichkeit, wenn man zehn-, zwanzig- oder fünfzigmal wirft?

**AUFGABE 5 Ein Oktaeder ist ein Körper mit acht gleichseitigen und kongruenten Dreiecken als Flächen. Wie beim Würfel soll jede Seite eines solchen Oktaeders eine bestimmte Augenzahl tragen. Bei acht Flächen sind das die Augenzahlen von 1 bis 8. Wie groß ist die Wahrscheinlichkeit beim Würfeln mit dem Achtflächner, dass …**

a) bei drei Würfen die Wurffolge 6 – 7 – 8 erzielt wird?
b) bei vier Würfen jedes Mal mindestens die Augenzahl 6 geworfen wird?
c) bei fünf Würfen mindestens eine 6 erzielt wird?
d) bei vier Würfen genau zweimal eine 8 geworfen wird?

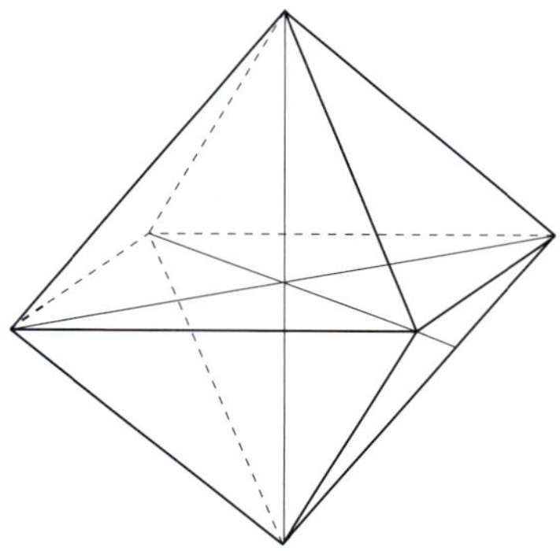

**AUFGABE 6 Du spielst mit vier Würfeln und willst natürlich möglichst viele Sechsen werfen.**

a) Zeichne ein Baumdiagramm für dieses vierstufige Zufallsexperiment. Die möglichen Ergebnisse jeder einzelnen Stufe des Experimentes sind: *„Sechs geworfen“* oder *„keine Sechs geworfen“*. Trage die jeweiligen Wahrscheinlichkeiten an den Pfaden und an den Spitzen des Diagramms ein.
b) Prüfe die Pfade des Baumdiagramms. Es können keine, eine, zwei, drei oder vier Sechsen geworfen werden. Erläutere.
c) Berechne die Wahrscheinlichkeiten, mit denen die einzelnen Ergebnisse (keine Sechs, eine Sechs, zwei Sechsen, drei Sechsen oder vier Sechsen) entstehen.

# 9 Ganzrationale Funktionen

## 9.1 Nullstellen ganzrationaler Funktionen

### Definition einer ganzrationalen Funktion

Eine Funktion $x \rightarrow f(x)$ der Form $f(x) = a_n x^n + a_{n-1}x^{n-1} + ... + a_1 x^1 + a_0 x^0$ ($a_n \neq 0$, $n \in \mathbb{N}$) heißt **ganzrationale Funktion n-ten Grades.** Der Graph von f(x) mit $n > 1$ heißt Parabel n-ter Ordnung. Der Term $a_n x^n + a_{n-1}x^{n-1} + ... + a_1 x^1 + a_0 x^0$ ist ein Polynom n-ten Grades, die reellen Zahlen $a_n, ..., a_0$ heißen Koeffizienten.

$f(x) = 2x^4 - 4x^3 + x^2 + 10x - 9$ ist eine ganzrationale Funktion 4. Grades mit $a_4 = 2$; $a_3 = -4$; $a_2 = 1$; $a_1 = 10$; $a_0 = -9$

$f(x) = x^5 - 9{,}5x^4 + 18{,}5x^3 - 7x^2$ ist eine ganzrationale Funktion 5. Grades mit $a_5 = 1$; $a_4 = -9{,}5$; $a_3 = 18{,}5$; $a_2 = -7$; $a_1 = a_0 = 0$

### Nullstellen

Jede Zahl $x_0$ aus dem Definitionsbereich einer Funktion f, für die gilt $f(x_0) = 0$, nennt man Nullstelle dieser Funktion. An der Stelle $x_0$ schneidet der Graph der Funktion die x-Achse oder berührt sie, d. h., der Punkt $(x_0|0)$ liegt auf der x-Achse.

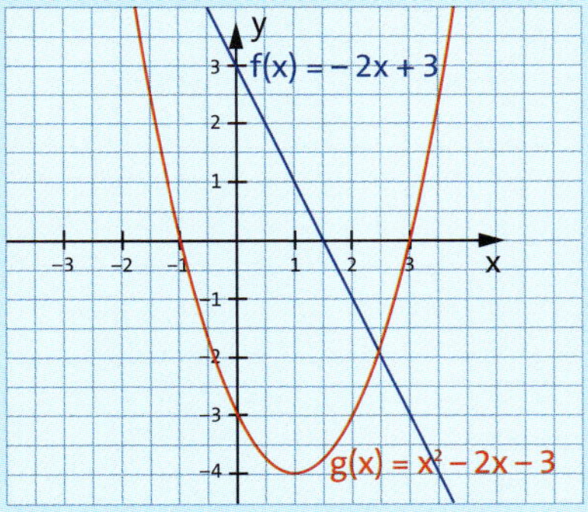


Eine ganzrationale Funktion n-ten Grades hat höchstens n Nullstellen. Ist n ungerade, hat der Graph mindestens eine Nullstelle. Ist n gerade, kann die Anzahl der Nullstellen 0 bis n betragen.

Nullstellen von Funktionen 1. und 2. Grades bestimmt man, indem man die Funktion gleich 0 setzt und nach x auflöst. Nullstellen von Funktionen 3. und höheren Grades bestimmt man mit der Linearfaktorzerlegung.

$f(x) = -2x + 3$

$f(x_0) = 0 \qquad -2x_0 + 3 = 0$

$x_0 = 1{,}5$

$g(x) = x^2 - 2x - 3$

$g(x_0) = 0 \qquad x_0^2 - 2x_0 - 3 = 0$

$x_{01} = -1$ ; $x_{02} = 3$

WISSEN

WISSEN

## Linearfaktorzerlegung

Die Funktion $f(x) = x^3 - x^2 - 10x - 8$ kann man als Produkt zweier Funktionen schreiben: $f(x) = (x + 1) \cdot (x^2 - 2x - 8)$
Der abgespaltene Faktor $(x + 1)$ ist ein **Linearfaktor.**
f(x) ist dann null, wenn einer der beiden Faktoren null ist. Man berechnet also die Nullstellen jedes Faktors und erhält so die Nullstellen von f(x).

$f(x) = 0 \qquad x^3 - x^2 - 10x - 8 = 0$
$(x + 1) \cdot (x^2 - 2x - 8) = 0$

$(x + 1) = 0$ und $(x^2 - 2x - 8) = 0$
$x_1 = -1 \qquad x_2 = -2;\ x_3 = 4$

Fehlt bei einer ganzrationalen Funktion das absolute Glied $a_0$, kann man $x^k$ ausklammern, wenn $x^k$ $(k \geq 1)$ in jedem Summanden als Faktor vorhanden ist. Dann existiert eine einfache oder mehrfache Nullstelle $x_0 = 0$.

$f(x) = x^5 - 9{,}5x^4 + 18{,}5x^3 - 7x^2$
$= x^2 \cdot (x^3 - 9{,}5x^2 + 18{,}5x - 7)$

Eine doppelte Nullstelle ist somit $x_0 = 0$.

Die eventuell vorhandenen anderen Nullstellen erhält man durch Lösen der Gleichung $x^3 - 9{,}5x^2 + 18{,}5x - 7 = 0$.

Bei einer ganzrationalen Funktion 4. Grades mit ausschließlich geraden Exponenten bestimmt man die Nullstellen mithilfe der Substitution, d. h., man ersetzt $x^2$ durch z.

$x^4 - 21x^2 + 80 = 0$
$x^2 = z$: $z^2 - 21z + 80 = 0$; $z_1 = 16$; $z_2 = 5$
Rückgängigmachen der Substitution:
$x^2 = 16$; $x^2 = 5$
Nullstellen:
$x_1 = -4$; $x_2 = 4$; $x_3 = -\sqrt{5}$; $x_4 = \sqrt{5}$

## Polynomdivision

Ist $x_0$ eine Nullstelle der ganzrationalen Funktion f, kann man den **Linearfaktor** $(x - x_0)$ abspalten: $f(x) = (x - x_0) \cdot g(x)$.
g(x) ist eine ganzrationale Funktion, deren Grad um 1 niedriger als der Grad von f ist.

Ist eine Nullstelle $x_1$ einer ganzrationalen Funktion f bekannt, kann man daher die ganzrationale Funktion auf eine Funktion reduzieren, deren Grad um 1 kleiner ist, indem man sie durch $(x - x_1)$ dividiert.
Man nennt diese Division **Polynomdivision.**
Anschließend bestimmt man die übrigen Nullstellen von f, indem man die Nullstellen der neuen Funktion bestimmt.

$f(x) = x^3 - 3x^2 - 18x + 40$ hat die Nullstelle $x_1 = 2$. Bestimme die anderen Nullstellen.

$$
\begin{array}{l}
(x^3 - 3x^2 - 18x + 40) : (x - 2) = x^2 - x - 20 \\
\underline{-\ (x^3 - 2x^2)} \\
\qquad -x^2 - 18x + 40 \\
\qquad \underline{-(-x^2 + \ \ 2x)} \\
\qquad\qquad -20x \ + 40 \\
\qquad\qquad \underline{-(-20x \ + 40)} \\
\qquad\qquad\qquad 0
\end{array}
$$

$\Rightarrow f(x) = (x - 2) \cdot (x^2 - x - 20)$

Nullstellen des 2. Faktors:
$x^2 - x - 20 = 0 \Rightarrow x_2 = -4$; $x_3 = 5$

**ÜBUNG 1** **Gib den Grad und die Koeffizienten der ganzrationalen Funktion f an.**

a) $f(x) = x^3 - 5x^2 - 7$
b) $f(x) = x^5 - 9x^4 + 4x^3 - 5x^2 - 7x - 12$
c) $f(x) = 2x^4 + x^3 - 3x^2$
d) $f(x) = 3 - x^2 + 2x^4$
e) $f(x) = -5$
f) $f(x) = -x^6 + 2x^3 - 8x + 17$

**ÜBUNG 2** **Zeichne die Graphen der Funktionen $f_1(x) = x^2$ und $f_2(x) = 0{,}5x^3$ im Intervall $-3 < x < 3$ in das gleiche Koordinatensystem.**

a) Fertige für die Funktion $f_3 = 0{,}5x^3 + x^2$ eine Wertetabelle im oben genannten Intervall an.
b) Zeichne den Graphen der Funktion $f_3$ in das Koordinatensystem. Addiere die Funktionswerte von $f_1$ und $f_2$ für gleiche x-Werte. Welche Schlussfolgerungen kannst du ziehen?

**ÜBUNG 3** **Bestimme die Nullstellen folgender Funktionen. Versuche, jeweils den geschicktesten Weg zu finden.**

a) $f(x) = -3{,}5x + 14{,}7$
b) $2x - y - 5 = 0$
c) $f(x) = -3$
d) $f(x) = x \cdot (x - 4{,}8)$
e) $f(x) = 2x^2 - 18$
f) $f(x) = 3x^2 + 6x$
g) $f(x) = (x - 2)(x + 4{,}5)$
h) $f(x) = x^2 - 3x - 10$
i) $f(x) = x^2 + 3x + 10$

**ÜBUNG 4** **Bestimme die Nullstellen der folgenden ganzrationalen Funktionen.**

a) $f(x) = x^3 - 4x^2 - 21x$
b) $f(x) = x^3 + 4x^2 - 29x + 24$, wenn $x_1 = 1$ ist
c) $f(x) = x^4 - 13x^2 + 36$
d) $f(x) = 6x^5 - 50x^3$

ÜBEN

**WISSEN**

**Erraten einer Nullstelle**
Bei der Polynomdivision muss eine Nullstelle bekannt sein. Diese kann man durch Raten oder Probieren erhalten. Folgender Tipp ist eine Hilfe:
Wenn bei einer ganzrationalen Funktion $f(x) = a_nx^n + a_{n-1}x^{n-1} + \ldots + a_1x^1 + a_0x^0$ alle Koeffizienten ganzzahlig sind und $a_0 \neq 0$ ist, dann sind die ganzzahligen Nullstellen der Funktion Teiler von $a_0$.

Bestimme die Nullstellen von
$f(x) = 6x^4 + 13x^3 - 18x^2 - 7x + 6$

$a_0 = 6$
Als ganzzahlige Nullstellen kommen die Teiler von 6 infrage: $\pm 1$; $\pm 2$; $\pm 3$; $\pm 6$.
Einsetzen ergibt die Nullstellen $x_1 = -3$; $x_2 = 1$.
Durch Polynomdivision erhält man:
$f(x) = (x - 1) \cdot (x + 3) \cdot (6x^2 + x - 2)$
Der quadratische Faktor liefert zwei weitere Nullstellen $x_3 = \frac{1}{2}$; $x_4 = \frac{2}{3}$.

**ÜBUNG 5** **Bestimme eine der Nullstellen der gegebenen Funktionen durch Probieren. Ermittle die anderen Nullstellen, indem du die Polynomdivision anwendest. Schreibe jede Funktion als Produkt von Linearfaktoren.**

a) $f(x) = x^3 + 2x^2 - 5x - 6$

b) $f(x) = x^4 - 3x^3 - 6x^2 + 18x$

**ÜBUNG 6** **Faktorisiere möglichst weitgehend.**

a) $f(x) = \frac{1}{4}x^3 + \frac{1}{4}x^2 - 3x$

b) $f(x) = x^4 - 16{,}25x^2 + 49$

**ÜBUNG 7** **Ordne jedem der vier Funktionsgraphen die dazugehörige Funktionsgleichung zu.**

a) $f(x) = (x-2)^2\,(x+1)^2$

b) $f(x) = (x+1)^2\,(x-2)$

c) $f(x) = \frac{1}{2}x\,(x^2 + x + 1)$

d) $f(x) = (x-1)\,(x-2)\,(x+1{,}5)$

1)
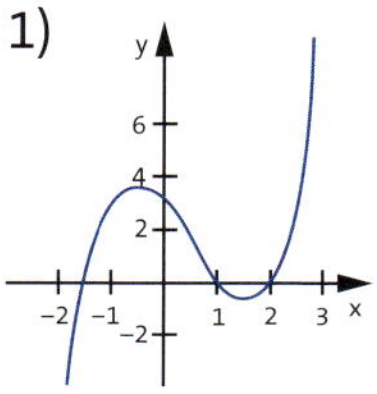


2)
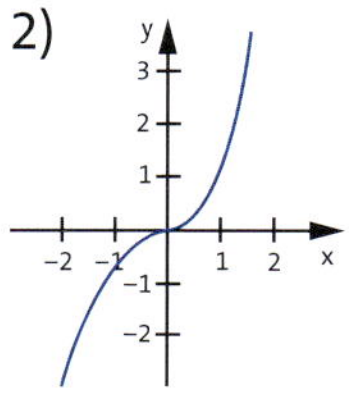


3)
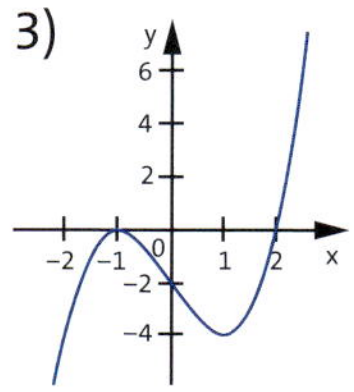


4)
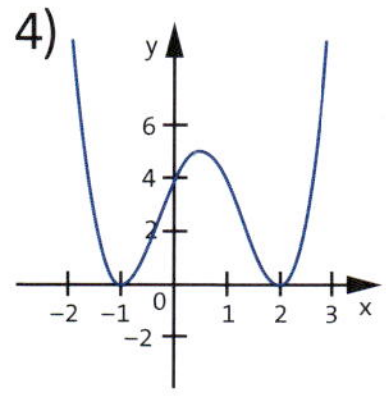


**ÜBUNG 8** **Zeige, dass die ganzzahligen Nullstellen von f(x) und g(x) übereinstimmen, und zwar ohne die Nullstellen zu berechnen.**

$f(x) = x^3 - x^2 + 2x - 3$

$g(x) = -\frac{1}{6}x^3 + \frac{1}{6}x^2 - \frac{1}{3}x + \frac{1}{2}$

**ÜBUNG 9** **Welchen Wert muss a in den folgenden Beispielen annehmen, damit die Division ohne Rest ist?**

a) $(x^3 + 3x + a) : (x - 3)$

b) $(x^4 + a) : (x - 1)$

**ÜBUNG 10** **Ermittle die jeweiligen Funktionsterme.**

a) Eine ganzrationale Funktion 3. Grades hat die Nullstellen $x_1 = -1$, $x_2 = 2$ und $x_3 = 4$; $P(0|-8)$ ist ein Punkt der Funktion.

b) Eine ganzrationale Funktion hat eine doppelte Nullstelle $x_1 = 0$ und eine dreifache Nullstelle $x_2 = 5$; $P(2|-216)$ ist ein Punkt der Funktion.

# 9.2 Eigenschaften ganzrationaler Funktionen

**Verhalten der ganzrationalen Funktion für $x \to \infty$ bzw. $x \to -\infty$**

Für unbeschränkt größer werdende x-Werte schreibt man $x \to \infty$, für unbeschränkt kleiner werdende x-Werte $x \to -\infty$. Man spricht „x gegen unendlich“ bzw. „x gegen minus unendlich“. Das Verhalten einer ganzrationalen Funktion $f(x) = a_n x^n + a_{n-1}x^{n-1} + \ldots + a_1 x^1 + a_0 x^0$ ($a_n \neq 0$, $n \in \mathbb{N}$) für sehr große oder sehr kleine x-Werte bestimmt der Summand $a_n x^n$.

$f(x) = -0{,}4x^4 + 3x^2 - 1$

$x \to \infty$: $f(x) = -\infty$

$x \to -\infty$: $f(x) = -\infty$

$g(x) = -x^5 - x^4 - 2x$

$x \to \infty$: $g(x) = -\infty$

$x \to -\infty$: $g(x) = \infty$

$h(x) = 0{,}1x^3 + 2$

$x \to \infty$: $h(x) = \infty$

$x \to -\infty$: $h(x) = -\infty$

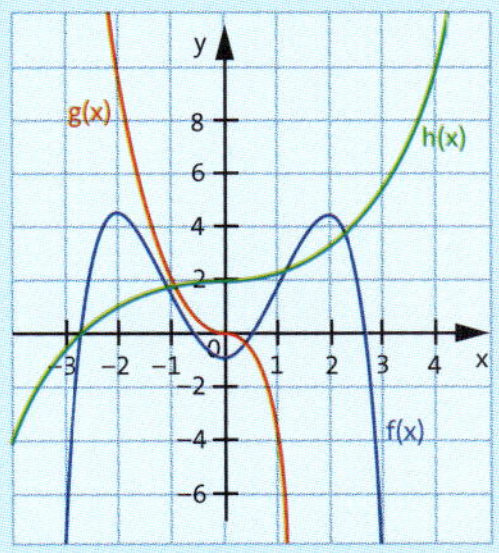


**Punktsymmetrie**

Der Funktionsgraph ist punktsymmetrisch zum Ursprung, wenn für jeden x-Wert mit $x \in D_f$ stets gilt: $\mathbf{f(-x) = -f(x)}$

$f(x) = \frac{1}{2}x^3 - 2x$

$f(-1) = +1{,}5$

$f(1) = -1{,}5$

$f(-2{,}5) = -2{,}8$

$f(2{,}5) = +2{,}8$

**Achsensymmetrie**

Der Funktionsgraph ist achsensymmetrisch zur y-Achse, wenn für jeden x-Wert mit $x \in D_f$ stets gilt: $\mathbf{f(-x) = f(x)}$

$g(x) = -x^4 + 5x^2 - 2$

$f(-1) = +2$

$f(1) = +2$

$f(-0{,}2) = -1{,}8$

$f(+0{,}2) = -1{,}8$

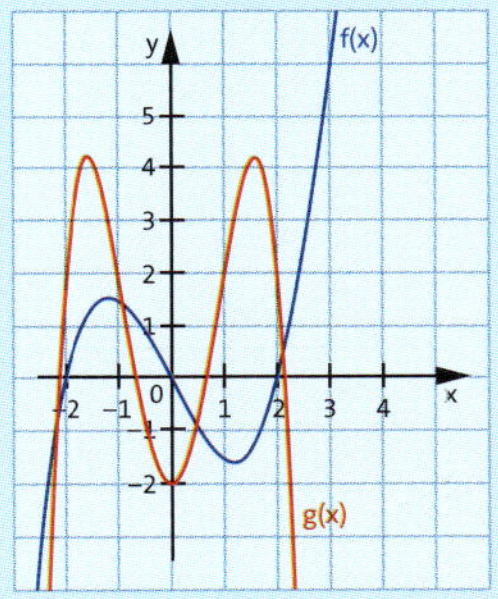


**Monotonie**

Eine Funktion f heißt in einem Intervall ihres Definitionsbereichs **monoton steigend**, wenn für alle $x_1$ und $x_2$ aus dem Intervall gilt:
Aus $x_1 < x_2$ folgt stets $f(x_1) \leq f(x_2)$.
Gilt dabei sogar $f(x_1) < f(x_2)$, so heißt f **streng** monoton steigend.
Eine Funktion f heißt in einem Intervall ihres Definitionsbereichs **monoton fallend**, wenn für alle $x_1$ und $x_2$ aus dem Intervall gilt:
Aus $x_1 < x_2$ folgt stets $f(x_1) \geq f(x_2)$.
Gilt dabei sogar $f(x_1) > f(x_2)$, so heißt f **streng** monoton fallend.

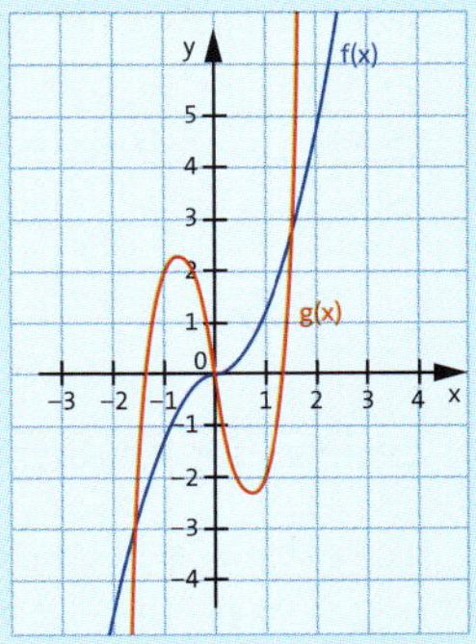


$f(x) = \frac{1}{3}x^3 + x$

$-\infty \leq x \leq \infty$: streng monoton steigend

$g(x) = 2x^3 - 4x$

$-\infty < x \leq -0{,}82$ und $0{,}82 \leq x < \infty$: monoton steigend

$-0{,}82 < x < 0{,}82$: streng monoton fallend

**ÜBUNG 11** **Untersuche das Verhalten der Funktionen für $x \to \pm\infty$.**

a) $f(x) = 3x^5 - 4x^2 + 1$  b) $f(x) = -x(x + 2)^3$  c) $f(x) = (-x^2 - 1)(x - 2)^2$

**ÜBUNG 12** **Bestimme die Nullstellen der Funktionen und untersuche das Verhalten im Unendlichen. Skizziere die Graphen der Funktionen.**

a) $f(x) = \left(-\frac{1}{2}x - 1\right)(x - 2)(x + 3)$  b) $f(x) = x^3 - 3x^2$

**ÜBUNG 13** **Zeige, dass die Funktion $f(x) = 0{,}5x^3 - 2x$, $x \in \mathbb{R}$, zum Ursprung und die Funktion $g(x) = 0{,}2x^4 - 2{,}1x^2 + 0{,}5$, $x \in \mathbb{R}$, zur y-Achse symmetrisch ist.**

**ÜBUNG 14** **Welche Funktion hat einen zur y-Achse bzw. zum Koordinatenursprung symmetrischen Graph?**

a) $f(x) = -x^4 - 5x^2 + 3$  b) $f(x) = 2x^3 - x - 1$  c) $f(x) = 0{,}5x^5 - 4x^3$

d) $f(x) = x(x - 2)(x + 2)$  e) $f(x) = x(2x^2 - 3)$  f) $f(x) = (x - 2{,}5)^2 - 2$

g) $f(x) = x^3(x - 6)^2$  h) $f(x) = -4{,}2$  i) $f(x) = \frac{1}{3}x^8 - 4x^4 - x^2$

**ÜBUNG 15** **Gib an, in welchen Intervallen die Funktionen monoton steigend bzw. monoton fallend sind.**

a) $f(x) = (x - 1)(x + 3)$  b) $f(x) = -(x - 4)x$

**ÜBUNG 16** **Gibt es ganzrationale Funktionen, die zur x-Achse symmetrisch sind?**

**ÜBUNG 17** **Ordne die gegebenen Funktionsgleichungen den abgebildeten Graphen zu. Wie hast du die Zuordnungen gefunden? Beschreibe dein Vorgehen.**

a) $f(x) = 0{,}5x^4 - 2x^2$
b) $g(x) = x^2(x - 2{,}5)$
c) $h(x) = (0{,}5x - 1)(x + 2)(x - 3)$
d) $i(x) = 0{,}5x^3 - 2x$

1)

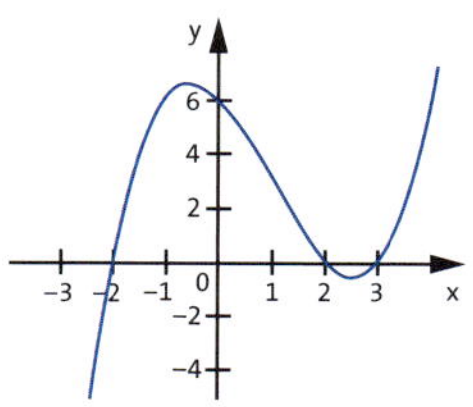


2)

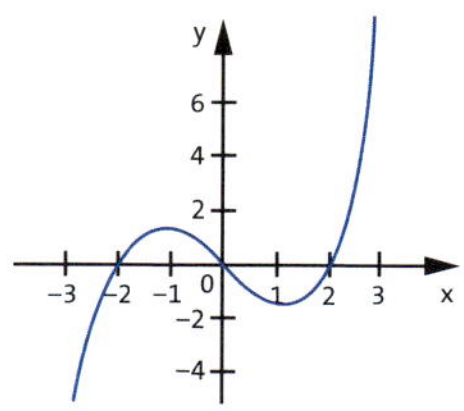


3)

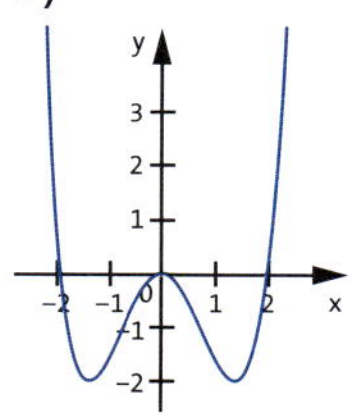


4)

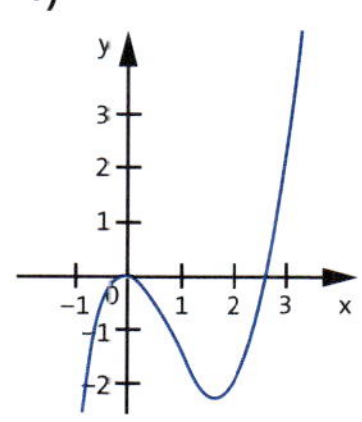

**WISSEN**

**Charakteristische Punkte des Graphen einer Funktion**

Graphen von Funktionen haben charakteristische Punkte. Diese helfen dir, den Verlauf des Graphen zu skizzieren bzw. näherungsweise zu zeichnen:

**Achsenschnittpunkte:** A, B, C: Schnittpunkte mit der x-Achse; D: Schnittpunkt mit der y-Achse;

**Nullstellen:** x-Werte der Schnittpunkte mit der x-Achse;

**Hoch- und Tiefpunkte:** E, F: Punkte eines Intervalls der Definitionsmenge mit den höchsten bzw. kleinsten Funktionswerten;

**Extremstellen:** x-Werte der Hoch- und Tiefpunkte;

**Extremwerte** (Minima und Maxima): y-Werte der Hoch- und Tiefpunkte;

**Wendepunkte:** G: Punkte, in denen der Graph der Funktion seinen Drehsinn ändert (hier: Rechts- in Linksdrehung).

$f(x) = x^3 - 2x^2 - x + 2$

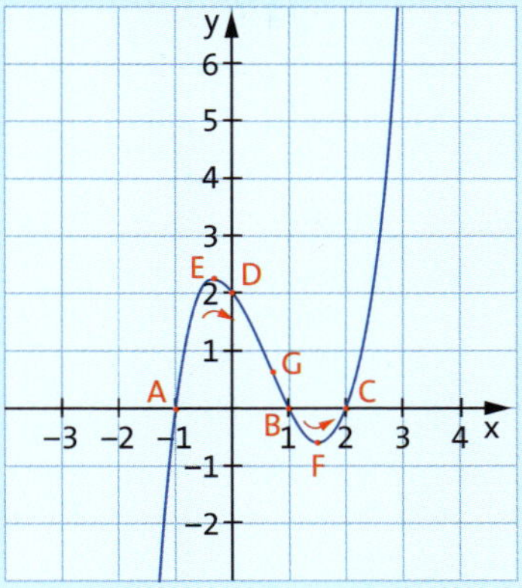


**ÜBUNG 18** **Untersuche die ganzrationale Funktion $f(x) = \frac{1}{3}x^3 + \frac{2}{3}x^2 - 3x$; $x \in \mathbb{R}$ auf folgende Eigenschaften.**

a) Gib den Grad von f an.
b) Welcher der gegebenen Punkte $P_1(-2|6)$, $P_2(1|-2)$ und $P_3(4|20)$ liegt auf dem Graphen von f?
c) Bestimme a so, dass der Punkt $P_4(-5|5a)$ auf dem Graphen von f liegt.
d) Bestimme den Schnittpunkt S des Graphen von f mit der y-Achse.
e) Bestimme die Nullstellen der Funktion.
f) Untersuche f auf Symmetrie.
g) Skizziere den Graphen von f im Intervall $-5 < x < 4$.
h) Zeichne eventuell vorhandene Hoch-, Tief- und Wendepunkte in die Skizze.

**ÜBUNG 19** **Gegeben ist die ganzrationale Funktion $f(x) = x^5 + 7{,}25x^3 + 2{,}25x$; $x \in \mathbb{R}$.**

a) Zeige, dass f(x) nur eine Nullstelle hat.
b) Untersuche die Funktion auf Symmetrie. Begründe deine Entscheidung.
c) Bestimme die Schnittpunkte der Graphen von f und g; $g(x) = 2{,}25x$.

ÜBEN

## KLASSENARBEIT 1

60 Minuten

TESTEN

**AUFGABE 1** **Bestimme Grad und Koeffizienten der ganzrationalen Funktionen.**

a) $f(x) = -3{,}1x^5 + \frac{5}{8}x^4 - \sqrt{3}x^2 - 7$

b) $f(x) = 0{,}24x^3\,(x^2 - 4)\,(x + 3)$

**AUFGABE 2** **Bestimme die Nullstellen der ganzrationalen Funktionen.**

a) $f(x) = 3x^2 + 4{,}8x - 1{,}08$

b) $f(x) = 12x^2 + 5x - 3$

c) $f(x) = x^3 + 0{,}5x^2 - 18x$

d) $f(x) = x^4 - x^3$

e) $f(t) = \left(\frac{1}{4}t + 3\right)\left(2 - \frac{3}{5}t\right)$

f) $f(r) = 12r^4 - 4{,}32r^2$

**AUFGABE 3** **Für welche Werte a, b und c ist die Funktion $f(x) = ax^3 - 4bx^2 + 0{,}8cx$, $x \in \mathbb{R}$, achsensymmetrisch bzw. punktsymmetrisch?**

**AUFGABE 4** **Eine ganzrationale Funktion ist durch ihre Funktionsgleichung gegeben: $f(x) = x^3 - 9x^2 + 24x - 16$; $x \in \mathbb{R}$.**

a) Untersuche das Symmetrieverhalten der Funktion. Begründe deine Aussage.
b) Bestimme die Nullstellen der Funktion.
c) Zeige, dass die Funktionswerte f(2), f(3), f(4) auf einer Geraden g liegen. Bestimme die Geradengleichung von g.

**AUFGABE 5** **Untersuche die ganzrationale Funktion $f(x) = x^4 - 7{,}25x^2 + 6{,}25$, $x \in \mathbb{R}$, auf einige ihrer Eigenschaften.**

a) Bestimme die Nullstellen von f.
b) Welche der Punkte $P_1(-2|-6{,}75)$, $P_2(-1|-1)$, $P_3(2|-6{,}75)$ und $P_4(3{,}2|40)$ liegen auf dem Graphen der Funktion?
c) Untersuche die Funktion auf Symmetrie.
d) Skizziere den Graphen der Funktion im Intervall $-3 \leq x \leq 3$ im geeigneten Maßstab. Fertige eine Wertetabelle an.
e) Die Funktion g(x) entsteht durch Verschiebung des Graphen von f. g hat genau drei Nullstellen. Gib die Gleichung von g an.
f) Bestimme die Schnittpunkte von f und $h(x) = -x^2 + 2{,}25$.

**AUFGABE 6** **Ermittle die Funktionsterme. Die Nullstellen der Funktionen sind bekannt.**

a) $x_1 = 2$; $x_2 = -4$; doppelte Nullstelle $x_3 = 0$; der Graph geht durch $P(1|-4{,}5)$.
b) $x_1 = -3$; $x_2 = -\sqrt{5}$; $x_3 = 0$; $x_4 = \sqrt{5}$; $x_5 = 3$; der Graph geht durch $P(1|32)$.

# 10 Ableitung und Eigenschaften von Funktionen

## 10.1 Änderungsrate und Differenzenquotient

Um die Graphen nichtlinearer Funktionen beschreiben und zeichnen zu können, benötigt man die Steigung der Kurve in jedem Punkt des Graphen.
Man kann an einen Punkt $(x_0|f(x_0))$ eine Tangente legen. Diese stellt eine Gerade dar, die dieselbe Steigung hat wie die Kurve in diesem Punkt.
Wählt man eine Stelle $x_1$ sehr nahe bei $x_0$ und legt eine Gerade durch die Punkte $(x_0,f(x_c))$ und $(x_1,f(x_1))$, so ist die Steigung dieser Geraden nahezu gleich der Steigung der Tangente. Die Steigung m der Geraden berechnet man mit der Gleichung:

$$m = \frac{f(x_1) - f(x_0)}{x_1 - x_2}.$$

Diesen Quotienten nennt man **Differenzenquotient** oder – bei Anwendungen – **mittlere Änderungsrate.**
Verschiebt man nun die Stelle $x_1$ immer näher an $x_0$ heran, so erhält man aus dem Differenzenquotienten die Steigung der Tangente.

Setzt man h für den Abstand von $x_1$ zu $x_0$, gilt: $x_1 = x_0 + h$, und der Differenzenquotient wird zu:

$$m = \frac{f(x_0 + h) - f(x_0)}{h}$$

im Intervall $[x_0; x_0 + h]$.

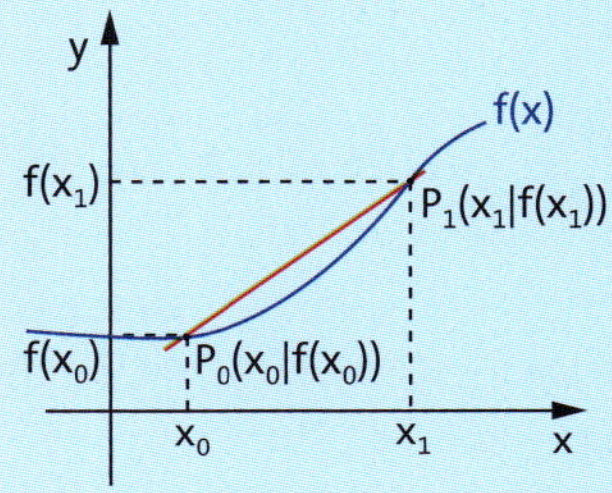


Bestimme den Differenzenquotienten der Funktion $f(x) = \frac{1}{3}x^3 - 2$ für die Punkte $P_0(1|f(1))$ und $P_1(2|f(2))$.

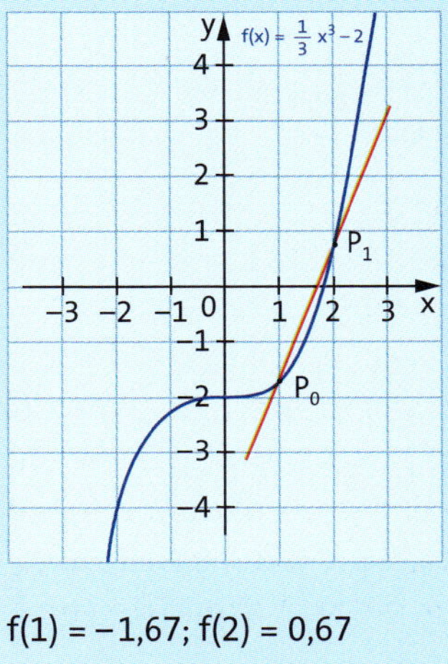


$f(1) = -1{,}67$; $f(2) = 0{,}67$

$$m = \frac{f(x_1) - f(x_0)}{x_1 - x_0} = \frac{0{,}67 - (-1{,}67)}{2 - 1} = 2{,}34$$

Differenzenquotient für die Punkte $P_0\,(1|f(1))$ und $P_1\,(1 + h|f(1 + h))$:

$$m = \frac{\frac{1}{3}(1 + h)^3 - 2 - \left(\frac{1}{3}(1)^3 - 2\right)}{h} = 1 - h + \frac{1}{3}h^2$$

WISSEN

ÜBEN

**ÜBUNG 1** **Gegeben ist die Funktion f mit $f(x) = 0{,}5x^2 - 1{,}5$. Bestimme den Differenzenquotienten für die angegebenen Intervalle.**

a) [1; 2]
b) [3; 3,5]
c) [10; 12]

**ÜBUNG 2** **Bestimme für die Funktion f mit $f(x) = x^3 - 0{,}2x - 3$ den Differenzenquotienten für die angegebenen Intervalle.**

a) [1; 2]
b) [−2; −1]
c) [10; 11]

**ÜBUNG 3** **Zeichne den Graphen der Funktion $f(x) = x^2$ und bestimme den Differenzenquotienten geometrisch in den angegebenen Intervallen, indem du eine Gerade durch die Punkte der Graphen legst, deren x-Werte die Grenzen der Intervalle bilden. Überprüfe das Ergebnis rechnerisch.**

a) [0; 2]
b) [−1; 3]
c) [−2; 2]

**ÜBUNG 4** **Gegeben ist die Funktion $f(x) = \frac{1}{4}x^2$. Vervollständige die Tabelle.**

a) Berechne den Differenzenquotienten und nähere dich dabei immer mehr der gegebenen Stelle $x_0 = 2$.
b) Welchen Grenzwert erhältst du, wenn du dich der Stelle $x_0$ von links näherst? Welchen erhältst du, wenn du dich ihr von rechts näherst?

| | $x_n$ | $x_n - x_0$ | $f(x_n) - f(x_0)$ | $\frac{f(x_n) - f(x_0)}{x_n - x_0}$ |
|---|---|---|---|---|
| von rechts | 3 | | | |
| | 2,5 | | | |
| | 2,3 | | | |
| | 2,1 | | | |
| | 2,01 | | | |
| von links | 1 | | | |
| | 1,5 | | | |
| | 1,7 | | | |
| | 1,9 | | | |
| | 1,99 | | | |

**ÜBUNG 5** **Zeichne den Graphen der Funktion f(x) sowie nach Augenmaß die Tangente im Punkt P. Bestimme die Steigung des Graphen im Punkt P durch Ablesen der Tangentensteigung.**

a) $f(x) = \frac{1}{2}x^2 + 1$; $P(2|f(2))$
b) $f(x) = x^3 - 1$; $P(1|f(1))$

# 10.2 Ableitung einer Funktion

Die Funktion f(x) sei über der Menge $D_f$ definiert, d. h., zu zwei verschiedenen Stellen $x_0$ und $x_1$ aus $D_f$ lässt sich der Differenzenquotient (↗ Kap. 10.1)

$$\frac{\Delta f(x)}{\Delta x} = \frac{f(x_1) - f(x_0)}{x_1 - x_0}$$

bilden, auch **mittlere Änderungsrate** der Funktionswerte im Intervall $x_0$ und $x_1$ genannt.

Verkleinert man den Abstand zwischen $x_0$ und $x_1$, wählt man also $x_1$ immer näher bei $x_0$ (man schreibt: $x_1 \rightarrow x_0$), dann geht der Differenzenquotient in den **Differentialquotienten $f'(x_0)$** über. Dieser beschreibt die **lokale Änderungsrate** der Funktionswerte an der Stelle $x_0$, auch **Ableitung** an der Stelle $x_0$ genannt:

$$f'(x_0) = \lim_{x_1 \rightarrow x_0} \frac{f(x_1) - f(x_0)}{x_1 - x_0}.$$

Der Ausdruck „lim" bedeutet, dass der Abstand zwischen $x_1$ und $x_0$ beliebig klein wird; sprich: „$x_1$ geht gegen $x_0$".

Setzt man h für den Abstand von $x_1$ zu $x_0$, gilt: $x_1 = x_0 + h$, und der Differentialquotient wird zu:

$$f'(x_0) = \lim_{h \rightarrow 0} \frac{f(x_0 + h) - f(x_0)}{h}.$$

$f(x) = x^2 - x$; $x_0 = 2$
Berechne die Ableitung im Punkt (2|f(2)).

$$f'(2) = \lim_{h \rightarrow 0} \frac{f(2 + h) - f(2)}{h}$$

$$= \lim_{h \rightarrow 0} \frac{(2 + h)^2 - (2 + h) - (2^2 - 2)}{h}$$

$$= \lim_{h \rightarrow 0} \frac{3h + h^2}{h} = \lim_{h \rightarrow 0} \frac{h(3 + h)}{h} = \lim_{h \rightarrow 0} (3 + h)$$

$f'(2) = 3$

Die Ableitung der Funktion f(x) an der Stelle $x_0 = 2$ beträgt $f'(2) = 3$.

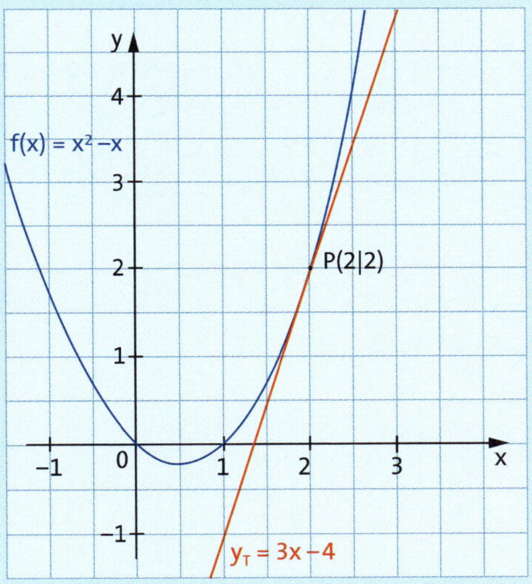


Die 1. Ableitung an der Stelle $x_0$ gibt die Steigung des Graphen der Funktion im Punkt $P(x_0|f(x_0))$ an. Daraus lässt sich die Gleichung der Tangente an den Graphen im Punkt P berechnen, da $f'(x_0)$ auch gleich der Tangentensteigung ist.

Bestimme die Tangente an f(x) in P.
Bekannt: $f(x) = x^2 - x$; P(2|f(2)); $f'(2) = 3$
allgemeine Geradengleichung: $y = mx + n$

Aus $f'(2) = 3$ folgt: $m = 3$
$f(2) = 2$, also gilt in P: $2 = 3 \cdot 2 + n$
Daraus folgt: $n = -4$
Die Gleichung der Tangente im Punkt P(2|2) lautet also: $y_T = 3x - 4$.



WISSEN

**ÜBUNG 6** **Berechne $f'(x_0)$ an der jeweils angegebenen Stelle $x_0$.**

a) $f(x) = x^2;\ x_0 = 2$
b) $f(x) = 3x^2 + 2;\ x_0 = 1$
c) $f(x) = 5x^3;\ x_0 = -2$
d) $f(x) = (x - 3)^2;\ x_0 = 3$
e) $f(x) = x^2 - x;\ x_0 = 4$
f) $f(x) = 5 - x^3;\ x_0 = 0$

**ÜBUNG 7** **Berechne f'(x0).**

a) $f(x) = x^3;\ x_0 = 2$
b) $f(x) = -\frac{1}{2}x^2;\ x_0 = -1$
c) $f(x) = -3x^3;\ x_0 = 0$
d) $f(x) = -2x^2 + 3;\ x_0 = 1$
e) $f(x) = x^3 + 5x;\ x_0 = 2$

**WISSEN**

**Differenzierbarkeit**
Es gibt auch Fälle, in denen der Grenzwert $h \to 0$ des Differenzenquotienten nicht existiert. Deswegen hat man den Begriff „Differenzierbarkeit" eingeführt.

Eine Funktion f heißt **differenzierbar an der Stelle $x_0$**, wenn der Grenzwert

$f'(x_0) = \lim\limits_{h \to 0} \frac{f(x_0 + h) - f(x_0)}{h}$ existiert.

Funktionen, die für alle $x_0$ aus dem Definitionsbereich differenzierbar sind, werden differenzierbare Funktionen genannt.

ÜBEN

**ÜBUNG 8** **Untersuche die Funktion $f(x) = 3x^2 + 5x - 2$ auf Differenzierbarkeit an einer beliebigen Stelle $x_0$, indem du den Differentialquotienten bildest und zeigst, ob der Grenzwert existiert.**

**ÜBUNG 9** **Bestimme den Grenzwert $h \to 0$ des Differenzenquotienten der Funktion $f(x) = x^3 + x^2$ an einer beliebigen Stelle $x_0$.**

a) Berechne f'(–1), f'(0), f'(1), f'(1,5), f'(2), f'(3).
b) Interpretiere die Ergebnisse geometrisch und stelle den Sachverhalt in einer Zeichnung dar.

**ÜBUNG 10** **Gegeben ist die Funktion $f(x) = \frac{1}{2}x^2$.**

a) Berechne die Funktionswerte f(–2), f(–1), f(0), f(0,5), f(1,5), f(2). Trage die zugehörigen Punkte des Graphen in ein Koordinatensystem ein. Benutze als Einheit 2 cm.
b) Berechne für jeden Punkt die Steigung der Tangente. Zeichne die sechs Tangenten in das Koordinatensystem. Kannst du jetzt den Graphen zeichnen?

**ÜBUNG 11** **Im abgebildeten Diagramm ist eine Fahrt dokumentiert: Die zurückgelegte Strecke s wurde in Abhängigkeit von der Zeit t aufgetragen. Die mittlere Änderungsrate der Strecke $\Delta s = s_2 - s_1$ in einem Zeitintervall $\Delta t = t_2 - t_1$ entspricht der Durchschnittsgeschwindigkeit $\overline{v} = \frac{\Delta s}{\Delta t}$ des Fahrzeugs in diesem Intervall.**
**Bestimme die Durchschnittsgeschwindigkeit in m/s für die angebenen Zeitintervalle.**

a) von 0 s bis 40 s
b) von 40 s bis 50 s
c) Gib die Geschwindigkeiten auch in km/h an.

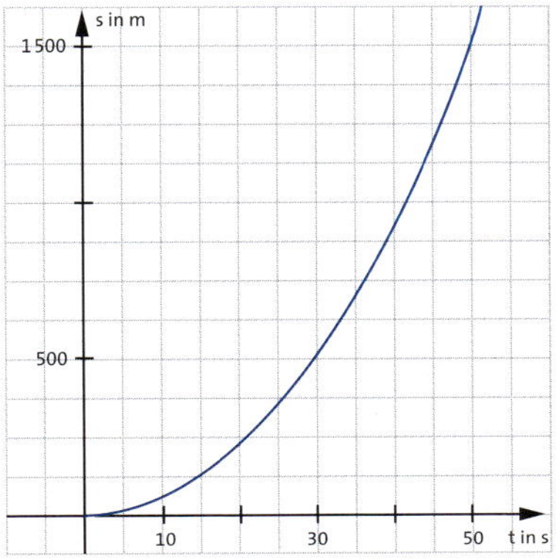


**ÜBUNG 12** **Aus dem Physikunterricht weißt du, dass bei gleichmäßig beschleunigten Bewegungen der am Ende eines Zeitintervalls zurückgelegte Weg s mit $s(t) = \frac{a}{2} \cdot t^2$ berechnet wird, die Endgeschwindigkeit v mit $v(t) = a \cdot t$. Die physikalische Größe a ist die Beschleunigung, die in diesem Fall konstant ist.**

a) Zeige, dass die Gleichung für die Geschwindigkeit die Ableitung der Gleichung für den Weg ist, indem du den Differentialquotienten für s(t) für eine beliebige Zeit $t_0$ berechnest und den Grenzwert $h \to 0$ bildest.
b) Wenn du entsprechend die Gleichung für die Geschwindigkeit ableitest, erhältst du die Beschleunigung. Zeige diesen Sachverhalt analog zu a).

**ÜBUNG 13** **Bestimme die Gleichung der Tangente an den Graphen der Funktion f im Punkt $P\,(x_0|f(x_0))$.**

a) $f(x) = x^3$; $x_0 = 1{,}5$

b) $f(x) = 2x^2 + x$; $x_0 = 2$

**ÜBUNG 14** **Eine Normale auf einem Punkt eines Funktionsgraphen ist eine Gerade, die senkrecht auf der Tangente in diesem Punkt steht. Für die Anstiege von Tangente ($m_T$) und Normaler ($m_N$) gilt: $m_N = -\frac{1}{m_T}$.**

a) Zeige, dass die Gerade mit der Gleichung $f(x) = 2x + \frac{1}{2}$ eine Tangente an den Graphen der Funktion $g(x) = x - \frac{1}{2}x^2$ ist. Gib die Koordinaten des Berührungspunktes P an. (Tipp: Am Berührungspunkt haben f(x) und g(x) denselben Wert.)
b) Ermittle die Gleichung der Normalen in P.
c) Zeichne die Graphen der drei Funktionen in ein Koordinatensystem.

# 10.3 Ableitungsfunktion und Ableitungsregeln

Die Funktion f(x) sei differenzierbar. Die Funktion, die jeder Stelle x aus der Definitionsmenge $D_f$ die Ableitung f'(x) an dieser Stelle zuordnet, heißt **Ableitungsfunktion** f' von f.
Mithilfe der Ableitungsfunktion f'(x) kann man die Ableitung der Funktion f(x) für jede beliebige Stelle x berechnen. Es muss also nicht für jedes x der Grenzwert des Differenzenquotienten neu berechnet werden.

$f(x) = \frac{1}{3}x^3 - x^2 - 3x$; $f'(x) = x^2 - 2x - 3$

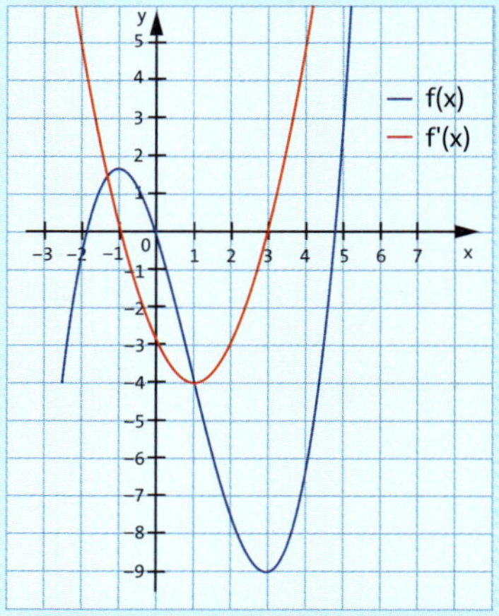


**Potenzregel**
Wenn die Funktion $f(x) = x^n$, $n \in \mathbb{N}$, an jeder Stelle des Definitionsbereiches differenzierbar ist, gilt: $f'(x) = n \cdot x^{n-1}$.
*Merke:* Der Exponent einer Potenzfunktion verringert sich beim Ableiten um 1.

**Faktorregel**
Wenn die Funktion g(x) an der Stelle $x_0$ differenzierbar ist, dann ist auch $f(x) = k \cdot g(x)$ differenzierbar.
Es gilt: $f'(x) = k \cdot g'(x)$.
*Merke:* Ein konstanter Faktor bleibt beim Ableiten erhalten.

**Summenregel**
Sind die Funktionen g(x) und h(x) an der Stelle $x_0$ differenzierbar, ist auch die Summenfunktion $f(x) = g(x) + h(x)$ an der Stelle $x_0$ differenzierbar.
Es gilt: $f'(x_0) = g'(x_0) + h'(x_0)$.
*Merke:* Summen werden gliedweise abgeleitet.

Bilde jeweils die Ableitungsfunktion und bestimme danach f'(0), f'(−1) und f'(2).

$f(x) = x^3$; $f'(x) = 3 \cdot x^{3-1} = 3 \cdot x^2$
$f'(0) = 0$, $f'(-1) = 3$; $f'(2) = 12$

$f(x) = x^{-2}$; $f'(x) = -2 \cdot x^{-2-1} = -2 \cdot x^{-3}$
f'(0) nicht definiert, $f'(-1) = 2$, $f'(2) = -0{,}25$

$f(x) = -3 \cdot x^4$; $f'(x) = -3 \cdot (4 \cdot x^3) = -12 \cdot x^3$
$f'(0) = 0$, $f'(-1) = 12$; $f'(2) = -96$

$f(x) = \frac{2}{3x^2}$; $f'(x) = \frac{2}{3} \cdot ((-2) \cdot x^{-3}) = -\frac{4}{3} \cdot x^{-3}$
f'(0) nicht definiert, $f'(-1) = \frac{4}{3}$, $f'(2) = -0{,}167$

$f(x) = -2x^4 + 3x$; $f'(x) = -8x^3 + 3$
$f'(0) = 3$, $f'(-1) = 11$; $f'(2) = -61$

$f(x) = 5x^3 - 7$; $f'(x) = 15x^2 - 0 = 15x^2$
$f'(0) = 0$, $f'(-1) = 15$; $f'(2) = 60$

Ist die Ableitungsfunktion f' differenzierbar, so kann man weitere Ableitungen f'', f''' usw. durch jeweiliges Ableiten erhalten. Wir sprechen dann von 1., 2., 3. Ableitung, allgemein von **höheren Ableitungen.**

$f(x) = \frac{3}{4}x^4 - 2x^3 + 1{,}2x - 4$
$f'(x) = 3x^3 - 6x^2 + 1{,}2$
$f''(x) = 9x^2 - 12x$
$f'''(x) = 18x - 12$

WISSEN

**ÜBUNG 15** **Bestimme für folgende Funktionen jeweils die Gleichung der Ableitungsfunktion und berechne dann f'(0) und f'(2).**

a) $f(x) = x^3$
b) $f(x) = x^3 - x$
c) $f(x) = -3x^5$
d) $f(x) = \frac{3}{x} + 2$

**ÜBUNG 16** **Bilde die erste Ableitung folgender Funktionen. Bestimme diejenigen Zahlen x, für die f'(x) = 0 ist.**

a) $f(x) = x^2 - 3$
b) $f(x) = x^3 - 2x^2$
c) $f(x) = \frac{1}{3}x^3 - 3x$

**ÜBUNG 17** **Bestimme nacheinander die 1. Ableitung, dann die 2. Ableitung, indem du die Funktion der 1. Ableitung ableitest, und schließlich die 3. Ableitung durch Ableiten der Funktion der 2. Ableitung.**

a) $f(x) = 4x^3 - x^2 + 5x$
b) $f(x) = \frac{5}{12}x^6 + \frac{4}{5}x^5$
c) $f(x) = 3x^2 - 7x$
d) $f(x) = 0{,}9x - 9$
e) $f(x) = x^3(2x + 3)$
f) $f(x) = x^3\sqrt{5}$

**ÜBUNG 18** **Bilde jeweils die 1. und 2. Ableitung der angegebenen Funktionen. Zeichne die Graphen der Funktionen und der Ableitungsfunktionen jeweils in dasselbe Koordinatensystem.**

a) $f(x) = x^2 - 4x + 1$
b) $g(x) = \frac{1}{2}x^2 - 2x + 8$

## WISSEN +

**Ableitung von Sinus- und Kosinusfunktionen**

- Für die Sinusfunktion $f(x) = \sin x$ gilt: $f'(x) = \cos x$
- Für die Kosinusfunktion $g(x) = \cos x$ gilt: $g'(x) = -\sin x$

*Hinweis:* Auch beim Ableiten von Sinus- und Kosinusfunktionen bleibt ein konstanter Faktor erhalten.

Bestimme die 1. Ableitung.
$f(x) = 5x^3 - \sin x$
$f'(x) = 15x^2 - \cos x$
$g(x) = 5 \cos x$
$g'(x) = -5 \sin x$

Bestimme die Steigung der Tangente an den Graphen der Sinusfunktion bei $x_0 = \frac{\pi}{6}$.
$f(x) = \sin x$ ; $f'(x) = \cos x$
$m = f'\left(\frac{\pi}{6}\right) = \cos\frac{\pi}{6} = 0{,}87$

**ÜBUNG 19** **Bestimme die Gleichung der Ableitungsfunktion.**

a) $f(x) = 4{,}5 \sin x$
b) $f(x) = -9 \sin x$
c) $f(x) = 15 + \sin x$
d) $f(x) = x^2 + 3 \cos x$
e) $f(x) = 2 \cos x - 5 \sin x$
f) $f(x) = 4x^4 - 2 \sin x$

ÜBEN

**ÜBUNG 20** **Wie lautet die Gleichung der Ableitungsfunktion?**

a) $f(x) = 3x^2$
b) $f(x) = x^{-4}$
c) $f(x) = 2x^4 - 2{,}5x^3 + 5$
d) $f(x) = \frac{1}{x^3}$
e) $f(x) = x^{-2} + 3x^{-1}$
f) $f(x) = 2x \cdot (3{,}5x^2 - 0{,}5x)$
g) $f(x) = (2x + 4)^2$
h) $f(x) = x - 5\cos x$
i) $f(x) = 2\sin x - 5\cos x$

**ÜBUNG 21** **Berechne die Gleichung der Funktion der 1. Ableitung.**

a) $f(x) = x^2(7 - x)$
b) $f(x) = x^{-4} + 2x^{-5}$
c) $f(x) = \frac{1}{4}x^8 - 3x^{-2} + \sqrt[3]{7}$
d) $f(x) = -\frac{1}{x^2} - \frac{5}{x^4}$
e) $f(x) = 2x(2x - 3)^2$
f) $f(r) = 4r^4 + 7r^3 - \frac{3}{4}r^2$
g) $f(c) = 3c(c + 2)^2$
h) $f(b) = \frac{1}{9}b^6 - 5b^2 + 14$
i) $f(x) = -\frac{2}{5}q^{10} - 2{,}5q^4$

## WISSEN

**Monotoniekriterium**

Die Ableitung an der Stelle $x_0$ gibt die Steigung des Graphen der Funktion im Punkt $(x_0|f(x_0))$ an. Ist die Ableitung und damit die Steigung positiv, wachsen die Funktionswerte für größer werdende x. Die Funktion ist also streng monoton wachsend. Entsprechend ist die Funktion streng monoton fallend, wenn die Ableitung negativ ist.

Es gilt also:
Wenn die Funktion f(x) im Intervall $I_D$ differenzierbar ist, gilt:
- ist $f'(x) \geq 0$, ist f(x) monoton steigend;
- ist $f'(x) \leq 0$, ist f(x) monoton fallend;
- ist $f'(x) > 0$, ist f(x) streng monoton steigend;
- ist $f'(x) < 0$, ist f(x) streng monoton fallend.

**ÜBUNG 22** **Für welche x-Werte ist die Funktion monoton steigend bzw. fallend?**

a) $f(x) = 4x - x^2$
b) $f(x) = -\frac{1}{2}x^4 + 2x$
c) $f(x) = x^3 - 2x^2$

**ÜBUNG 23** **Untersuche das Monotonieverhalten der Funktionen, indem du die 1. Ableitung bildest. Skizziere zur Kontrolle den Graphen der Funktion und ihrer Ableitungsfunktion.**

a) $f(x) = \frac{1}{3}x^3 + \frac{1}{2}x^2 - 2x$
b) $f(x) = x + \frac{1}{x}$

**ÜBUNG 24** **Bestimme möglichst große Intervalle, in denen die Funktion f(x) streng monoton steigend oder fallend ist.**

a) $f(x) = -2{,}5x - 3$
b) $f(x) = \frac{1}{5}x^3 - \frac{1}{2}x^2$
c) $f(x) = \frac{1}{8}x^4 + 4x$
d) $f(x) = \frac{1}{2x}$

ÜBEN

**ÜBUNG 25** **Bestimme die Ableitungsfunktion. Beachte den Unterschied zwischen einer Variablen aus der Definitionsmenge und einer Konstanten.**

a) $f(x) = x \cdot 2x \cdot x^2$ b) $f(x) = 4x^4 : 2x$ c) $f(x) = \frac{4+x}{2x}$

d) $f(x) = ax^t$ e) $f(x) = mx^r + 3mx^{r-1}$ f) $f(e) = bx^3 + dx - e^2$

g) $f(a) = x^5\sqrt{t}$ h) $g(a) = a^2bx - 3xy$ i) $f(x) = 2u^2x^5 - \frac{1}{4}w^{-2}x$

**ÜBUNG 26** **Die Tangente an den Graphen einer Funktion verläuft parallel zur x-Achse. Was bedeutet dies für die Ableitung der Funktion im Berührungspunkt?**

**ÜBUNG 27** **Bestimme die Stellen, an denen die Tangente parallel zur x-Achse verläuft. Gib auch die Koordinaten der Berührungspunkte an.**

a) $f(x) = -2x^3$ b) $f(x) = -4x^2 - 6$

c) $f(x) = \frac{1}{3}x^3 + \frac{3}{2}x^2 - 10x + 8$ d) $f(x) = \sin x$ (für $0 \le x \le 2\pi$)

**WISSEN**

**Ermittlung des Steigungswinkels**

Den Anstieg einer Geraden kann man mit der 1. Ableitung der Funktionsgleichung berechnen:

$f(x) = mx + n$

$f'(x) = m$

Aus dem Steigungsdreieck kann man auf den Winkel zwischen Gerade und x-Achse schließen:

$m = f'(x) = \tan\alpha$

Wenn zwei Geraden – Graphen zweier linearer Funktionen – gegeben sind, lässt sich deren Schnittwinkel aus den beiden Steigungswinkeln herleiten.

$f(x) = \frac{3}{2}x + 2$

$m = f'(x) = \tan\alpha = \frac{\Delta y}{\Delta x} = \frac{5-2}{2-0} = \frac{3}{2}$

$\tan\alpha = \frac{3}{2}$; $\alpha = 56{,}3°$

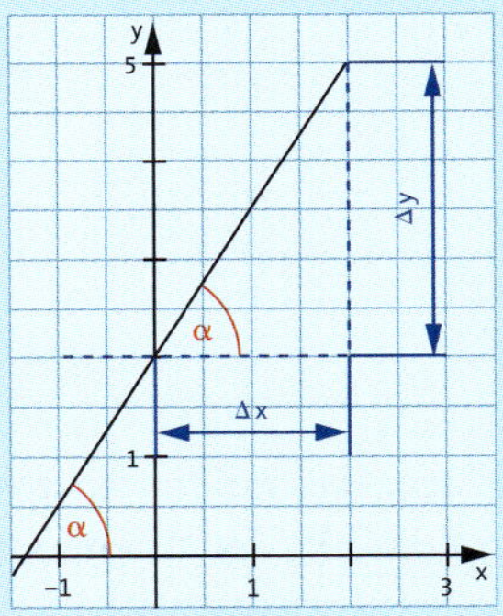


**ÜBUNG 28** **Bestimme die Funktionsgleichung der Tangente im Punkt $P_0(x_0|f(x_0))$.**

a) $f(x) = 0{,}1x^3$; $x_0 = 3$ b) $f(x) = -0{,}7x^2 - 5$; $x_0 = 0{,}5$

c) $f(x) = -x^4 + 2$; $x_0 = 3$ d) $f(x) = \frac{1}{x}$; $x_0 = 2$

ÜBEN

**ÜBUNG 29** **Betrachte den Graphen der Sinusfunktion und bestimme die Tangentengleichung an der Stelle $x_0$.**

a) $x_0 = \frac{\pi}{3}$ b) $x_0 = \frac{\pi}{2}$ c) $x_0 = -\frac{\pi}{4}$

**ÜBUNG 30** **In welchen Punkten hat der Graph von f(x) die angegebene Steigung m? Gib die jeweiligen Tangentengleichungen an.**

a) $f(x) = x^3 - 12x$; $m = 1$
b) $f(x) = x^3 - 3x + 6$; $m = 0$
c) $f(x) = x^5 + 5x^3 + 3$; $m = 20$
d) $f(x) = (2x + 1)^2$; $m = 8$

**ÜBUNG 31** **Ermittle die Funktionsgleichung und den Steigungswinkel der Tangente, die die Funktion f(x) im Punkt $P(x_0|f(x_0))$ berührt.**

a) $f(x) = -\frac{1}{2}x^2$; $x_0 = 2$
b) $f(x) = x^3 - 4x^2$; $x_0 = 2$
c) $f(x) = x(2x^2 - 6) + 4x$; $x_{01} = 0{,}4$; $x_{02} = 1$
d) $f(x) = 2\sin x$; $x_0 = \frac{\pi}{6}$

**ÜBUNG 32** **Die Graphen der Funktionen $f(x) = \frac{1}{8}x^2$ und $g(x) = \frac{1}{x}$ schneiden sich in einem Punkt S im 1. Quadranten.**

a) Berechne die Koordinaten von S und die Steigungen der Tangenten an die Graphen in S.
b) Bestimme den Schnittwinkel $\alpha$ beider Tangenten.
c) Zeichne die Graphen und die Tangenten an die Graphen in S in ein Koordinatensystem (Intervall $-1 < x < 5$). Kennzeichne den Schnittwinkel.

**ÜBUNG 33** **Gegeben ist die Funktion $f(x) = \frac{1}{2}x^2$.**

a) Berechne die Gleichung der Tangente t(x) und der Normalen n(x) an der Stelle $x_0 = 2$. (Tipp: Die Normale steht senkrecht auf der Tangente im Punkt P. Für die Steigungen gilt $m_N = -\frac{1}{m_T}$.)
b) In welchem Punkt schneidet die Normale die Parabel ein zweites Mal?

**ÜBUNG 34** **Bestimme die Stellen $x_i$, an denen die Graphen der Funktionen $f(x) = -x^3 + 0{,}5x^2 + 2$ und $g(x) = x^3 - 4$ die gleiche Steigung haben.**

**ÜBUNG 35** **Berechne den Schnittpunkt $S(x_s|y_s)$ der Graphen $f(x) = \sin x$ und $g(x) = \cos x$ im Intervall $\left[0; \frac{\pi}{2}\right]$. Bestimme den Schnittwinkel beider Funkionen. (Tipp: Benutze dafür die Steigungen der Funktionen in S.)**

# 10.4 Untersuchung von Funktionen

Neben den Eigenschaften von Funktionen, die bereits in den vorherigen Kapiteln behandelt wurden, müssen weitere Punkte des Funktionsgraphen untersucht werden: die **Extrempunkte.**

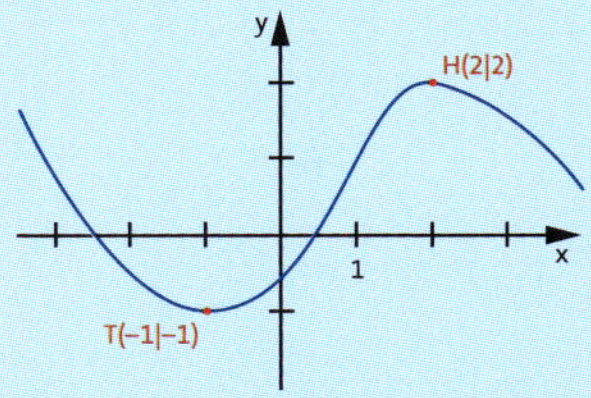


## Extrempunkte

Lokale **Extremstellen** sind Stellen (x-Werte), an denen die Funktion in einem bestimmten Intervall der Definitionsmenge den kleinsten bzw. größten Funktionswert annimmt. Den Funktionswert zu einer Extremstelle nennt man **Extremwert.** Der kleinste Funktionswert heißt Minimum, der größte Maximum. Die Punkte an den Extremstellen nennt man **Extrempunkte:** Tiefpunkt bzw. Hochpunkt.
An den Extrempunkten läuft die Tangente parallel zur x-Achse, ihr Anstieg ist also null, d. h., die 1. Ableitung ist ebenfalls null: $f'(x) = 0$.

Ist eine Funktion $f(x)$ im Intervall I differenzierbar und gilt für $x_0 \in I$: $f'(x_0) = 0$,

- dann ist $f(x_0)$ ein **lokales** Maximum, wenn für alle x in der Umgebung um $x_0$ gilt: $f'(x) > 0$ für $x < x_0$ und $f'(x) < 0$ für $x > x_0$, d. h., alle anderen Funktionswerte für x-Werte aus I sind kleiner als $f(x_0)$. $H(x_0|f(x_0))$ ist ein **Hochpunkt** des Graphen.
- dann ist $f(x_0)$ ein lokales Minimum, wenn für alle x in der Umgebung um $x_0$ gilt: $f'(x) < 0$ für $x < x_0$ und $f'(x) > 0$ für $x > x_0$, d. h., alle anderen Funktionswerte für x-Werte aus I sind größer als $f(x_0)$. $T(x_0|f(x_0))$ ist ein **Tiefpunkt** des Graphen.

Ist $f(x_0)$ nicht nur in einem bestimmten Intervall, sondern über der gesamten Definitionsmenge ein Maximum bzw. Minimum, so ist $f(x_0)$ ein **globales** Maximum bzw. Minimum.

Die Funktion $f(x) = x^3 - 3x^2 + 4$ soll auf lokale Extremwerte untersucht werden.

In Extrempunkten ist die Tangentensteigung null, man sucht also die Nullstellen der Ableitungsfunktion:
$f'(x) = 3x^2 - 6x$; $f'(x) = 0$
$3x^2 - 6x = 0$; $x_1 = 0$; $x_2 = 2$
Um zu ermitteln, ob an den Stellen $x_1$ und $x_2$ Hoch- oder Tiefpunkte liegen, werden die Vorzeichen der Ableitungsfunktion rechts und links der Extrempunkte untersucht. Wechselt es von + nach –, liegt ein lokales Maximum vor, bei einem Wechsel von – nach + ein lokales Minimum:
$f'(0 - 0{,}5) = 3{,}75 > 0$;
$f'(0 + 0{,}5) = -2{,}25 < 0$
Bei $f(x_1)$ ist ein lokales Maximum: $H(0|4)$
$f'(2 - 0{,}5) = -2{,}25 < 0$
$f'(2 + 0{,}5) = 3{,}75 > 0$
$f(x_2)$ ist ein lokales Minimum: $T(2|0)$

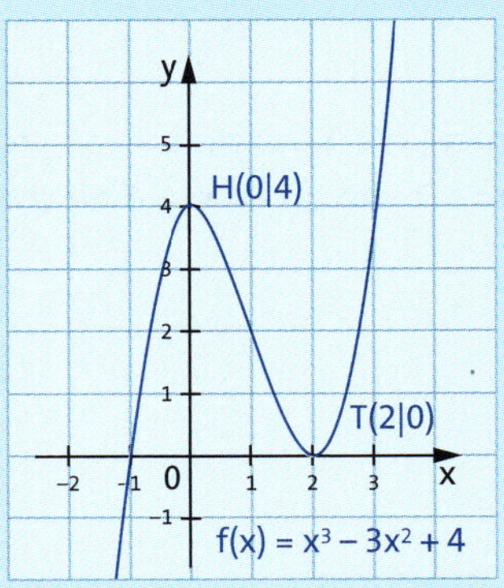

WISSEN

## Verhalten der Funktion im Unendlichen

Bei ganzrationalen Funktionen bestimmt der Summand mit der höchsten x-Potenz, wie sich die Funktion verhält, wenn x gegen $+\infty$ oder $-\infty$ geht.

$f(x) = x^3 - x^2$: $\lim\limits_{x \to \pm\infty} x^3 - x^2 = \lim\limits_{x \to \pm\infty} x^3$

$\lim\limits_{x \to \infty} x^3 = \infty$; $\lim\limits_{x \to -\infty} x^3 = -\infty$

## Kurvendiskussion

Unter einer Kurvendiskussion versteht man die umfangreiche Untersuchung einer Funktion, um sie zu beschreiben und näherungsweise zu zeichnen.

Bei der Untersuchung einer Funktion gehst du folgendermaßen vor:

1. Bestimme die Nullstellen: $f(x) = 0$.
2. Bestimme den Schnittpunkt mit der y-Achse: $S_y(0|f(0))$.
3. Bestimme die Funktion der Ableitung bzw. der Ableitungen: $f'(x)$, $f''(x)$, $f'''(x)$.
4. Bestimme die Extrempunkte, indem du die Nullstellen der 1. Ableitungsfunktion berechnest: $f'(x) = 0$.
5. Untersuche das Verhalten der Funktion im Unendlichen.
6. Untersuche das Monotonieverhalten.
7. Untersuche die Symmetrieeigenschaften.
8. Skizziere den Funktionsgraphen.

*Hinweis:* Neben den bisher behandelten Eigenschaften kann man Funktionen auch auf **Wendestellen bzw. Wendepunkte** untersuchen.
Ein **Wendepunkt** $W(x|f(x))$ ist ein Punkt des Funktionsgraphen, an welchem der Graph sein Krümmungsverhalten ändert, d. h., er wechselt an dieser Stelle entweder von einer Rechts- in eine Linkskurve oder umgekehrt.

Untersuche die Funktion $f(x) = x^4 - 2x^2$ und zeichne den Graphen im Intervall $-2 \le x \le 2$.

**1.** $f(x) = 0$; $x^4 - 2x^2 = x^2(x^2 - 2) = 0$
$x_{N1} = 0$; $x_{N2} = -1{,}41$; $x_{N3} = 1{,}41$

**2.** $f(0) = 0$; $S_y(0|0)$

**3.** $f'(x) = 4x^3 - 4x$

**4.** $f'(x) = 0$; $4x^3 - 4x = 4x(x^2 - 1) = 0$
$x_{E1} = 0$; $x_{E2} = -1$; $x_{E3} = 1$
$f'(-0{,}1) = 0{,}4$; $f'(0{,}1) = -0{,}4$: Maximum bei $x_{E1} = 0$; $H(0|0)$
$f'(-1{,}1) = -0{,}9$; $f'(-0{,}9) = 0{,}7$: Minimum bei $x_{E2} = -1$; $T(-1|-1)$
$f'(0{,}9) = -0{,}7$; $f'(1{,}1) = 0{,}9$: Minimum bei $x_{E3} = 1$; $T(1|-1)$

**5.** $\lim\limits_{x \to \pm\infty} x^4 - 2x^2 = \lim\limits_{x \to \pm\infty} x^4 = \infty$

**6.** $-\infty < x \le -1$ monoton fallend
$-1 < x \le 0$ monoton steigend
$0 < x < 1$ streng monoton fallend
$1 \le x < +\infty$ monoton steigend

**7.** Der Funktionsterm hat nur gerade Exponenten, f(x) ist also achsensymmetrisch. Es ist außerdem $f(x) = f(-x)$, z. B. $f(2) = f(-2) = 8$.

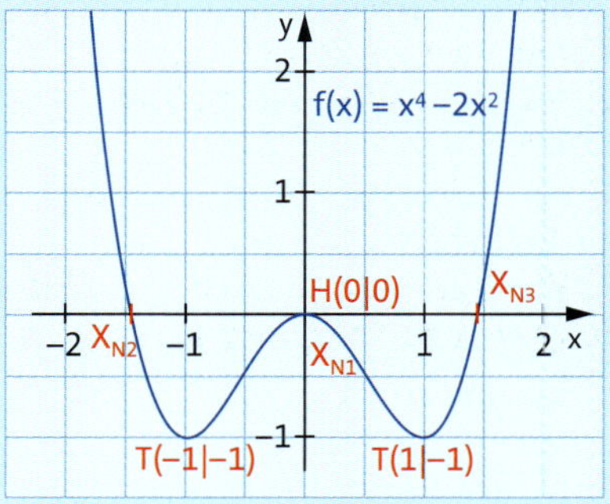

## Anwendungen

In Anwendungsaufgaben werden oft größte und kleinste Werte von veränderlichen Größen gesucht. Um diese zu ermitteln, müssen Extremwerte bestimmt werden. Man stellt eine Zielfunktion auf, aus deren Ableitung man die Extremwerte herleiten kann.

**Vorgehensweise für das Lösen von Extremwertproblemen:**

1. Welche Größe soll extremal werden?
2. Bestimme die Zielfunktion aus den im Problem formulierten Bedingungen. Beachte die Definitionsmenge.
3. Untersuche die Zielfunktion auf Extremstellen.
4. Formuliere das Ergebnis, beachte die Maßeinheiten.

Eine zylinderförmige Blechdose mit einem Volumen von 330 cm³ sollen unter möglichst geringem Blechverbrauch hergestellt werden. Wie groß sind der Radius r und die Höhe h der Büchse?

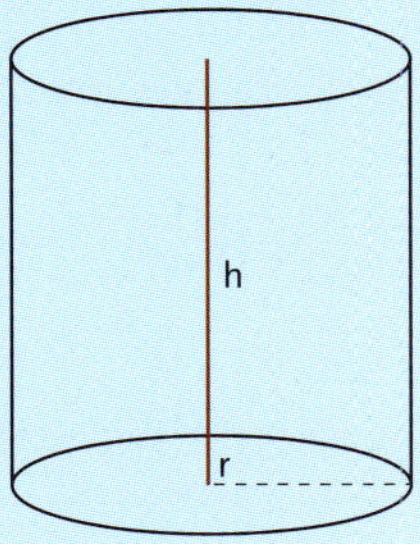


**1.** Extremale Größe:
Dosenoberfläche als Funktion von r und h: $A_O(r, h)$

**2.** Hauptbedingung: $A = 2\pi rh + 2\pi r^2$;
Nebenbedingung: $V = \pi r^2 h = 330\,\text{cm}^3$
Nebenbedingung nach h auflösen
$\left(h = 330\frac{\text{cm}^3}{\pi r^2}\right)$
und in Hauptbedingung einsetzen ergibt die Zielfunktion: $A(r) = 660r^{-1} + 2\pi r^2$

**3.** Ableitung: $A'(r) = -660r^{-2} + 4\pi r = 0$
Lösen der Gleichung: $r = \sqrt[3]{\frac{660}{4\pi}} \approx 3{,}74\,\text{cm}$
Einsetzen in $V = \pi r^2 h$: $h \approx 7{,}49\,\text{cm}$

**4.** Ergebnis: $r = 3{,}74\,\text{cm}$; $h = 7{,}49\,\text{cm}$
Oberflächeninhalt $A_O = 265\,\text{cm}^2$

---

Wenn von ganzrationalen Funktionen bestimmte charakteristische Eigenschaften wie Nullstellen, Extrempunkte, Symmetrien usw. bekannt sind, kann daraus die zugehörige Funktionsgleichung bestimmt werden.

1. Stelle die allgemeine Gleichung der Funktion $f(x) = a_n x^n + a_{n-1}x^{n-1} + \ldots + a_1 x^1 + a_0 x^0$ für den Grad der gesuchten Funktion auf.
2. Beschreibe die bekannten Eigenschaften durch Gleichungen, fasse diese in einem Gleichungssystem zusammen.
3. Löse das Gleichungssystem, interpretiere die Ergebnisse.
4. Setze die Ergebnisse in die allgemeine Gleichung ein und überprüfe sie.

Der Graph einer ganzrationalen Funktion 3. Grades hat im Koordinatenursprung und im Punkt P(2|4) jeweils einen Extrempunkt.

**1.** $f(x) = a_n x^n + a_{n-1}x^{n-1} + \ldots + a_1 x^1 + a_0 x^0$
wird $f(x) = ax^3 + bx^2 + cx + d$

**2.** Die 1. Ableitung wird benötigt:
$f'(x) = 3ax^2 + 2bx + c$
Zu den gegebenen Eigenschaften werden Gleichungen aufgestellt:
$f(0) = 0 \rightarrow$ (I) $d = 0$
$f(2) = 4 \rightarrow$ (II) $8a + 4b + 2c + d = 4$
$f'(0) = 0 \rightarrow$ (III) $c = 0$
$f'(2) = 0 \rightarrow$ (IV) $12a + 4b + c = 0$

**3.** Lösen des Gleichungssystems ergibt:
$a = -1$; $b = 3$; $c = 0$; $d = 0$

**4.** Ergebnis: $f(x) = -x^3 + 3x^2$

WISSEN

**ÜBUNG 36** **Wodurch unterscheiden sich die Extrempunkte der Funktionen?**

a) $f(x) = x^2 - 5x + 10{,}25$ b) $f(x) = x^3 - 5x^2 + 3x$ c) $f(x) = -(x - 4)^2 + 6$

**ÜBUNG 37** **Untersuche die Funktion $f(x) = x^4 - 2x^3$ auf Hoch- und Tiefpunkte.**

**ÜBUNG 38** **Bestimme die lokalen Extrempunkte folgender Funktionen.**

a) $f(x) = x^2 - 6x + 8$ b) $f(x) = (x - 2)^2 + 4$ c) $f(x) = -(2x - 5)^2$

d) $f(x) = x^3 - 3x^2$ e) $f(x) = 0{,}02x^5 - 0{,}1x^4$ f) $f(x) = x^4 - 4x^2 + 3$

## WISSEN

**Eine andere Bedingung für das Vorhandensein einer Extremstelle**
Du weißt, dass die 1. Ableitung einer Funktion an der Stelle $x_0$ null sein muss, wenn die Funktion bei $x_0$ einen Extrempunkt haben soll. $f'(x_0) = 0$ ist also eine notwendige Bedingung. Andererseits muss $x_0$ jedoch nicht unbedingt eine Extremstelle sein, wenn $f'(x_0)$ null ist. Um zu überprüfen, ob bei $x_0$ tatsächlich ein Extrempunkt liegt, wenn gilt $f'(x_0) = 0$, kannst du die 2. Ableitung nutzen. Ist diese bei $x_0$ größer oder kleiner als null, liegt ein Extrempunkt vor.

Wenn für eine differenzierbare Funktion f(x) an der Stelle $x_0$ gilt

- $f'(x_0) = 0$ und $\mathbf{f''(x_0) < 0}$, so hat die Funktion an der Stelle $x_0$ ein **lokales Maximum.**
- $f'(x_0) = 0$ und $\mathbf{f''(x_0) > 0}$, so hat die Funktion an der Stelle $x_0$ ein **lokales Minimum.**

*Hinweis:* Ist die 2. Ableitung gleich null, muss man noch mit dem Vorzeichenwechsel der 1. Ableitung überprüfen, ob die Funktion an der Stelle einen Extremwert hat.

Untersuche die Funktion $f(x) = x^4 - 3x^2 - 1$ auf Extrempunkte.

1. Ableitung: $f'(x) = 4x^3 - 6x$
2. Ableitung: $f''(x) = 12x^2 - 6$

*notwendige Bedingung $f'(x) = 0$:*
Bestimme die Nullstellen der Funktion der 1. Ableitung:
$4x^3 - 6x = 2x(2x^2 - 3) = 0$
$x_{E1} = 0$; $x_{E2} = -1{,}22$; $x_{E3} = 1{,}22$

*hinreichende Bedingung $f''(x) \neq 0$:*
Überprüfe das Vorzeichen der 2. Ableitung:

$f''(0) = -6 < 0$
→ Maximum; $H(0|0)$

$f''(-1{,}22) = 11{,}86 > 0$
→ Minimum; $T_1(-1{,}22|-4{,}25)$

$f''(1{,}22) = 11{,}86 > 0$
→ Minimum; $T_2(1{,}22|-4{,}25)$

**ÜBUNG 39** **Finde die Extremstellen folgender Funktionen, überprüfe deren Existenz mit der 2. Ableitung und berechne die Funktionswerte der Hoch- bzw. Tiefpunkte.**

a) $f(x) = 30 - 24x + 9x^2 - x^3$ b) $f(x) = \frac{1}{10}x^5 + \frac{1}{4}x^4$



ÜBEN

**ÜBUNG 40** **Ermittle für die ganzrationale Funktion $f(x) = \frac{1}{5}\left(x^5 - \frac{19}{3}x^3 - 4x\right)$ Nullstellen und Extrempunkte. Benutze zur Entscheidung, ob ein Maximum oder Minimum vorliegt, beide Möglichkeiten: Vorzeichenwechsel der 1. Ableitung und die 2. Ableitung.**

**ÜBUNG 41** **Besitzt die Funktion f(x) an der Stelle $x_0$ einen Extremwert? Wenn die Behauptung zutrifft, prüfe, ob es ein Maximum oder ein Minimum ist.**

a) $f(x) = x^3 - 3x;\ x_0 = -1$

b) $f(x) = x^3 + 5{,}5x^2 - 2{,}5x - 10;\ x_0 = 4$

c) $f(x) = x^4 - 3x^3;\ x_0 = 2$

d) $f(x) = \frac{1}{4}x^4 - \frac{a}{3}x^3;\ x_0 = a,\ a \neq 0$

## WISSEN

**Bestimmung von Wendestellen**

Wendepunkte sind Punkte, in denen der Graph sein Krümmungsverhalten ändert. Die Krümmung einer Funktion wird durch die 2. Ableitung beschrieben. Ändert ein Graph die Richtung seiner Krümmung bei $x_w$, ändert die 2. Ableitung in $x_w$ ihr Vorzeichen. Das bedeutet, die 2. Ableitung ist bei $x_w$ gleich null.

Es gilt also:
Eine Funktion hat an der Stelle $x_w$ einen Wendepunkt, wenn die 2. Ableitung für $x_w$ gleich null ist: $f''(x) = 0$.
Zusätzlich muss die 3. Ableitung ungleich null sein: $f'''(x_w) \neq 0$
Der Wendepunkt ergibt sich dann aus: $W(x_w|f(x_w))$.

Finde die Wendepunkte der Funktion $f(x) = x^4 - 2x^2$.

Ableitungen:
$f'(x) = 4x^3 - 4x$
$f''(x) = 12x^2 - 4$
$f'''(x) = 24x$

1. Bedingung: $f''(x_w) = 0$:
$12x_w^2 - 4 = 0$
$x_{w1} = 0{,}58;\ x_{w2} = -0{,}58$
2. Bedingung: $f'''(\pm 0{,}58) = \pm 13{,}9 \neq 0$

Also hat der Graph der Funktion zwei Wendepunkte:
$W_1(0{,}58|-0{,}56);\ W_2(-0{,}58|-0{,}56)$

**ÜBUNG 42** **Bestimme die Wendepunkte der Funktionen.**

a) $f(x) = 6x^2 - 2x^4$

b) $f(x) = \frac{1}{4}x^3 - 2x^2$

c) Warum haben lineare und quadratische Funktionen keine Wendepunkte? (Tipp: Sieh dir die allgemeine Form der jeweiligen Funktionsgleichungen an und bilde deren 2. Ableitungen. Was kannst du aus diesen schlussfolgern?)

**ÜBUNG 43** **Untersuche das Verhalten folgender Funktionen und skizziere deren Graphen.**

a) $f(x) = x^3 - 3x^2 - 9x$

b) $f(x) = -\frac{1}{2}(x^4 - 8x^2 + 12)$

c) Haben die Graphen der beiden Funktionen Wendepunkte? Wenn ja, zeichne diese jeweils in die Darstellung ein und berechne sie.

ÜBEN

**ÜBUNG 44** Gegeben ist die ganzrationale Funktion $f(x) = \frac{1}{4}(x - 1)(x - 2)(x + 3{,}5)$.

a) Führe eine ausführliche Kurvendiskussion durch.
b) Zeichne die Graphen der 1. und 2. Ableitung in das gleiche Koordinatensystem ein.

**ÜBUNG 45** Untersuche die ganzrationale Funktion $f(x) = \frac{1}{6}(3x^4 + 4x^3 - 12x^2)$ auf alle dir bekannten Eigenschaften und zeichne den Graphen der Funktion im Intervall $-3 \leq x \leq 2$.

**ÜBUNG 46** Eine nach oben offene Schachtel mit quadratischer Grundfläche soll aus einem quadratischen Blech mit der Seitenlänge 35 cm hergestellt werden. An den Ecken des Bleches werden gleich große Quadrate mit der Seitenlänge x herausgeschnitten, die Seitenwände werden hoch gebogen und die Seitenkanten verschweißt. Wie groß muss x gewählt werden, damit das Volumen der Schachtel möglichst groß ist? Berechne das Volumen.

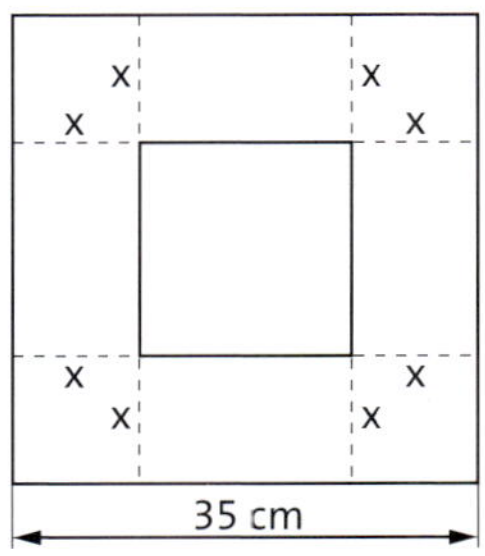


**ÜBUNG 47** Ein Zaun hat eine Länge von 100 m und soll eine rechteckige Fläche mit größtmöglichem Inhalt einschließen. Ermittle die Länge a, die Breite b und den maximalen Flächeninhalt des Rechtecks.

**ÜBUNG 48** Der Umfang der in der Skizze gekennzeichneten Fläche beträgt 10 m. Welche Maße müssen gewählt werden, damit die Fläche möglichst groß wird? Berechne den Flächeninhalt.

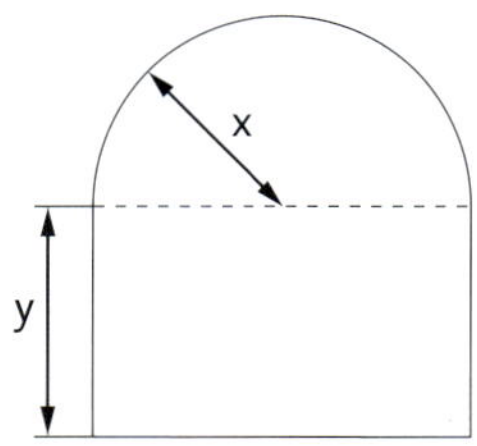


**ÜBUNG 49** Der Graph einer quadratischen Funktion geht durch die Punkte $A(-1|2)$, $B(0|-3)$ und $A(1|6)$. Wie lautet die Funktionsgleichung?

**ÜBUNG 50** Der Graph einer ganzrationalen Funktion 3. Grades berührt im Koordinatenursprung die x-Achse. Die Tangente in $P(2|0)$ ist parallel zur Geraden $y = 10x$. Wie lautet die Funktionsgleichung? (Tipp: Überlege dir, was es für den Graphen bedeutet, wenn er die x-Achse berührt, statt sie zu schneiden. Welche Eigenschaften hat er im Berührpunkt?)

60 Minuten

## KLASSENARBEIT 1

**AUFGABE 1** **Ermittle die Ableitung der Funktion $f(x) = 3x^2 + x$ an der Stelle $x_0 = 2$. Nutze den Grenzwert des Differenzenquotienten für die Stellen $x_0$ und $x_0 + h$ mit $h \to 0$.**

**AUFGABE 2** **Bestimme die Gleichung der Ableitungsfunktion.**

a) $f(x) = -3x^2$
b) $f(x) = 2x^{-4}$
c) $f(x) = 0{,}5x^4 - 4x^3 - 7$
d) $f(x) = (-x + 2)^2$
e) $f(x) = x - 4 \sin x$
f) $f(x) = 3{,}4 \sin x - 0{,}9 \cos x$
g) $f(x) = 2x^2 \cdot (2x^3 - 0{,}5)$

**AUFGABE 3** **Bestimme den kleinsten Funktionswert, den die Funktion im angegebenen Intervall annehmen kann.**

a) $f(x) = -\frac{1}{2}x^3 - 3x^2 + 1$; $[-8; 2]$
b) $f(x) = 4x - 4x^2$; $[1; 5]$

**AUFGABE 4** **Bestimme die Punkte, in denen die Tangente an den Graphen von f(x) parallel zur x-Achse verläuft. Skizziere den Graphen.**

a) $f(x) = 6x - 2x^2$
b) $f(x) = x^4 - 4x^3 + 4x^2$

**AUFGABE 5** **Gegeben ist die Funktion $f(x) = x^3 - 6x$.**

a) Untersuche das Verhalten der Funktion im Unendlichen. Triff Aussagen zur Symmetrie.
b) Ermittle die Extrempunkte der Funktion. Überprüfe, ob es sich wirklich um Extrempunkte handelt.
c) Hat die Funktion einen Wendepunkt? Bestimme den eventuellen Wendepunkt.

**AUFGABE 6** **Zerlege die Zahl 18 in zwei Summanden, sodass deren Produkt möglichst groß wird.**

**AUFGABE 7** **Welcher Graph einer quadratischen Funktion geht durch die Punkte R (0|0), S (1|1) und T (2|3)?**

TESTEN

## KLASSENARBEIT 2

60 Minuten

**AUFGABE 8** **Zeichne in der abgebildeten Funktion die Nullstellen, Extrempunkte und Wendepunkte ein. Gib die ungefähren Koordinaten dieser Punkte an.**

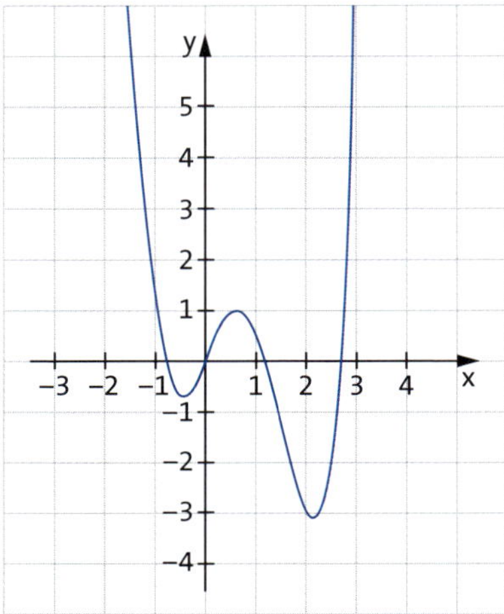


**AUFGABE 9** **Bilde die 1. Ableitung und gib deren Funktionsgleichung an.**

a) $f(x) = x^5 - 3{,}5x^4 - 2x^2 - x$

b) $f(x) = \frac{1}{6}(x^4 - 4x^3 + 12)$

c) $f(x) = (2x - 4)(3x + 2)x^2$

d) $f(x) = \frac{1}{56}x^4(x^4 - 28)$

e) $f(x) = 2\cos x - 3\sin x$

f) $f(x) = 3x^2 - 2{,}5\cos x$

**AUFGABE 10** **Welchen Anstieg hat die Tangente an die Sinuskurve an der Stelle $x_0 = \frac{\pi}{2}$? Charakterisiere die Lage der Tangente.**

**AUFGABE 11** **Bearbeite die Aufgaben zu Extrempunkten.**

a) Zeige, dass die Funktion $f(x) = 0{,}5x^5 + 3x$ keine Extrempunkte besitzen kann.
b) Wie viele Extrempunkte kann eine ganzrationale Funktion 4. Grades höchstens haben?
c) Prüfe, welche der Punkte $R(1|2{,}5)$, $S(1{,}5|2{,}25)$ und $U(2|2)$ Extrempunkte der Funktion $f(x) = x^3 - 4{,}5x^2 + 6x$ sind. Ordne Maximum und Minimum zu.

**AUFGABE 12** **Untersuche die Funktion $f(x) = -\frac{1}{2}x^2 + 4x - 2$ auf Symmetrie, Nullstellen, Extrem- und Wendepunkte. Zeichne den Graphen der Funktion im Intervall $-1 \leq x \leq -9$.**

**AUFGABE 13** **Die Zahl 20 soll in zwei Summanden zerlegt werden, sodass das Produkt aus dem ersten Summanden und dem Quadrat des zweiten Summanden möglichst groß wird.**

# Stichwortfinder

**A** Ableitung 111
Ableitungsfunktion 114 f.
Ableitungsregeln 114
Achsensymmetrie 105
Additionstheoreme 78
Allgemeine Form
– einer quadratischen Gleichung 5
– einer quadratischen Funktion 9
Änderungsrate 109
Ankathete 70

**B** Bedingte Wahrscheinlichkeit 96
Bernoulli-Kette 92
Bernoulli-Versuch 92
Bogenmaß 55

**C** Cavalieri 62, 64
cos 70, 73 f.

**D** Differenzenquotient 109
Differentialquotient 111
Differenzierbarkeit 112
Diskriminante 6

**E** Ereignis 90
Erfolg 92
Erwartungswert 90 f.
Exponentialfunktion 36, 39 ff.
Exponentialgleichung 43
Extrempunkte 119, 122

**F** Faktorregel 114

**G** ganzrationale Funktion 101 f., 105
Gegenereignis 90, 94
Gegenkathete 70
gemischt quadratische Gleichung 5

**H** Hochpunkt 107, 119
Hyperbel 23 f.
Hypotenuse 70

**I** Intervallschachtelung 22

**K** Kapital 85
Kegel 61
Kegelstumpf 63
Kosinus 70, 73
Kosinusfunktion 74
Kosinussatz 78
Kreis 52
Kreisabschnitt 56
Kreisbogen 55
Kreisring 52
Kreiszahl π 52, 54
Kugel 64
Kugelabschnitt 65
Kugelausschnitt 65
Kugelschicht 65
Kurvendiskussion 120

**L** Linearfaktoren 8, 102
Linearfaktorzerlegung 8, 102
Logarithmengesetze 41
Logarithmengleichung 43 f.
Logarithmus 41 ff.
Logarithmusfunktion 47

**M** Maximum 119, 122
Minimum 119, 122
Misserfolg 92
Monatszinsen 86
Monotonie 105, 116

**N** Normalform 5, 9 f.
Normalparabel 9 f.
Nullstellenbestimmung 12, 101

**P** Parabel 9 f.
Pascalsches Dreieck 92
Pi (π) 52, 54
Polynomdivision 102
Potenz 18 ff.
Potenzfunktion 23 f.
Potenzgleichung 26
Potenzgesetze 18 ff.
Potenzregel 114
p-q-Formel 6
Prisma 59
Prozentrechnung 85
Prozentpunkt 85
Prozentsatz 85
Prozentwert 85
Prozentzahl 85
Punktsymmetrie 105
Pyramide 61
Pyramidenstumpf 63

**Q** Quadratische Ergänzung 6
Quadratische Funktion 9
Quadratische Gleichung 5 ff.
Quadratwurzelfunktion 13, 27
Quadratwurzelgleichung 13

**R** relative Häufigkeit 90
rein quadratische Gleichung 5

**S** Scheitelpunkt 9 f.
Scheitelpunktform 9
sin 70, 73 f.
Sinus 70, 73 f.
Sinusfunktion 74
Sinussatz 78
Stauchung 9, 25
Steigungswinkel 117
Streckung 9, 25
Summenregel 114

**T** Tageszinsen 86
tan 71, 75
Tangens 71
Tangensfunktion 75
Tangentensteigung 111
Tiefpunkt 107, 119
Trigonometrie 70 ff.

**U** Umkehrfunktion 31

**V** Verhalten im Unendlichen 105, 120
Verschiebung eines Graphen 9, 26
Vieta, Satz von 7

**W** Wahrscheinlichkeit 90
– bedingte 96
Wendepunkte 107, 120, 123
Wurzel 21 ff., 27
Wurzelfunktion 27 f., 30
Wurzelgesetze 21
Wurzelgleichung 13

**Z** Zinsen 85
Zinseszinsen 87
Zinssatz 85
Zufallsversuch 90
Zylinder 59

DUDEN

WISSEN • ÜBEN • TESTEN

10. Klasse

# Mathematik

Lösungsheft

**Dudenverlag**
Berlin

# 1 Quadratische Gleichungen und Funktionen

**ÜBUNG 1** **S. 7**

**a)** $L = \{-4; 4\}$; **b)** $L = \{-\sqrt{5}; \sqrt{5}\}$; **c)** $L = \{-2; 2\}$; **d)** $L = \{0; 3\}$; **e)** $L = \{-4; 0\}$; **f)** $L = \{0; 2\}$

**ÜBUNG 2** **S. 7**

$A = 2{,}5\,m \cdot 8{,}1\,m = 20{,}25\,m^2$; $a^2 = 20{,}25\,m^2$; $a = 4{,}5\,m$. Das quadratische Grundstück hat eine Seitenlänge von 4,5 m.

**ÜBUNG 3** **S. 7**

(I) $-1 + x_2 = 8$; (II) $-1 \cdot x_2 = -9$; $x_2 = 9$

**ÜBUNG 4** **S. 8**

$x^2 + 8x - 20 = 0 \quad | +20$

$x^2 + 8x = 20 \quad | +4^2$

$x^2 + 8x + 16 = 20 + 16$

$(x + 4)^2 = 36 \quad | -36$

$(x + 4)^2 - 6^2 = 0$

$[(x + 4) + 6] \cdot [(x + 4) - 6] = 0$

$[(x + 4) + 6] = 0$ oder $[(x + 4) - 6] = 0$

$x = -10$ oder $x = 2$

$L = \{-10; 2\}$

**ÜBUNG 5** **S. 8**

**a)** $L = \{-6; 1\}$

**b)** $L = \{-6; -2\}$

**ÜBUNG 6** **S. 8**

**a)** $L = \{-5; -1\}$, $x^2 + 6x + 5 = (x + 1) \cdot (x + 5)$

**b)** $L = \{-1; 3\}$, $12x^2 - 24x - 36 = 12 \cdot (x + 1) \cdot (x - 3)$

**ÜBUNG 7** **S. 11**

**a)** S (0|0), Graph II; **b)** S (0|2), Graph VI; **c)** S (0|0), Graph I; **d)** S (0|0), Graph V; **e)** S (−3|0), Graph IV; **f)** S (1|−2), Graph III

**ÜBUNG 8** **S. 11**

**a)** S (0|0)

| x | −3 | −2 | −1 | 0 | 1 | 2 | 3 |
|---|---|---|---|---|---|---|---|
| f(x) | −4,5 | −2 | −0,5 | 0 | −0,5 | −2 | −4,5 |

**b)** S (0|−1)

| x | −3 | −2 | −1 | 0 | 1 | 2 | 3 |
|---|---|---|---|---|---|---|---|
| g(x) | 17 | 7 | 1 | −1 | 1 | 7 | 17 |

**c)** S (0|2)

| x | −3 | −2 | −1 | 0 | 1 | 2 | 3 |
|---|---|---|---|---|---|---|---|
| h(x) | 6,5 | 4 | 2,5 | 2 | 2,5 | 4 | 6,5 |

**d)** S (−1,5|0)

| x | −4 | −3 | −2 | −1 | 0 | 1 |
|---|---|---|---|---|---|---|
| i(x) | 6,25 | 2,25 | 0,25 | 0,25 | 2,25 | 6,25 |

**a) – d)**

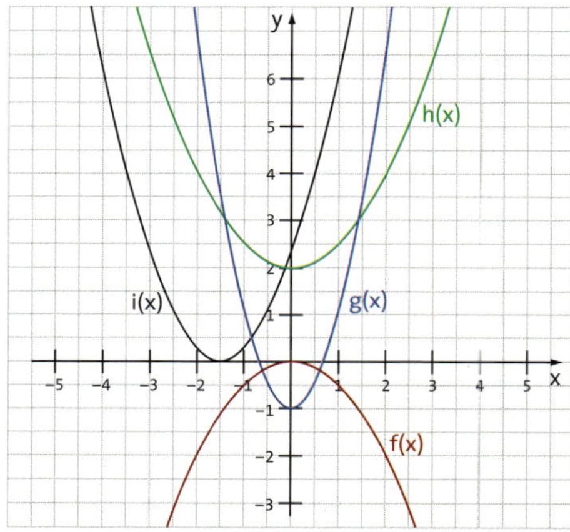


**ÜBUNG 9** **S. 11**

**a)** $f(x) = x^2 + 1$; **b)** $f(x) = (x + 2)^2 - 3$

**a)** und **b)**

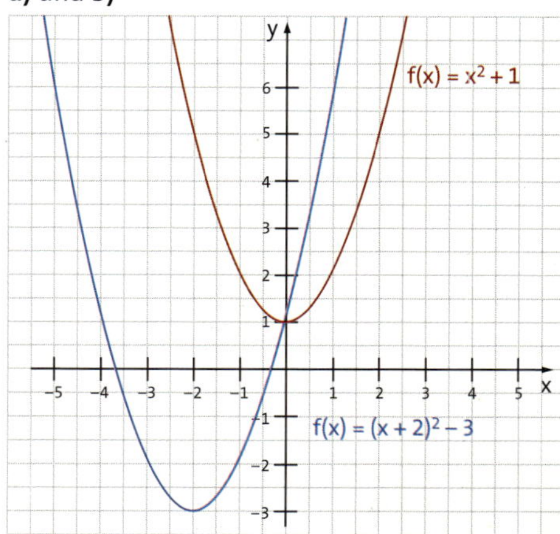

**ÜBUNG 10** **S. 12**

**a)** $f(x) = 2x^2 + 8x + 10 = 2 \cdot (x + 2)^2 + 2$; $S(-2|2)$

**b)** $f(x) = 4x^2 + 20x - 16 = 4 \cdot (x + 2{,}5)^2 - 41$; $S(-2{,}5|-41)$

**c)** $f(x) = \frac{1}{2}x^2 + 12x + 72{,}25 = \frac{1}{2}(x + 12)^2 + \frac{1}{4}$; $S(-12|0{,}25)$

**ÜBUNG 11** **S. 12**

**a)** $x = 1$

**b)** keine Nullstellen vorhanden

**c)** $x = -1{,}5$ und $x = 3$

**ÜBUNG 12** **S. 12**

**a)** $f(x) = \frac{2}{9}x^2 - \frac{4}{3}x + 0$

**b)** $f(x) = x^2 - 8x + 15$

**ÜBUNG 13** **S. 12**

Die Funktion hat ...

**a)** eine Nullstelle für $k = \frac{4}{5}$.

**b)** zwei Nullstellen für $k < \frac{4}{5}$.

**c)** keine Nullstelle für $k > \frac{4}{5}$.

**ÜBUNG 14** **S. 12**

$f(x) = \frac{5}{4}x^2 - 2$

**ÜBUNG 15** **S. 14**

**a)** $2\sqrt{2}$; **b)** $3 + \sqrt{15}$; **c)** $-283$; **d)** $\sqrt{110} - \sqrt{22} - 11$;
**e)** $2 + 2\sqrt{14} + 7$; **f)** $2a + 2b$

**ÜBUNG 16** **S. 14**

**a)** $D = \{x \mid x \leq 4\}$

**b)** $D = \{x \mid -4 \leq x \leq 4\}$

**c)** $D = \left\{x \mid x \geq -\frac{19}{2}\right\}$

**ÜBUNG 17** **S. 14**

**a)** $L = \{81\}$; **b)** $L = \{2{,}5\}$; **c)** $L = \left\{-\frac{14}{3}\right\}$;
**d)** $L = \{4\}$; **e)** $L = \{1{,}5\}$; **f)** $L = \{-\sqrt{2}\}$

**ÜBUNG 18** **S. 14**

**a)** $L = \{4\}$; **b)** $L = \{1; 9\}$; **c)** $L = \{25\}$

**ÜBUNG 19** **S. 14**

Auf eine Nachkommastelle gerundet:

| x | 0 | 0,5 | 1 | 2 | 3 | 4 | 5 |
|---|---|---|---|---|---|---|---|
| f(x) | 0 | 1,4 | 2 | 2,8 | 3,5 | 4 | 4,5 |

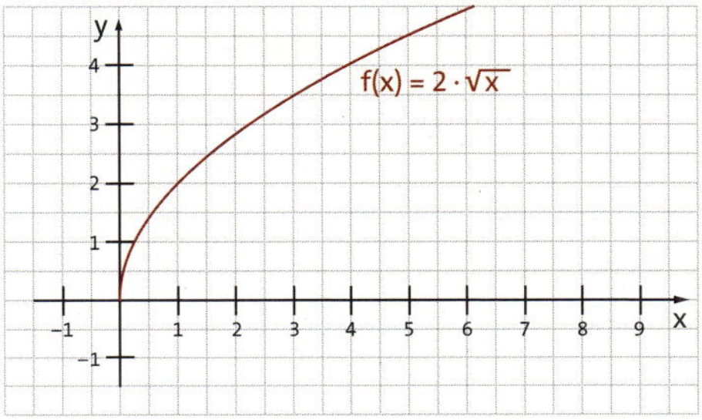


$f(x) = x$ gilt für $x = 0$ und für $x = 4$

**ÜBUNG 20** **S. 14**

**a)** $L = \{t^2\}, t \geq 0$

**b)** $L = \{t^2\}, t \leq 0$

**c)** $L = \{t^2 - 2\}, t \geq 0$

## Klassenarbeiten

**AUFGABE 1** **S. 15**

**a)** $L = \{-5; 5\}$

**b)** $L = \{\ \}$

**c)** $L = \{11\}$

**d)** $L = \{2\}$

**e)** $L = \{0; 8\}$

**f)** $L = \left\{-\frac{1}{3}; \frac{1}{3}\right\}$

**AUFGABE 2** **S. 15**

**a)** $L = \{-7; 1\}$

**b)** $L = \{-2; 10\}$

**c)** $L = \{-\sqrt{2} + 1; \sqrt{2} + 1\}$

**d)** $L = \{-2; 4\}$

**AUFGABE 3** **S. 15**

**a)** $L = \{-4; 2\}$

**b)** $L = \{-2; 3\}$

**c)** $L = \{1; 3\}$

**AUFGABE 4** **S. 15**

| | f(x) | g(x) | h(x) |
|---|---|---|---|
| Scheitelpunkt | S (0\|−2) | S (0\|0) | S (3\|2) |
| Schnittpunkte mit der x-Achse | $N_1(-\sqrt{2}\|0)$ $N_2(\sqrt{2}\|0)$ | N (0\|0) | keine |
| nach oben / nach unten geöffnet | nach oben | nach unten | nach oben |
| weiter / enger als Normalparabel | wie NP | weiter als NP | wie NP |
| Schnittpunkt | (0\|−2) | (0\|0) | (0\|11) |

**AUFGABE 5** **S. 16**

**a) – d)**

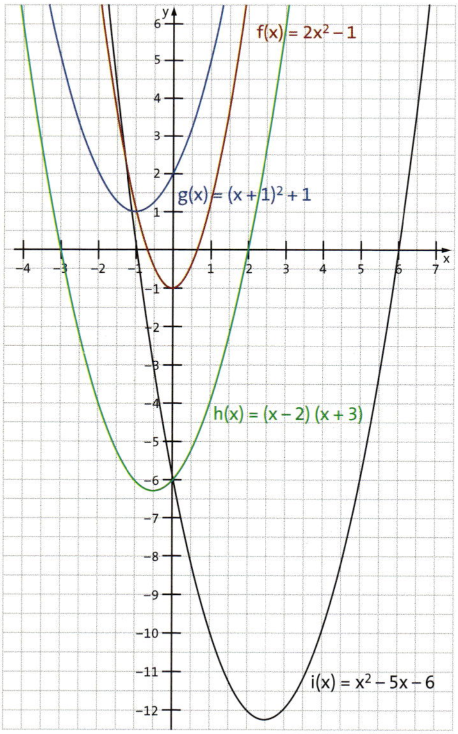


**AUFGABE 6** **S. 16**

**a)** $x^2 + 2x - 15 = (x - 3)(x + 5)$
**b)** $x^2 - 3 = (x - \sqrt{3})(x + \sqrt{3})$
**c)** $3x^2 + 2x - 1 = (x + 1)(3x - 1)$

**AUFGABE 7** **S. 16**

**a)** L = {64}; **b)** L = { }; **c)** L = {5}; **d)** L = {1; 5}; **e)** L = {1,5}; **f)** L = $\{\sqrt{2}\}$

**AUFGABE 8** **S. 16**

**a)** $D = \{x \mid x \geq 0\}$
**b)** $D = \{x \mid x \geq 2\}$
**c)** $D = \{x \mid x \geq 2\}$
**d)** $D = \{x \mid x \geq 2\}$
**e)** $D = \{x \mid x \geq 2\}$
**f)** $D = \{x \mid x \geq -3\}$
**a) – f)**

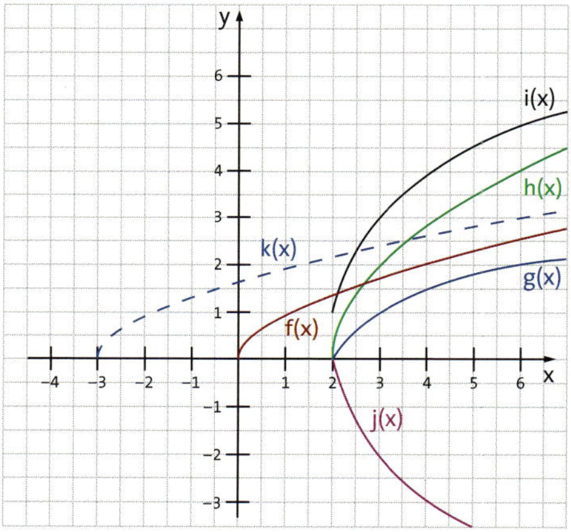


**AUFGABE 9** **S. 16**

$f(x) = a \cdot \sqrt{x - b} + c$
a gibt den Faktor der vertikalen Streckung (a > 1) oder Stauchung (0 < a < 1) des Graphen an. Ist a < 0, wird der Graph zudem an der x-Achse gespiegelt.
Der Parameter b gibt an, um wie viele Einheiten der Graph horizontal nach rechts (b > 0) bzw. nach links (b < 0) verschoben wird.
Der Faktor c gibt die vertikale Verschiebung nach oben (c > 0) bzw. nach unten (c < 0) an.

**AUFGABE 10** **S. 16**

**a)** Die Gleichung hat keine Lösung, da $x^2$ nicht negativ werden kann.
**b)** Ja, denn $x^2 - bx = (x - b) \cdot x = 0$ hat die Lösung $x_1 = 0$ und $x_2 = b$.
**c)** Für c > 0 hat die Gleichung 2 Lösungen, für c = 0 hat die Gleichung nur eine Lösung und für c < 0 hat die Gleichung keine Lösung.

**AUFGABE 11 S. 16**

Ansatz: $n^2 + (n + 1)^2 = 313$, $L = \{12\}$, d. h., die benachbarten Zahlen 12 und 13 sind die gesuchten Werte.

**AUFGABE 12 S. 17**

**a)** $x_1 = -9$; $x_2 = 9$

**b)** $x_1 = -\frac{3}{8}$; $x_2 = \frac{3}{8}$

**c)** $x_1 = -5$; $x_2 = 4$

**d)** $x_1 = 0$; $x_2 = 5$

**e)** nicht lösbar

**f)** $x_1 = 0{,}5$; $x_2 = 6{,}5$

**AUFGABE 13 S. 17**

**a)** zwei Lösungen; **b)** eine Lösung; **c)** zwei Lösungen; **d)** keine Lösung; **e)** keine Lösung; **f)** eine Lösung

**AUFGABE 14 S. 17**

**a)** $x = 0$; **b)** $x_1 = 5$; $x_2 = 1$

**AUFGABE 15 S. 17**

**a)** 1) $S(-2|0)$; 2) $S(3|-1{,}5)$; 3) $S(-2|2)$

**b)** 1) $x_0 = -2$; 2) $x_1 = 2{,}14$; $x_2 = 3{,}86$; 3) keine Nullstellen

**c)**

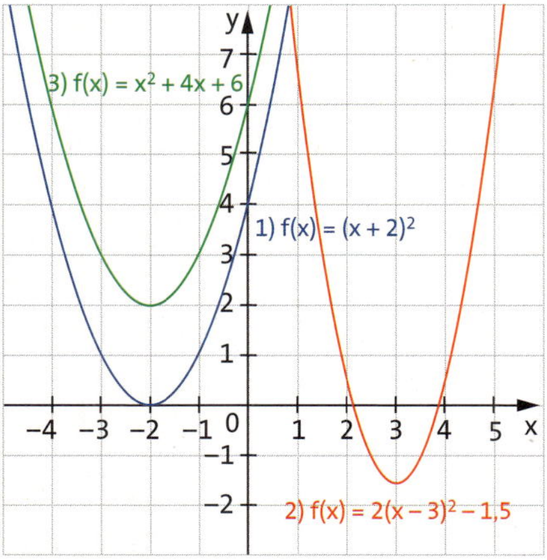


**AUFGABE 16 S. 17**

**a)** $L = \{4\}$; **b)** $L = \{3\}$; **c)** $L = \{2\}$; **d)** $L = \{2\}$

**AUFGABE 17 S. 17**

**a)** (I) $-13 = 9 + 3p + q$

(II) $9 = 16 + 4p + q$; $p = 15$; $q = -67$

$f(x) = x^2 + 15x - 67$

**b)** (I) $4 = 4 - 2p + q$

(II) $10 = 9 + 3p + q$; $p = \frac{1}{5}$; $q = +\frac{2}{5}$

$f(x) = x^2 + \frac{1}{5}x + \frac{2}{5}$

**c)** (I) $4 = 1 + p + q$

(II) $4 = 25 + 5p + q$; $p = -6$; $q = 9$

$f(x) = x^2 - 6x + 9$

**AUFGABE 18 S. 17**

$9(x + 35)^2 = 12\,321$; $x_1 = -72$; $x_2 = 2$

Die Zahlen –72 und 2 erfüllen die Bedingungen.

**AUFGABE 19 S. 17**

$a : b = 4 : 7$; $a \cdot b = 448$; $a = \frac{4b}{7}$;

$b = 28$; $a = 16$

Die Seiten des Rechtecks betragen 16 cm und 28 cm.

## 2 Potenzen und Potenzfunktionen

**ÜBUNG 1 S. 19**

**a)** $3^4 = 81$; **b)** $2^5 = 32$; **c)** $\left(\frac{1}{4}\right)^3 = \frac{1}{64}$;

**d)** $10^5 = 100\,000$; **e)** $(\sqrt{3})^4 = 9$; **f)** $(-4)^3 = -64$

**ÜBUNG 2 S. 19**

**a)** $2^5$; **b)** $10^4$ und $100^2$; **c)** $5^3$; **d)** $0^3$; $0^2$, …;

**e)** $9^2$ oder $3^4$; **f)** $\left(\frac{2}{5}\right)^4$; **g)** $0{,}01^2$; **h)** $1{,}2^2$

**ÜBUNG 3 S. 19**

**a)** $2^7 = 128$; **b)** $25 \cdot 32 = 800$; **c)** $4^0 = 1$; **d)** $9^2 = 81$;

**e)** $2^5 = 32$; **f)** $3^4 = 81$

**ÜBUNG 4 S. 19**

**a)** 260; **b)** 7 800; **c)** 0; **d)** 100; **e)** 0; **f)** $a^{x-4}$

**ÜBUNG 5 S. 20**

**a)** $2^8 = 256$; **b)** $5^2 = 25$; **c)** $12^0 = 1$

**ÜBUNG 6** **S. 20**

**a)** $\left(\frac{5}{3}\right)^2 = \frac{25}{9}$; **b)** $\left(\frac{10}{1}\right)^3 = 1\,000$; **c)** $\left(\frac{2}{1}\right)^5 = 32$

**ÜBUNG 7** **S. 20**

**a)** $(15 : 5)^n = 3^n$; **b)** $10^n : 10^m = 10^{n-m}$;

**c)** $(3 \cdot 4)^{n+1} = 12^{n+1}$; **d)** $\frac{1}{8^4} \cdot \frac{1}{4^4} = \frac{1}{(8 \cdot 4)^4}$;

**e)** $\left(\frac{2}{3}\right)^2 \cdot \left(\frac{2}{3}\right)^4 = \left(\frac{2}{3}\right)^6$; **f)** $\frac{3^7 \cdot (2-3)}{3^8 \cdot 2^6} = -\frac{1}{3 \cdot 2^6}$

**ÜBUNG 8** **S. 22**

**a)** 10; **b)** 8; **c)** 1; **d)** 2; **e)** $x^4$; **f)** 0,2

**ÜBUNG 9** **S. 22**

**a)** 4; **b)** 3; **c)** $\frac{1}{2}$; **d)** 27; **e)** $\frac{1}{7}$; **f)** 100

**ÜBUNG 10** **S. 22**

**a)** 5; **b)** $\sqrt{3}$; **c)** $\left(\frac{4}{3}\right)^{\frac{4}{5}} = \sqrt[5]{\left(\frac{4}{3}\right)^4}$

**d)** 8; **e)** $5^{-\frac{1}{4}}$; **f)** $3^{\frac{1}{4}} = \sqrt[4]{3}$

**ÜBUNG 11** **S. 22**

**a)** 1; **b)** $5^{\sqrt{5}-\sqrt{2}}$; **c)** 64

**ÜBUNG 12** **S. 25**

**a)** Achsensymmetrie zur y-Achse, da $f(-x) = f(x)$

**b)** Punktsymmetrie zum Ursprung, da $f(-x) = -f(x)$

**c)** Achsensymmetrie

**d)** Punktsymmetrie

**ÜBUNG 13** **S. 25**

**a)** (2); **b)** (3); **c)** (4); **d)** (1)

**ÜBUNG 14** **S. 25**

**a)**

| x | −1 | −0,5 | 0 | 1 | 2 |
|---|---|---|---|---|---|
| f(x) | 1 | 0,0625 | 0 | 1 | 16 |

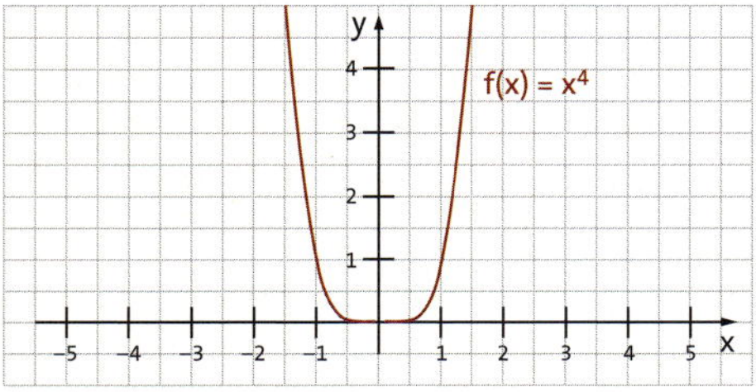


**b)**

| x | −1 | −0,5 | 0,5 | 1 | 2 |
|---|---|---|---|---|---|
| f(x) | 1 | 16 | 16 | 1 | 0,0625 |

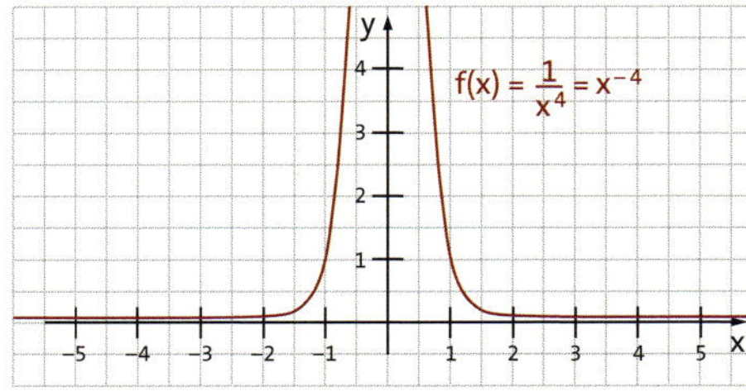


**c)** teilweise gerundete Werte:

| x | −1 | −0,5 | 0 | 1 | 2 |
|---|---|---|---|---|---|
| f(x) | −1 | −0,03 | 0 | 1 | 32 |

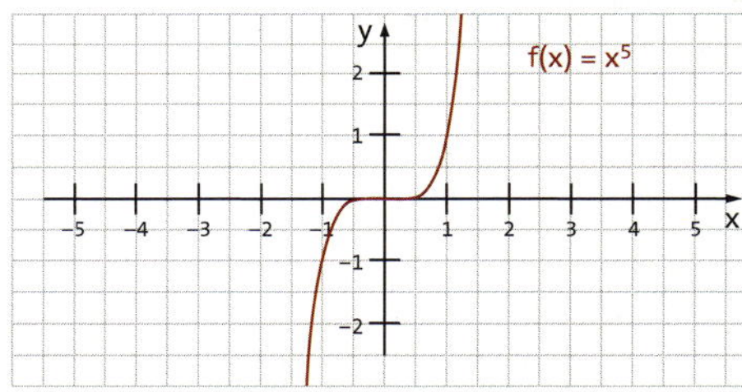


**d)** teilweise gerundete Werte:

| x | −1 | −0,5 | 0,5 | 1 | 2 |
|---|---|---|---|---|---|
| f(x) | −1 | −32 | 32 | 1 | 0,03 |

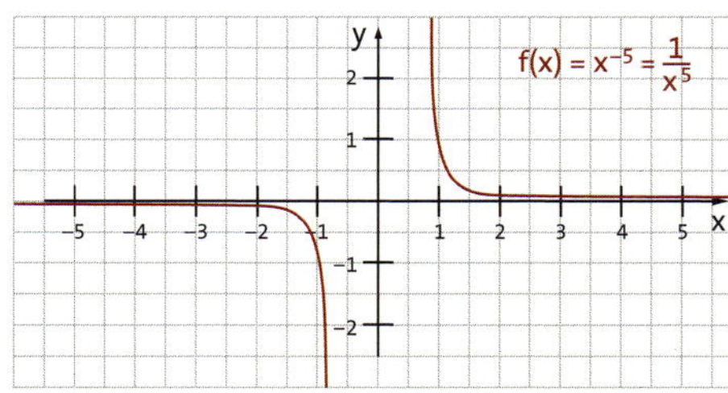


**ÜBUNG 15** **S. 26**

**a)**

| x | 1 | 2 | 3 | 0,5 |
|---|---|---|---|---|
| f(x) | 1 | 4 | 9 | 0,25 |

**b)**

| x | 1 | 2 | 3 | 0,5 |
|---|---|---|---|---|
| f(x) | 2 | 8 | 18 | 0,5 |

**c)**

| x | 1 | 2 | 3 | 0,5 |
|---|---|---|---|---|
| f(x) | 3 | $\frac{3}{8}$ | $\frac{1}{9}$ | 24 |

**d)**

| x | 1 | 2 | 3 | 0,5 |
|---|---|---|---|---|
| f(x) | 1 | $\frac{1}{2}$ | $\frac{1}{3}$ | 2 |

**e)**

| x | 1 | 2 | 3 | 0,5 |
|---|---|---|---|---|
| f(x) | 1 | $\frac{1}{4}$ | $\frac{1}{9}$ | 4 |

**f)**

| x | 1 | 2 | 3 | 0,5 |
|---|---|---|---|---|
| f(x) | 1 | 16 | 81 | 0,0625 |

Für die Potenzfunktionen $f(x) = x^n$ (bzw. $f(x) = x^{-n}$) gilt: vervielfacht man einen x-Wert mit dem Faktor k, so wird der zugeordnete y-Wert mit der entsprechenden Potenz des Faktors k, d.h. mit $k^n$ (bzw. $k^{-n}$) vervielfacht.

**ÜBUNG 16** **S. 26**

**a)** L = {0}; **b)** L = { }; **c)** L = { }; **d)** L = {−5; 5}

**ÜBUNG 17** **S. 29**

**a)** $f(0{,}5) \approx 0{,}7$
**b)** $f(1{,}9) \approx 1{,}4$
**c)** $f(5{,}2) \approx 2{,}3$
**d)** $f(7{,}5) \approx 2{,}7$

**ÜBUNG 18** **S. 29**

**a)** $D = \{x \mid x \geq 0\}$
**b)** $D = \{x \mid x \leq 5\}$
**c)** $D = \{x \mid x \geq -5\}$

**ÜBUNG 19** **S. 29**

Die Werte sind auf eine Dezimale gerundet:

**a)**

| x | 0 | 1 | 2 | 3 | 4 |
|---|---|---|---|---|---|
| f(x) | 0 | 2 | 2,8 | 3,5 | 4 |

Den Graphen erhält man aus der Streckung des Graphen der Quadratwurzelfunktion.

**b)**

| x | 0 | 1 | 2 | 3 | 4 |
|---|---|---|---|---|---|
| f(x) | 0 | 0,5 | 0,7 | 0,9 | 1 |

Den Graphen erhält man aus der Stauchung des Graphen der Quadratwurzelfunktion.

**c)**

| x | 0 | 1 | 2 | 3 | 4 |
|---|---|---|---|---|---|
| f(x) | −2 | −1 | −0,6 | −0,3 | 0 |

Den Graphen erhält man aus der Verschiebung des Graphen der Quadratwurzelfunktion um 2 nach unten.

**d)**

| x | 0 | 1 | 2 | 3 | 4 |
|---|---|---|---|---|---|
| f(x) | 1 | 2 | 2,4 | 2,7 | 3 |

Den Graphen erhält man aus der Verschiebung des Graphen der Quadratwurzelfunktion um 1 nach oben.

**a) – d)**

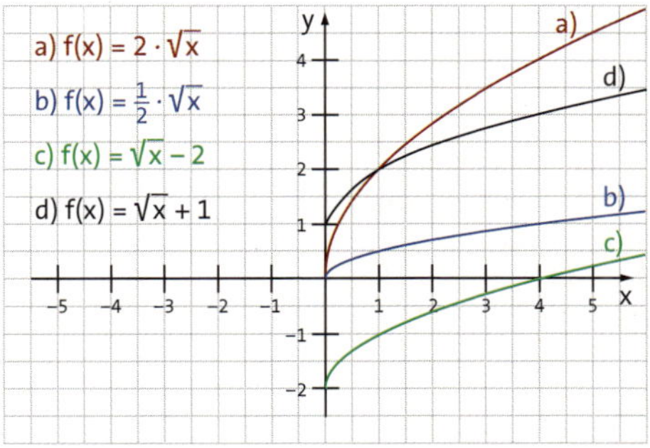


**ÜBUNG 20** **S. 30**

**a)** (3), denn der Graph entspricht dem Graphen der Quadratwurzelfunktion um 2 Einheiten nach oben verschoben.
**b)** (1), denn der Graph entspricht dem Graphen der Quadratwurzelfunktion um 2 Einheiten nach links verschoben.
**c)** (2), denn der Graph entspricht dem Graphen der Quadratwurzelfunktion, gestreckt um den Faktor 2, um 2 Einheiten nach rechts sowie um 3 Einheiten nach unten verschoben.

**ÜBUNG 21** **S. 30**

**a)**

| **x** | 0 | 1 | 2 | 3 | 4 | 5 | 6 |
|---|---|---|---|---|---|---|---|
| **f(x)** | 0 | 1 | 1,6 | 2,1 | 2,5 | 2,9 | 3,3 |

**b)**

| **x** | 0 | 1 | 2 | 3 | 4 | 5 | 6 |
|---|---|---|---|---|---|---|---|
| **g(x)** | 0 | 1 | 2,8 | 5,2 | 8 | 11,2 | 14,7 |

**c)**

| **x** | 0 | 1 | 2 | 3 | 4 | 5 | 6 |
|---|---|---|---|---|---|---|---|
| **h(x)** | 1 | 3 | 4,4 | 5,6 | 6,7 | 7,7 | 8,7 |

**a)–c)**

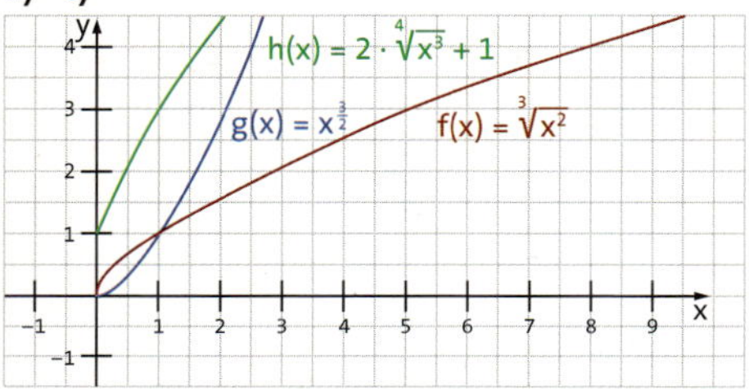


**ÜBUNG 22** **S. 30**

L = {2,25}

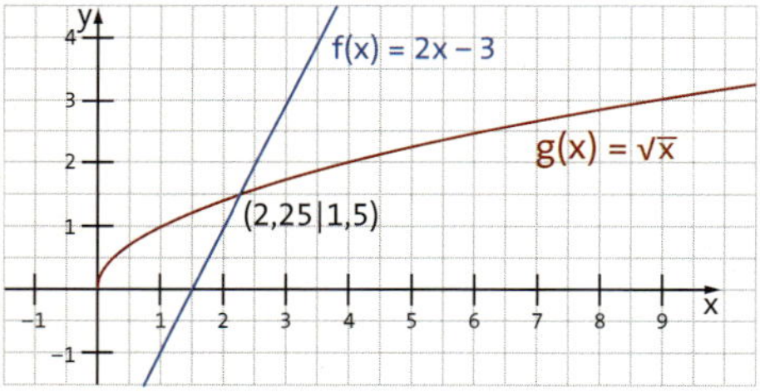


**ÜBUNG 23** **S. 32**

**a)** falsch. Gegenbeispiel: f(x) = 3

**b)** + **c)** richtig

**ÜBUNG 24** **S. 32**

**a)**

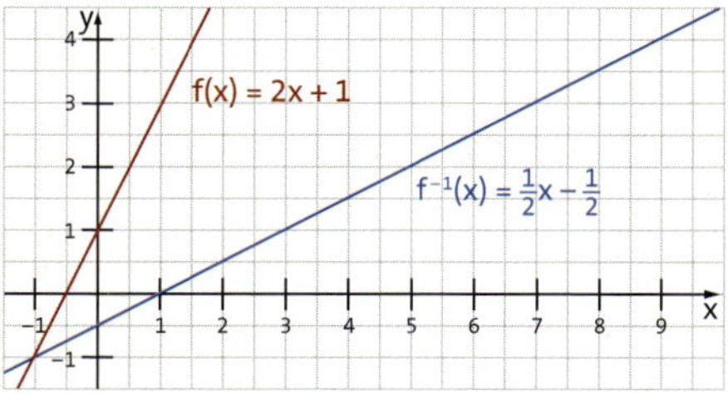


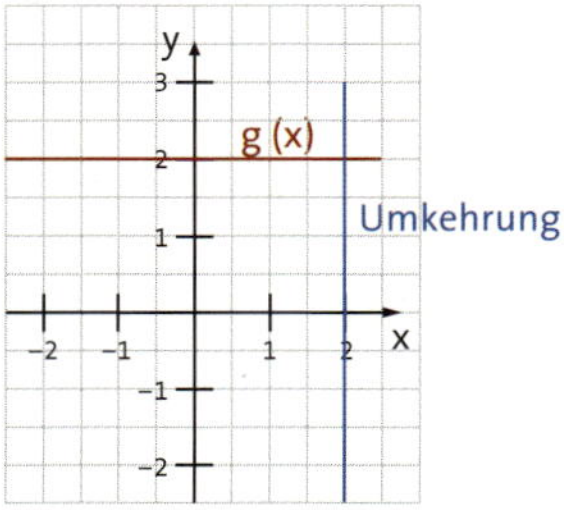


**b)** Die Umkehrung von f(x) ist die Umkehrfunktion $f^{-1}(x)$, denn sie ordnet jedem x-Wert eindeutig einen Funktionswert zu. Die Umkehrung von g(x) ist keine Umkehrfunktion, denn sie ordnet nicht jedem x-Wert genau ein Argument zu, z. B. werden dem x-Wert 2 die Werte 0, 1, 2, usw. zugeordnet. Damit ist die Umkehrung keine Funktion.

**ÜBUNG 25** **S. 32**

**a)** $f^{-1}(x) = \frac{1}{3}x$, D = ℝ; **b)** $f^{-1}(x) = \sqrt{\frac{1}{5}x}$ oder $f^{-1}(x) = -\sqrt{\frac{1}{5}x}$ mit D = {x|x ≥ 0}; **c)** $f^{-1}(x) = \sqrt{\frac{1}{2}x + \frac{1}{2}}$ oder $f^{-1}(x) = -\sqrt{\frac{1}{2}x + \frac{1}{2}}$ mit D = {x|x ≥ −1};

**d)** $f^{-1}(x) = \sqrt{x-3} + 1$, D = {x|x ≥ +3}

**ÜBUNG 26** **S. 32**

Deine Skizzen könnten so aussehen:

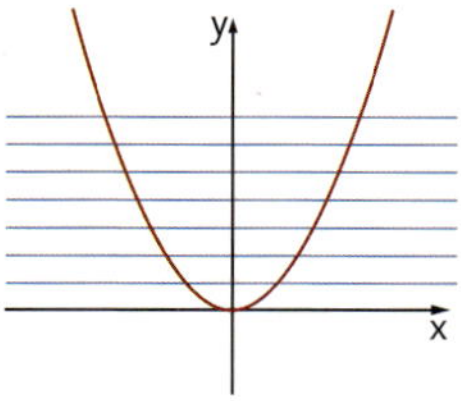

Hier existiert keine eindeutige Umkehrfunktion, denn jedem x-Wert sind zwei y-Werte zugeordnet.

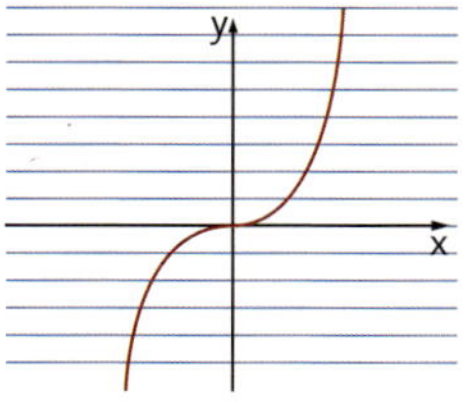

Da hier jedem x-Wert genau ein y-Wert zugeordnet ist, existiert eine Umkehrfunktion.

## Klassenarbeiten

**AUFGABE 1** **S. 33**

**a)** 125; **b)** 81; **c)** −81; **d)** 16; **e)** $\frac{1}{36}$; **f)** 1

**AUFGABE 2** **S. 33**

**a)** Achsensymmetrie zur y-Achse

| | |
|---|---|
| −1,3 | 2,8561 |
| −1,8 | 10,4976 |

**b)** Punktsymmetrie zum Ursprung

| | |
|---|---|
| −0,8 | −0,32768 |
| −1,2 | −2,48832 |

**AUFGABE 3** **S. 33**

**a)** $6^{3n}$; **b)** $4{,}5^{2n+3}$; **c)** $4^{3x}$

**AUFGABE 4** **S. 33**

**a) – c)**

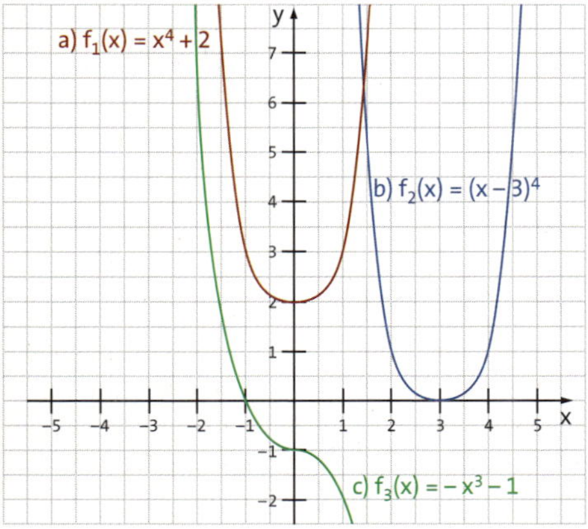


**d) – f)**

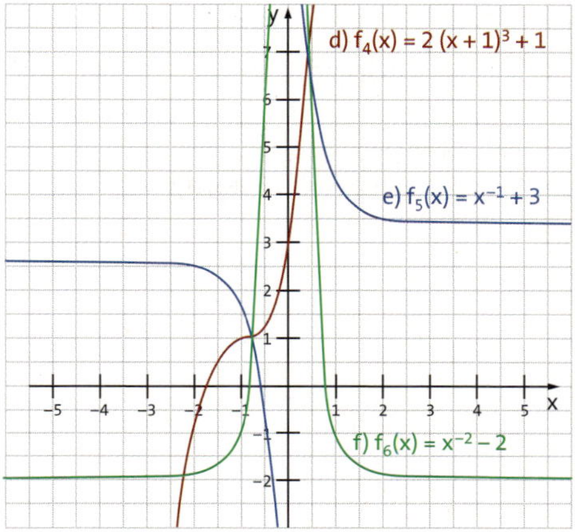


**AUFGABE 5** **S. 33**

Nach dem fünften Falten liegen $2^5 = 32$ Schichten Papier übereinander, nach dem 10. Falten wären es $2^{10} = 1\,024$ Schichten Papier, dies ist aber durch Falten nicht zu schaffen.

**AUFGABE 6** **S. 33**

**a) – d)**

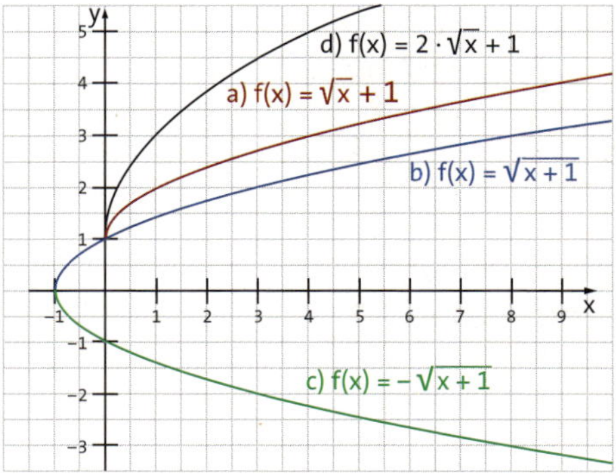


**AUFGABE 7** **S. 33**

**a)** 64; **b)** 40; **c)** 65

**AUFGABE 8** **S. 33**

Rechnung ohne Einheiten:
Umfang: $2x + y = 30 \Rightarrow y = -2x + 30$
Fläche: $x \cdot (-2x + 30) = -2x^2 + 30x$
$f(x) = -2x^2 + 30x$ (= Parabel),
Höchster Punkt der Parabel liegt bei $x = 7{,}5$.
Man erhält das größte Beet mit 7,5 m Breite und 15 m Länge.

**AUFGABE 9** **S. 34**

**a)** $P_1\left(\frac{1}{2} \mid \frac{1}{8}\right)$, $P_2(2 \mid 8)$, $P_3(-3 \mid -27)$
**b)** $P_1(-2 \mid 16)$, $P_2(3 \mid 81)$, $P_3(0 \mid 0)$
**c)** $P_1\left(2 \mid \frac{1}{2}\right)$, $P_2\left(-\frac{1}{2} \mid -2\right)$, $P_3\left(-\frac{1}{10} \mid -10\right)$
**d)** $P_1\left(-2 \mid \frac{1}{4}\right)$, $P_2\left(\frac{1}{2} \mid 4\right)$, $P_3(1 \mid 1)$

**AUFGABE 10** **S. 34**

**a)** 32; **b)** 1 000 000; **c)** 324; **d)** 7; **e)** 100; **f)** $\frac{1}{256}$

**AUFGABE 11** **S. 34**

**a)**

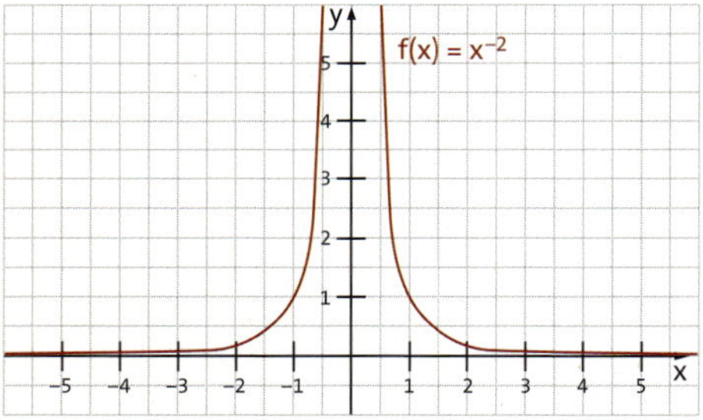


**b)** Für $x < -\sqrt{2}$ und $x > \sqrt{2}$ ist der Funktionswert kleiner als 0,5.
**c)** Für $-1 < x < 1$ ist der Funktionswert größer als 1.

**AUFGABE 12** **S. 34**

**a)** 28; **b)** 1; **c)** 0,5; **d)** 4; **e)** 5; **f)** $\sqrt[5]{a^3}$

**AUFGABE 13** **S. 34**

**a)** Graph der Umkehrfunktion

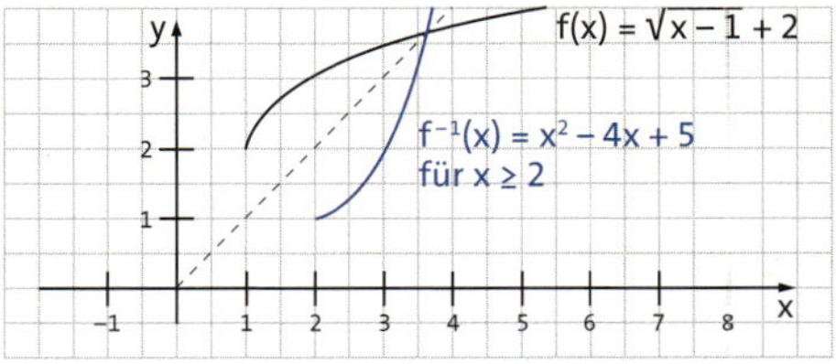


Der zeichnerisch ermittelte Graph entspricht dem rechten Parabelast einer um 2 Einheiten nach rechts und um eine Einheit nach oben verschobenen Normalparabel.
**b)** Funktionsgleichung der Umkehrfunktion:
$f^{-1}(x) = x^2 - 4x + 5$
Funktionsgleichung: $f(x) = \sqrt{x-1} + 2$

**AUFGABE 14** **S. 35**

(1) a, (2) b, (4) c, (8) d, (10) e, (11) f

**AUFGABE 15** **S. 35**

**a), b), d)** L = { }, da sich die Graphen der angegebenen Funktionen nicht schneiden.
**c)** $L = \left\{\frac{2}{3}\right\}$

**AUFGABE 16** **S. 35**

**a)** $\frac{1}{a^2}$; **b)** $(a^2 - a)^{\frac{2}{3}}$; **c)** $\sqrt[n]{25}$; **d)** $\frac{1}{4}$; **e)** $\left(\frac{1}{4}x\right)^{\frac{1}{3}}$; **f)** $\left(\frac{2}{x}\right)^{\frac{2}{n}}$;
**g)** $a^{3n-3}$; **h)** $\sqrt[4]{a^n}$; **i)** 2a

# 3 Exponential- und Logarithmusfunktionen

**ÜBUNG 1** **S. 37**

Auf der Wissensseite sind zwei Wachstumsprozesse erwähnt: **Lineares Wachstum** und **exponentielles Wachstum.** Beim **exponentiellen Wachstum** wächst der Anfangswert in gleichen Zeitabständen immer um einen festen Faktor a. [...] Beim **linearen Wachstum** wächst der Anfangswert in gleichen Zeitabständen immer um einen festen Summanden m. Dieser wird auch **Änderungsrate** genannt.

**ÜBUNG 2** **S. 37**

| Zeitspanne in Std. | | +1 | +1 | +1 | +1 |
|---|---|---|---|---|---|
| Anzahl Std. | 0 | 1 | 2 | 3 | 4 |
| Kerzenlänge | 15 | 13,7 | 12,4 | 11,1 | 9,8 |
| Änderungsrate | | −1,3 | −1,3 | −1,3 | −1,3 |

Es handelt sich hier um lineares Wachstum.

**ÜBUNG 3** **S. 37**

| Zeitspanne in Jahr. | | +50 | +50 | +50 | +50 |
|---|---|---|---|---|---|
| Jahre | 1800 | 1850 | 1900 | 1950 | 2000 |
| Einwohner | 10 | 20 | 40 | 80 | 160 |
| Wachstumsfaktor | | 2 | 2 | 2 | 2 |

Es handelt sich hier um exponentielles Wachstum.

**ÜBUNG 4** **S. 38**

| Zeitspanne in Jahr. | | +50 | +50 | +50 | +50 |
|---|---|---|---|---|---|
| Jahre | 1800 | 1850 | 1900 | 1950 | 2000 |
| Einwohner (gerundete Werte) | ca. 13 | 20 | 30 | 45 | ca. 68 |
| Wachstumsfaktor | | 1,5 | 1,5 | 1,5 | 1,5 |

Wachstumsgesetz: $f(t) = 1{,}5^t \cdot 13{,}\overline{3}$

**ÜBUNG 5** **S. 38**

**a)** 1,23; **b)** 1,023; **c)** 2; **d)** 0,34; **e)** 4; **f)** 0,999 8

**ÜBUNG 6** **S. 38**

**a)** 7 % Zunahme; **b)** 0,3 % Abnahme;
**c)** 50 % Abnahme; **d)** 200 % Zunahme;
**e)** 3 % Abnahme; **f)** 7 % Zunahme

**ÜBUNG 7** **S. 38**

**a)** Es befinden sich nach zwei Stunden noch 0,562 5 mg radioaktives Jod im Körper. Nach fünf Stunden sind es nur noch etwa 0,237 3 mg.
**b)** $f(x) = 1\,\text{mg} \cdot 0{,}75^x$ (x ist die Anzahl der Stunden).

**ÜBUNG 8** **S. 38**

**a)** Individuelle Lösung
**b)** Er bekommt am 11. Tag 10,24 €.
**c)** $f(x) = 1\,\text{Cent} \cdot 2^{x-1}$
**d)** Am 30. Tag bekommt Jannik 5 368 709,12 €.

**ÜBUNG 9** **S. 40**

| x | −6 | −5 | −4 | −3 | −2 |
|---|---|---|---|---|---|
| $2^x$ | 0,015 6 | 0,031 3 | 0,062 5 | 0,125 0 | 0,250 0 |
| $\left(\frac{1}{2}\right)^x$ | 64 | 32 | 16 | 8 | 4 |

| x | −1 | 0 | 1 | 2 | 3 |
|---|---|---|---|---|---|
| $2^x$ | 0,500 0 | 1,000 0 | 2,000 0 | 4,000 0 | 8 |
| $\left(\frac{1}{2}\right)^x$ | 2 | 1 | 0,5 | 0,25 | 0,13 |

| x | 4 | 5 | 6 |
|---|---|---|---|
| $2^x$ | 16 | 32 | 64 |
| $\left(\frac{1}{2}\right)^x$ | 0,062 5 | 0,031 3 | 0,015 6 |

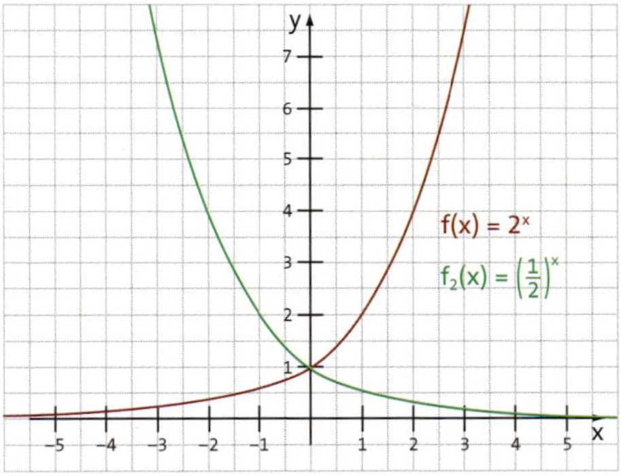


Beide Funktionen haben die gleiche Definitionsmenge und die gleiche Wertemenge. Die Graphen gehen durch den Punkt (0|1) und es gibt keine Nullstellen. Die Graphen nähern sich der x-Achse beliebig nahe, erreichen sie aber nicht.

**ÜBUNG 10** **S. 40**

**a)** rot; **b)** blau; **c)** grün

**ÜBUNG 11** **S. 42**

**b)** $x = \log_2 32$; **c)** $3^4 = 81$; **d)** $2 = \log_4 16$; **e)** $4^x = 128$

**ÜBUNG 12** **S. 42**

**a)** x = 2; **b)** x = 5; **c)** x = 7; **d)** x = 3; **e)** x = 3;
**f)** x = 4; **g)** x = 4; **h)** x = 2; **i)** x = 3; **j)** x = 10

**ÜBUNG 13** **S. 42**

Näherungswerte:
**a)** 2,6; **b)** 3,0; **c)** 2,9; **d)** 2,4; **e)** 3,0; **f)** 2,5; **g)** 1,9;
**h)** 2,4

**ÜBUNG 14** **S. 42**

Näherungswerte:

**a)** 1,301; **b)** 0,699; **c)** 0,903; **d)** 1,699; **e)** −2,699

**ÜBUNG 15** **S. 44**

Näherungswerte:

**a)** 1,892; **b)** 0,151; **c)** −3,585; **d)** −1,446;
**e)** −3,969; **f)** 1,861; **g)** 0,905; **h)** −1,322

**ÜBUNG 16** **S. 44**

Näherungswerte:

**a)** 2,230; **b)** 0; **c)** 1,827; **d)** 5,228; **e)** −0,702;
**f)** 2,892; **g)** 1,893; **h)** 1,730

**ÜBUNG 17** **S. 45**

Näherungswerte:

**a)** 2,367; **b)** 1,778; **c)** 499 996,5; **d)** −0,995

**ÜBUNG 18** **S. 45**

**a)**

| | | | | | | |
|---|---|---|---|---|---|---|
| Tauchtiefe in m | 0 | 1 | 2 | 3 | 5 | 10 |
| Helligkeit in LUX | 50 000 | 47 000 | 44 180 | 41 529 | 36 695 | 26 931 |

**b)** In 20 m Tiefe beträgt die Helligkeit nur noch 14 505 LUX.

**ÜBUNG 19** **S. 45**

**a)** nach ca. 2 Wochen
**b)** nach ca. 3 Wochen
**c)** nach ca. 11 Wochen

**ÜBUNG 20** **S. 45**

**a)** Nach 4 Stunden sinkt die Temperatur auf 78 °C.
**b)** Nach 10,5 Stunden liegt die Temperatur unter 60 °C.

**ÜBUNG 21** **S. 46**

Nach ca. 36,4 Stunden darf Lea das Krankenhaus verlassen.

**ÜBUNG 22** **S. 46**

**a)** $a = \sqrt[8]{0{,}5}$; Nach 6 Wochen (= 42 Tage) befinden sich noch 2,63 % der Jodmenge im Körper.

**b)** Nach ca. 34,6 Tagen befindet sich nur noch eine Dosis von etwa 5 % des radioaktiven Stoffes im Körper.

**ÜBUNG 23** **S. 48**

**a)**

| | | | | | | | |
|---|---|---|---|---|---|---|---|
| **x** | 0,125 | 0,25 | 0,5 | 1 | 2 | 4 | 8 |
| **$f(x) = \log_2 x$** | −3 | −2 | −1 | 0 | 1 | 2 | 3 |

**b)** $\log_2 1 = 0$; $\log_2 3 \approx 1{,}6$; $\log_2 10 \approx 3{,}3$

**c)**

| | | | | | | | |
|---|---|---|---|---|---|---|---|
| **x** | −3 | −2 | −1 | 0 | 1 | 2 | 3 |
| **$f(x) = 2^x$** | 0,125 | 0,25 | 0,5 | 1 | 2 | 4 | 8 |

**a), c)** und **d)**

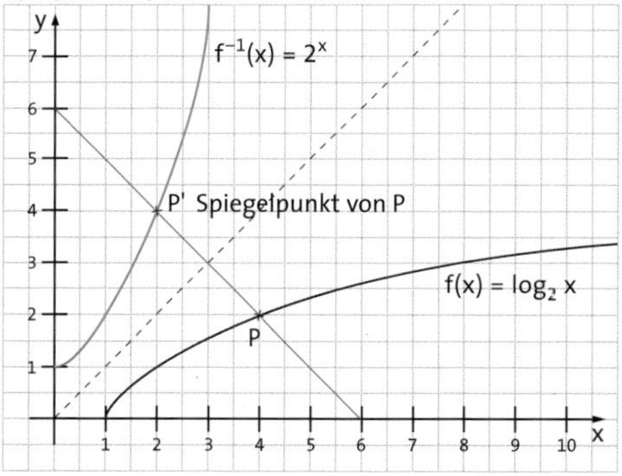


**d)** Beide Funktionen sind monoton wachsend. Die grüne Graph wächst zunehmend schneller, während der rote zunächst schnell wächst und dann immer weniger wächst.
Die beiden Funktionsgraphen werden durch Spiegelung an der Geraden y = x aufeinander abgebildet (siehe Abbildung). Schaut man sich die Wertetabellen genauer an, so fällt auf, dass die x- und y-Werte vertauscht sind.
**e)** individuelle Lösung

**ÜBUNG 24** **S. 48**

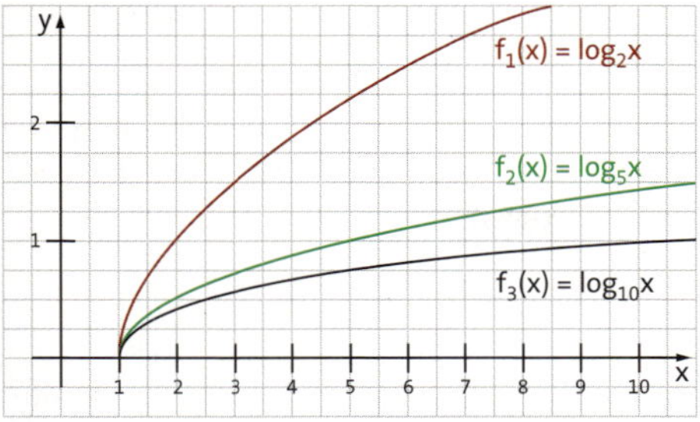


Die Graphen haben einen gemeinsamen Punkt, den Schnittpunkt mit der x-Achse. Sie haben dieselbe Definitionsmenge $D = \{x | x > 0\}$ und sind alle monoton steigend. Sie unterscheiden sich in der Steigung. Die rote Kurve verläuft steiler als die beiden anderen.

## Klassenarbeiten

**AUFGABE 1** **S. 49**

**a)** 7,741; **b)** 0,296; **c)** 1,585; **d)** –1,661

**AUFGABE 2** **S. 49**

**a)** Nach einer Stunde ist die Kerze noch 8,7 cm lang, nach drei Stunden noch 6,1 cm, nach 9 Stunden bzw. 14,5 Stunden ist sie schon vollständig abgebrannt.
**b)** $f(t) = 10 - 1{,}3\,t$
**c)** Nach ca. 4,5 Stunden ist die Kerze nur noch etwa 4 cm lang.
**d)** Der Graph ist eine Gerade, die durch die Punkte (0|10) und (5|3,5) geht.

**AUFGABE 3** **S. 49**

Sie müssten 41 464,29 € anlegen.

**AUFGABE 4** **S. 49**

**a)** Nach drei Jahren haben sie 2 771,79 € angespart.
**b)** Nach 18 Jahren haben sie 4 643,72 € angespart.

**AUFGABE 5** **S. 49**

**a)** $K_8 = K_0 \cdot (1 + 0{,}0275)^8$; $K_8 = 6\,211{,}90$ €
**b)** $Z = 8 \cdot 0{,}0275 \cdot K_0$; $Z = 1\,100$ €
**c)** $1\,000 = 5\,000 \cdot (1 + 0{,}0275)^x$; $2 = 1{,}0275^x$
$\lg 2 = x \cdot \lg 1{,}0275$; $x = 25{,}5$
Nach 25,5 Jahren hat sich das Kapital verdoppelt.

**AUFGABE 6** **S. 50**

**a)** Es liegt exponentielles Wachstum vor.
**b)** Die Bevölkerung nimmt innerhalb von jeweils 5 Jahren um etwa 3 % zu.
**c)** Mit 400 Einwohnern ist zu rechnen.

**AUFGABE 7** **S. 50**

**a)** Der Wachstumsfaktor beträgt ungefähr 1,47 für 25 Jahre.
**b)** 8,85 Milliarden Menschen.
**c)** Verdopplung in ca. 45 Jahren.

**AUFGABE 8** **S. 50**

Nach ca. 34 Stunden (am nächsten Tag um 19.30 Uhr) befinden sich nur noch etwa 0,3 mg des Medikamentes im Blut.

**AUFGABE 9** **S. 50**

| x | 0 | 0,25 | 0,5 | 1 | 2 | 3 | 4 | 5 | 6 | 9 | 10 |
|---|---|---|---|---|---|---|---|---|---|---|---|
| f(x) | $-\infty$ | −2,1 | −1,0 | 0 | 1,04 | 1,65 | 2,08 | 2,41 | 2,69 | 3,30 | 3,45 |

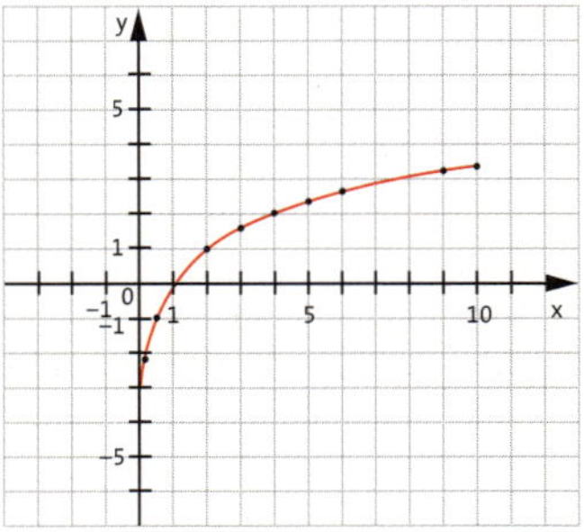


**AUFGABE 10** **S. 50**

**a)** $f(2x) = a^{2x} = [f(x)]^2$
**b)** $f\left(\frac{x}{2}\right) = a^{\frac{x}{2}} = \sqrt{a^x} = \sqrt{f(x)}$

**AUFGABE 11** **S. 50**

**a)** (1) $3 = a \cdot q^1$; (2) $4{,}5 = a \cdot q^2$
$q = 1{,}5$; $a = 2$; $f(x) = 2 \cdot 1{,}5^x$
**b)** (1) $-3 = a \cdot q^0$; (2) $-24 = a \cdot q^3$
$q = 2$; $a = -3$; $f(x) = -3 \cdot 2^x$

**AUFGABE 12** **S. 51**

**a)** um den Faktor 1024
**b)** um den Faktor $\frac{1}{1024}$
**c)** Wird das Argument um 10 größer bzw. um 10 kleiner, wird der Funktionswert mit rund 1000 multipliziert bzw. durch rund 1000 dividiert.

**AUFGABE 13** **S. 51**

**a) – d)**

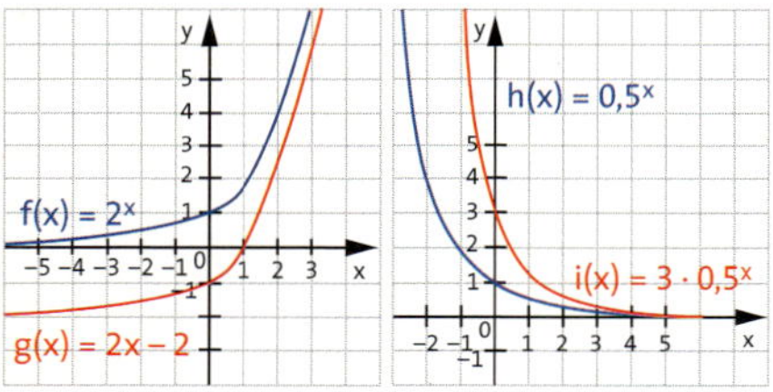


**AUFGABE 14** **S. 51**

**a)** 3,32; **b)** 10; **c)** –2; **d)** –6,64; **e)** 2; **f)** 3; **g)** 1,26; **h)** –3,23

**AUFGABE 15** **S. 51**

**a)** $x = 3$; **b)** $x = 4{,}32$; **c)** $2x \cdot \lg 0{,}5 = \lg 75$; $x = -3{,}114$; **d)** $x = -0{,}623$; **e)** $x = \frac{\lg 22}{\lg 3}$; $x = 2{,}81$;
**f)** $(2x + 1)\lg 3{,}5 = (2 - x)\lg 3$;
$x(2\lg 3{,}5 + \lg 3) = 2\lg 3 - \lg 3{,}5$; $x = 0{,}262$

**AUFGABE 16** **S. 51**

**a)** $x = 1$; **b)** $x = 256$; **c)** $x = 4$; **d)** $x = 7$; **e)** $x = 8{,}079$; **f)** $x = 5000$

**AUFGABE 17** **S. 51**

**a)** Nach 6 Jahren ist der See zugewachsen.
**b)** Nach: 5 Jahren: 50 %; 4 Jahren: 25 %; 3 Jahren: 12,5 %; 2 Jahren: 6,25 %; 1 Jahr: 3,125 %

**AUFGABE 18** **S. 51**

$K = 8500 \cdot 1{,}039^{6{,}5}$
Nach 6,5 Jahren sind 10 899,84 € auf dem Konto.

# 4 Der Kreis

***Beachte:*** **Je nachdem, welche Näherung du für π verwendet hast, können deine Werte leicht abweichen. Hier wurde für π meist die Näherung $\pi \approx 3{,}14$ verwendet.**

**ÜBUNG 1** **S. 53**

gerundete Werte:

| | | | | | |
|---|---|---|---|---|---|
| **r** | 10 cm | 7 m | 3 dm | 5 cm | 7,8 m |
| **d** | 20 cm | 14 m | 6 dm | 10 cm | 15,5 m |
| **U** | 62,8 cm | 43,96 m | 18,84 dm | 31,4 cm | 48,82 m |

**ÜBUNG 2** **S. 53**

**a)** und **b)** Individuelle Lösung

**ÜBUNG 3** **S. 53**

$r = \frac{40\,054{,}7\text{ km}}{2 \cdot \pi} = 6\,378{,}14\text{ km}$

Der Radius ist 6 378,14 km lang.

**ÜBUNG 4** **S. 53**

gerundete Werte:

| | | | | | |
|---|---|---|---|---|---|
| **r** | 25 mm | 4,8 m | 28,66 cm | 6,9 cm | 1,65 dm |
| **U** | 157 mm | 30,14 m | 180 cm | 43,3 cm | 10,36 dm |
| **A** | 1 962,5 $m^2$ | 72,3 $m^2$ | 2 579,2 $cm^2$ | 150 $cm^2$ | 8,6 $dm^2$ |

**ÜBUNG 5** **S. 53**

**a)** $A_{Quadrat} = 1\,m^2$, $A_{Kreis} = 0{,}785\,m^2$,

$A_{Rest} = 1\,m^2 - 0{,}785\,m^2 = 0{,}215\,m^2$

**b)** und **c)** Es bleibt jeweils dieselbe Stoffmenge wie in a) übrig.

**ÜBUNG 6** **S. 54**

$A_{Kreis\ groß} = 3{,}14 \cdot (10\,m)^2 = 314\,m^2$

$A_{Kreis\ klein} = 3{,}14 \cdot 6{,}5^2\,m^2 \approx 132{,}67\,m^2$

$A_{Sitzfläche} = (314 - 132{,}67)\,m^2 = 181{,}33\,m^2$

Es stehen 181,33 $m^2$ zur Verfügung.

**ÜBUNG 7** **S. 54**

Rasenfläche: $A = 3{,}14 \cdot 6^2\,m^2 = 113{,}04\,m^2$;
$A_{gesamt} = 113{,}04\,m^2 + 88\,m^2 = 201{,}04\,m^2$; daraus folgt $r \approx 8\,m$; Breite Blumenbeet: $8\,m - 6\,m = 2\,m$
Das Blumenbeet kann 2 m breit werden.

**ÜBUNG 8** **S. 54**

**a)** $A_{Quadrat} = 9\,cm^2$; $A_{Halbkreis} = \frac{\pi \cdot r^2}{2} \approx 3{,}53\,cm^2$;
$A_{gesamt} \approx 9\,cm^2 - 3{,}53\,cm^2 = 5{,}47\,cm^2$;
$U_{Halbkreis} = \pi \cdot r \approx 4{,}71\,cm$;
$U_{gesamt} \approx 4{,}71\,cm + 4 \cdot 1{,}5\,cm = 10{,}71\,cm$
**b)** $A_{Quadrat} = 9\,cm^2$;
$A_{Viertelkreis} = \frac{\pi \cdot r^2}{4} \approx 0{,}785\,cm^2$;
$A_{Loch} \approx 1\,cm^2 - (1\,cm^2 - 0{,}5^2 \cdot \pi\,cm^2) = 0{,}215\,cm^2$;
$A_{gesamt} \approx (9 - 4 \cdot 0{,}785 - 0{,}215)\,cm^2 = 5{,}645\,cm^2$;
$U_{Kreis} = 2 \cdot \pi \cdot r \approx 6{,}28\,cm$; $U_{Kreis\ klein} \approx 3{,}14\,cm$;
$U_{gesamt} \approx 6{,}28\,cm + 3{,}14\,cm + 4\,cm = 13{,}42\,cm$
**c)** $A_{Kreisring} \approx 3{,}925\,cm^2$;
$A_{Kreis} = \pi \cdot 0{,}5^2\,cm^2 \approx 0{,}785\,cm^2$;
$A_{gesamt} \approx 3{,}925\,cm^2 + 0{,}785\,cm^2 = 4{,}71\,cm^2$;
$U_{Kreis} = 2 \cdot \pi \cdot 1{,}5\,cm = 9{,}42\,cm$;
$U_{Kreis} = 2 \cdot \pi \cdot 1\,cm \approx 6{,}28\,cm$;
$U_{Kreis} = 2 \cdot \pi \cdot 0{,}5\,cm \approx 3{,}14\,cm$;
$U_{gesamt} \approx 18{,}84\,cm + 2\ cm = 20{,}84\,cm$

**ÜBUNG 9** **S. 54**

**a)** $A_{Kreis} = 100\,cm^2$;
$r \approx 5{,}64\,cm$; $U_1 = 45{,}12\,cm$;
**b)** einbeschriebenes Quadrat:
$U_2 = 4 \cdot 8\,cm = 32\,cm$;
**c)** $U_{Kreis} = 35{,}42\,cm$;
$U_1 > U_{Kreis} > U_2$

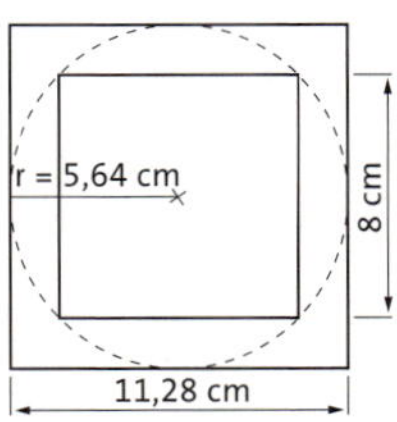


**ÜBUNG 10** **S. 56**

gerundete Werte:

| | | | | | |
|---|---|---|---|---|---|
| r | 5 cm | 2,4 mm | 3,5 dm | 4,8 m | 9,1 cm |
| β | 45° | 180° | 294,8° | 120° | 65° |
| b | 3,9 cm | 7,4 mm | 18 dm | 10 m | 10,3 cm |

**ÜBUNG 11** **S. 56**

gerundete Werte:

| | | | | | |
|---|---|---|---|---|---|
| r | 9 cm | 15,6 dm | 7,4 m | 17,8 mm | 2,2 m |
| α | 30° | 9,98° | 98° | 100° | 272,2° |
| A | 21,2 cm² | 21,2 dm² | 46,8 m² | 276,35 mm² | 11,49 m² |

**ÜBUNG 12** **S. 56**

**a)** $A \approx 5{,}3\,cm^2$; $U \approx 10\,cm$
**b)** $A \approx 3{,}5\,cm^2$; $U \approx 13{,}7\,cm$
**c)** $A \approx 4{,}7\,cm^2$; $U \approx 15{,}1\,cm$
**d)** $A \approx 5\,cm^2$; $U \approx 14{,}9\,cm$

**ÜBUNG 13** **S. 56**

Kreisabschnitt: $A_1 = \frac{\pi \cdot 7^2}{4}\,cm^2 = 38{,}47\,cm^2$;
Dreieck: $A_2 = \frac{7 \cdot 7}{2}\,cm^2 = 24{,}5\,cm^2$;
$A_{gesamt} = A_1 - A_2 = 13{,}97\,cm^2$

## Klassenarbeiten

**AUFGABE 1** **S. 57**

Die richtigen Antworten sind:
**a)** (2); **b)** (2) und (3); **c)** (1) und (3); **d)** (2) und (3)

**AUFGABE 2** **S. 57**

gerundete Werte:

| | | | | | |
|---|---|---|---|---|---|
| r | 4 cm | 1,9 dm | 4,5 m | 9,6 km | 4,5 cm |
| U | 25,12 cm | 12 dm | 28,26 m | 60,29 km | 28 cm |
| A | 50,24 cm² | 11,36 dm² | 64 m² | 289,38 km² | 63,59 cm² |

**AUFGABE 3** **S. 57**

**a)** $U \approx 18{,}84\,cm$; $A \approx 3{,}5\,cm^2$
**b)** $U \approx 11{,}42\,cm$; $A \approx 3\,cm^2$
**c)** $U \approx 9{,}42\,cm$; $A \approx 1{,}57\,cm^2 + 1{,}29\,cm^2 \approx 2{,}86\,cm^2$
**d)** $U \approx 15{,}7\,cm$; $A \approx 1{,}08\,cm^2$

**AUFGABE 4** **S. 57**

Da maximal 30 Kreise dieser Größe ausgestanzt werden können, gilt für den Verschnitt:
$A_{Rechteck} = 3\,000\,cm^2$, $A_{Kreis} = 78{,}5\,cm^2$;
$A_{Verschnitt} = 3\,000\,cm^2 - 30 \cdot 78{,}5\,cm^2 = 645\,cm^2$;
die Fläche des Verschnitts beträgt $645\,cm^2$.

AUFGABE 5 **S. 58**

$(\pi \cdot (r_2 + 10)^2 - (\pi \cdot r_2^2)\,cm^2 =$

$\pi \cdot \left(\left(r_2 + 10\right)^2 - r_2^2\right) cm^2 = 500\,cm^2$

Gleichung nach $r_2$ auflösen liefert $r_2 = 2{,}96\,cm$.
Der Radius des inneren Kreises ist 2,96 cm, der des äußeren Kreises 12,96 cm groß.

AUFGABE 6 **S. 58**

Fläche Verkehrskreisel: $A \approx 113{,}04\,m^2$; Seitenlänge des Quadrates ist mithilfe des Satzes von Pythagoras berechenbar:
$(6\,m)^2 + (6\,m)^2 = c^2$; $c \approx 8{,}5\,m$;
Rasenfläche: $A \approx 8{,}5^2\,m^2 = 72\,m^2$;
Kosten: 1 080 €;
Blumenbeet: $A \approx 113{,}04\,m^2 - 72\,m^2 = 41{,}04\,m^2$;
Kosten: 1 436,40 €.
Die Gesamtkosten für die Bepflanzung des Verkehrskreisels belaufen sich auf 2 516,40 €.

AUFGABE 7 **S. 58**

Du erinnerst dich: Alle Winkel in einem gleichseitigen Dreieck sind 60° groß.

Länge eines Kreisbogens: $b = 60 \cdot \frac{\pi}{360} \cdot 2 \cdot 5\,cm$

$\approx 5{,}23\,cm$, $U \approx 3 \cdot 5{,}23\,cm = 15{,}69\,cm$;

Flächeninhalt eines Kreisausschnitts:

$A \approx 60 \cdot \frac{\pi}{360} \cdot 5^2\,cm^2 = 13{,}08\,cm^2$;

Fläche Dreieck: $A = \frac{5 \cdot 4{,}3}{2}\,cm^2 = 10{,}75\,cm^2$;

Flächeninhalt eines Kreisabschnitts:

$A = 13{,}08\,cm^2 - 10{,}75\,cm^2 = 2{,}33\,cm^2$;

$A_{gesamt} = 10{,}75\,cm^2 + 3 \cdot 2{,}33\,cm^2 = 17{,}74\,cm^2$

AUFGABE 8 **S. 58**

Umfang eines Rades: $U \approx 188{,}4\,cm = 1{,}884\,m$;
zurückgelegter Weg pro Stunde:
$120\,km = 120\,000\,m$;
Umdrehungen eines Rades pro Stunde:
$\frac{120\,000}{1{,}884} \approx 63\,694{,}3$
Umdrehungen pro Sekunde: 17,69
Ein Rad dreht sich bei dieser Geschwindigkeit ca. 18 Mal pro Sekunde.

# 5 Raumgeometrie

***Beachte:* Je nachdem, welche Näherung du für π verwendet hast, können deine Werte leicht abweichen. Hier wurde für π meist die Näherung π ≈ 3,14 verwendet.**

ÜBUNG 1 **S. 60**

**a)** $V = \pi \cdot 5^2 \cdot 15\,cm^3 \approx 1\,177{,}5\,cm^3$
**b)** $A_O = 2 \cdot (\pi \cdot 5^2)\,cm^2 + 2 \cdot \pi \cdot 5 \cdot 15\,cm^2 \approx 628\,cm^2$
Zur Herstellung der Dose wurden etwa 628 cm² Blech verwendet.

ÜBUNG 2 **S. 60**

**a)** $V = A_G \cdot h = (2 \cdot 2) \cdot 3\,cm^3 = 12\,cm^3$
**b)** $V = A_G \cdot h = \left(\frac{3 \cdot 4}{2}\right) \cdot 8\,dm^3 = 48\,dm^3$
**c)** $V = A_G \cdot h = \left(\frac{3 + 5}{2}\right) \cdot 9\,cm^3 = 72\,cm^3$

ÜBUNG 3 **S. 60**

gerundete Werte:

| | | | | |
|---|---|---|---|---|
| **r** | 5 cm | 3,52 cm | 7,5 cm | 3,5 dm |
| **h** | 10 cm | 3,6 cm | 5 cm | 5,6 dm |
| **$A_G$** | 78,5 cm² | 39 cm² | 176,7 cm² | 38,47 dm² |
| **$A_M$** | 314 cm² | 79,58 cm² | 235,5 cm² | 123 dm² |
| **$A_O$** | 471 cm² | 157,58 cm² | 588,9 cm² | 200 dm² |
| **V** | 785 cm³ | 140,1 cm³ | 883,5 cm³ | 215,51 dm³ |

ÜBUNG 4 **S. 60**

$V = \pi \cdot r^2 \cdot h = 40\,000\,cm^3$
$40\,000\,cm^3 = \pi \cdot 25^2\,cm^2 \cdot h$, $h \approx 20{,}38\,cm$
Das Wasser steht 20,38 cm hoch im Behälter, das entspricht einem Anteil von 20,38 %.

ÜBUNG 5 **S. 60**

Volumen:
$V_{außen} = \pi \cdot r_2^2 \cdot h = \pi \cdot 64 \cdot 3\,cm^3 \approx 602{,}88\,cm^3$;
$V_{innen} = \pi \cdot r_1^2 \cdot h = \pi \cdot 25 \cdot 3\,cm^3 \approx 235{,}5\,cm^3$;
$V_{gesamt} = V_{außen} - V_{innen} = 367{,}38\,cm^3$
Oberfläche:
$A_O = 2\pi(r_2^2 - r_1^2) + 2\pi \cdot r_2 \cdot h + 2\pi \cdot r_1 \cdot h$
$= 2\pi\,(64\,cm^2 - 25\,cm^2 + 24\,cm^2 + 15\,cm^2)$
$\approx 490{,}1\,cm^2$
Formel: $V = \pi \cdot {r_2}^2 \cdot h - \pi \cdot {r_1}^2 \cdot h = \pi \cdot h \cdot (r_2^2 - r_1^2)$

**ÜBUNG 6** **S. 62**

Diagonale der Grundfläche:

$d \approx 7{,}07\,cm$, $\frac{d}{2} \approx 3{,}54\,cm$

Seitenkante s: $h^2 + 3{,}54^2 = s^2$, $s \approx 8{,}75\,cm$

Seitenhöhe $h_a$: $2{,}5^2 + h_a^2 = s^2$, $h_a \approx 8{,}3\,cm$

Mantelfläche: $A_M = 4 \cdot 20{,}75\,cm^2 = 83\,cm^2$

Oberfläche: $A_O = 108\,cm^2$

**ÜBUNG 7** **S. 62**

**a)** $V = \frac{1}{3}A_G \cdot h = \frac{1}{3}(5{,}1)^2 \cdot 12{,}4\,cm^3 = 107{,}51\,cm^3$

**b)** $V = \frac{1}{3}A_G \cdot h = \frac{1}{3}(2{,}5 \cdot 4) \cdot 12{,}4\,cm^3 \approx 41{,}33\,cm^3$

**c)** $V \approx 51{,}4\,cm^3$

**ÜBUNG 8** **S. 62**

**a)** $A_O = \pi \cdot r^2 + \pi \cdot rs \approx 125{,}6\,cm^2$

**b)** $A_O = \pi \cdot r^2 + \pi \cdot rs \approx 21{,}98\,cm^2$

**c)** $A_O = \pi \cdot r^2 + \pi \cdot rs \approx 1\,061{,}86\,cm^2$

**ÜBUNG 9** **S. 62**

**a)** Fläche ganzer Kreis:
$A = \pi \cdot 40^2\,cm^2 \approx 5\,024\,cm^2$; 80° entsprechen ungefähr $1\,116{,}4\,cm^2$. Zur Herstellung der Schultüte werden $1\,116{,}4\,cm^2$ Pappe benötigt.

**b)** Radius Kegel: $r \approx 8{,}89\,cm$;

$V = \frac{1}{3} \cdot \pi \cdot r^2 \cdot h \approx 3\,226{,}09\,cm^3$

Der Rauminhalt der Tüte beträgt $3\,226{,}09\,cm^3$.

**ÜBUNG 10** **S. 63**

**a)** und **b)** Die beiden Zylinder (Kegel) haben die gleiche Grundfläche sowie die gleiche Höhe. Da alle zur Grundfläche parallelen Schnittflächen den gleichen Inhalt haben, haben auch beide Körper das gleiche Volumen.

**ÜBUNG 11** **S. 63**

**a)** $V = A_G \cdot h = (4 \cdot 2) \cdot 7\,cm^3 = 56\,cm^3$

**b)** $V = A_G \cdot h = \left(\frac{2 \cdot \sqrt{3}}{2}\right) \cdot 5\,cm^3 \approx 8{,}66\,cm^3$

**ÜBUNG 12** **S. 63**

**a)** $V_{Pyramide} = \frac{1}{3} \cdot 30^2 \cdot 45\,cm^3 = 13\,500\,cm^3$;

$V_{Spitze} = \frac{1}{3} \cdot 20^2 \cdot 30\,cm^3 = 4\,000\,cm^3$;

$V_{Stumpf} = V_{Pyramide} - V_{Spitze} = 9\,500\,cm^3$

**b)** $V_{Kegel} = \frac{1}{3} \cdot \pi \cdot 20^2 \cdot 40\,cm^3 \approx 16\,746{,}7\,cm^3$;

$V_{Spitze} = \frac{1}{3} \cdot \pi \cdot 12{,}5^2 \cdot 25\,cm^3 \approx 4\,088{,}5\,cm^3$;

$V_{Stumpf} = V_{Kegel} - V_{Spitze} = 12\,658{,}2\,cm^3$

**ÜBUNG 13** **S. 63**

$V_{Glas\ voll} = \frac{1}{3} \cdot \pi \cdot 4^2 \cdot 5\,cm^3 \approx 83{,}73\,cm^3$;

$V_{Flüssigkeit} = \frac{1}{3} \cdot \pi \cdot 2^2 \cdot 2{,}5\,cm^3 \approx 10{,}46\,cm^3$

Das Glas ist bezogen auf das Volumen nur zu ca. einem Achtel gefüllt.

**ÜBUNG 14** **S. 66**

**a)** $V = \frac{4}{3} \cdot \pi \cdot r^3 \approx 4{,}19\,cm^3$; $A_O = 4 \cdot \pi \cdot r^2 \approx 12{,}56\,cm^2$

**b)** $r = 2\,cm$; $V = 33{,}49\,cm^3$; $A_O = 50{,}24\,cm^2$

**c)** $V \approx 7{,}23\,m^3$; $A_O = 18{,}09\,m^2$

**d)** $V = 24\,416{,}6\,mm^3 \approx 24{,}42\,cm^3$;
$A_O = 4\,069{,}44\,mm^2 \approx 40{,}69\,cm^2$

**ÜBUNG 15** **S. 66**

Die Formel $V = \frac{4}{3} \cdot \pi \cdot r^3$ nach r aufgelöst ergibt:
$r = \sqrt[3]{\frac{3}{4} \cdot \frac{1}{\pi} \cdot V}$. Mit dieser Formel lässt sich der Radius berechnen: $r \approx 3{,}7\,cm$.

**ÜBUNG 16** **S. 66**

Die Formel $A_O = 4 \cdot \pi \cdot r^2$ nach r aufgelöst ergibt:
$r = \sqrt{\frac{A_O}{4 \cdot \pi}}$. Mit dieser Formel lässt sich der Radius berechnen: $r \approx 7{,}9\,cm$.

$V = \frac{4}{3} \cdot \pi \cdot r^3 \approx 2\,064{,}19\,cm^3$

**ÜBUNG 17** **S. 66**

**a)** Wenn der Radius einer Kugel verdoppelt wird, verachtfacht sich das Volumen.

**b)** Um das Volumen zu verdoppeln, muss der Radius mit dem Faktor $\sqrt[3]{2} \approx 1{,}26$ multipliziert werden.

**ÜBUNG 18 S. 66**

Erdoberfläche: $A_O = (162\,307\,600 \cdot \pi)\,km^2$;
71 % entsprechen etwa $(115\,238\,396 \cdot \pi)\,km^2$;
29 % entsprechen etwa $(47\,069\,204 \cdot \pi)\,km^2$
Die Fläche der Landmasse der Erde beträgt ungefähr $(47\,069\,204 \cdot \pi)\,km^2$.

**ÜBUNG 19 S. 66**

**a)** kleine Kugel: $V = \frac{4}{3} \cdot \pi \cdot r^3 \approx 4{,}19\,cm^3$;
5 kleine Stahlkugeln: $5 \cdot 4{,}19\,cm^3 \approx 20{,}95\,cm^3$;
neue Kugel: $20{,}95\,cm^3 \approx \frac{4}{3} \cdot \pi \cdot r^3$; $r \approx 1{,}71\,cm$
Der Radius der neuen Kugel beträgt etwa 1,71 cm.
**b)** Oberfläche kleine Kugel bzw. 5 kleine Kugeln:
$A_O = 4 \cdot \pi \cdot r^2 \approx 12{,}56\,cm^2$; $12{,}56\,cm^2 \cdot 5 = 62{,}8\,cm^2$;
Oberfläche große Kugel:
$A_O = 4 \cdot \pi \cdot 1{,}71^2\,cm^2 \approx 36{,}73\,cm^2$
Die Oberflächen der kleinen Kugeln sind zusammen ungefähr 1,7-mal so groß wie die Oberfläche der großen Kugel.

**ÜBUNG 20 S. 66**

**a)** 1 Wassertropfen hat das Volumen
$V = \frac{4}{3} \cdot \pi \cdot r^3 \approx 4{,}19\,mm^3$. Wassermenge pro Jahr:
$4{,}19\,mm^3 \cdot 6 \cdot 60 \cdot 24 \cdot 365 \approx 13\,213\,584\,mm^3 \approx 13\,213{,}6\,cm^3 \approx 13{,}21\,dm^3 = 13{,}21\,l$
In einem Jahr werden durch diesen Wasserhahn 13,21 l verschwendet.
**b)** Nein, die Menge reicht nicht für ein Vollbad.

**ÜBUNG 21 S. 66**

**a)** $A_O = \frac{4 \cdot \pi \cdot r^2}{2} \approx 1\,413\,cm^2$

**b)** $V = \frac{1}{2} \cdot \frac{3}{4} \cdot \left(\frac{4}{3} \cdot \pi \cdot r^3\right) \approx 5\,301{,}44\,cm^3$

**ÜBUNG 22 S. 66**

Bei einem Umfang von 68 cm beträgt der Radius ca. 10,83 cm und damit das Volumen ungefähr $5\,318{,}07\,cm^3$. Bei einem Umfang von 70 cm beträgt der Radius ca. 11,15 cm, das Volumen beträgt etwa $5\,803{,}54\,cm^3$. Das Volumen des kleinen Balls ist um ca. 8,37 % kleiner.

**ÜBUNG 23 S. 67**

$h = 2\,cm$; $V = \frac{\pi}{6} \cdot h \cdot (3R^2 + h^2) \approx 117{,}23\,cm^3$

$A_O = \pi \cdot (2R^2 + h^2) \approx 238{,}64\,cm^2$

**ÜBUNG 24 S. 67**

**a)** $h = 2\,cm$;
$V_{Kugel} = \frac{4}{3} \cdot \pi \cdot r^3 \approx 523{,}33\,cm^3$;
$V_{Kappe} = \frac{\pi}{6} \cdot h \cdot (3R^2 + h^2) \approx 54{,}43\,cm^3$,
$V_{Briefbeschwerer} = V_{Kugel} - V_{Kappe} = 468{,}9\,cm^3$
**b)** $V_{Kugelausschnitt} = \frac{2}{3}\pi \cdot r^2 \cdot h \approx 104{,}67\,cm^3$;
$V_{Briefbeschwerer} = V_{Kugel} - V_{Kugelausschnitt} \approx 418{,}66\,cm^3$

**ÜBUNG 25 S. 67**

Mit $r_1 = 6{,}25\,cm$ und Innenradius $r_2$ gilt:
$V = \left(\frac{4}{3} \cdot \pi \cdot 6{,}25^3\right)cm^3 - \left(\frac{4}{3} \cdot \pi \cdot r_2^3\right)cm^3 \approx 3{,}3\,cm^3$
Nach $r_2$ aufgelöst folgt: $r_2 \approx 6{,}24\,cm$. Die Wand der Kugel ist demnach ca. 0,1 mm dick.

## Klassenarbeiten

**AUFGABE 1 S. 68**

Die Gegenstände **a)**, **b)**, **c)**, **e)** und **f)** haben die Form eines Zylinders.

**AUFGABE 2 S. 68**

**a)** $V \approx 53{,}8\,cm^3$, $A_O \approx 128{,}9\,cm^2$
**b)** $V = 66\,cm^3$, $A_O = 176\,cm^2$

**AUFGABE 3 S. 68**

**a)** $V = 80\,cm^3$
**b)** $V = \frac{3}{4} \cdot (\pi \cdot r^2 \cdot h) = 117{,}75\,cm^3$

**AUFGABE 4 S. 68**

Die Fläche besteht aus 24 Dreiecken mit der Seitenhöhe $h_a \approx 2{,}8\,cm$.
$A_O = 24 \cdot (0{,}5 \cdot 2 \cdot 2{,}8)\,cm^2 = 67{,}2\,cm^2$
Es werden $67{,}2\,cm^2$ Folie benötigt.

**AUFGABE 5 S. 69**

Der Quader hat das größte Volumen, da er gerade nach oben verläuft und die größte Grundfläche hat. Das Volumen der Pyramide beträgt ein Drittel des Volumens des Quaders. Das Volumen des Zylinders ist dreimal so groß wie das Volumen des Kegels. Das Volumen der Pyramide ist größer als das Volumen des Kegels, da die Grundfläche der Pyramide größer ist.

**AUFGABE 6** **S. 69**

**a)** $a = \sqrt{\frac{3V}{h}} \approx 5{,}48\ \text{cm}$

**b)** $h = \frac{3V}{a^2} = 1\ \text{cm}$

**AUFGABE 7** **S. 69**

Da sowohl die Grundflächen als auch die Höhen der beiden Pyramiden gleich sind, kann man mithilfe des Prinzips von Cavalieri die Aussage treffen, dass der Rauminhalt der beiden Pyramiden gleich ist.

**AUFGABE 8** **S. 69**

$V_{Kegel} \approx 41{,}87\ \text{cm}^3$; $V_{Kugel} \approx 33{,}49\ \text{cm}^3$

Die Waffel ist also groß genug, um das geschmolzene Eis aufzunehmen.

**AUFGABE 9** **S. 69**

Die Gleichung $\frac{4}{3}\pi r^3 = 4\pi r^2$ nach r aufgelöst, liefert r = 3, d.h., bei der Kugel mit dem Radius 3 cm sind die Maßzahlen von Volumen und Oberfläche gleich (≈ 113,04).

# 6 Trigonometrie

**ÜBUNG 1** **S. 71**

**a)**

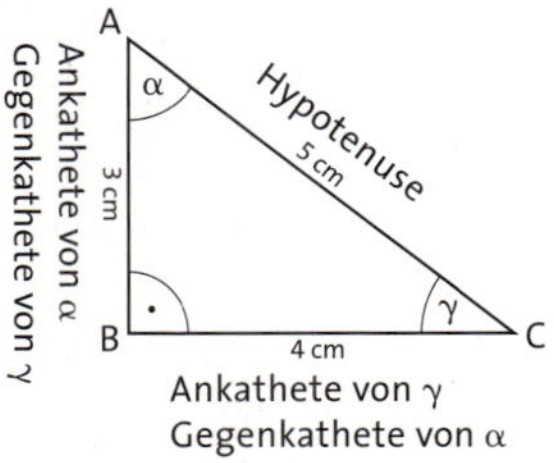


**b)** β ist der rechte Winkel des rechtwinkligen Dreiecks. Nur in Bezug auf die spitzen Winkel des rechtwinkligen Dreiecks spricht man von *Ankathete* oder *Gegenkathete*.

**c)** $\sin\alpha = \cos\gamma = 0{,}8$; $\sin\gamma = \cos\alpha = 0{,}6$

**ÜBUNG 2** **S. 71**

**b)** $\sin\beta = \cos\gamma = \frac{5}{13} \approx 0{,}385$;

$\cos\beta = \sin\gamma = \frac{12}{13} \approx 0{,}923$

**c)** α ist der rechte Winkel, somit kann man weder Ankathete noch Gegenkathete angeben.

**ÜBUNG 3** **S. 71**

**a)** $10^2 = 4^2 + c^2$; folglich ist

$c^2 = 100\ \text{cm}^2 - 16\ \text{cm}^2 = 84\ \text{cm}^2$.

Somit erhält man für c: $c = \sqrt{84}\ \text{cm} \approx 9{,}165\ \text{cm}$

**b)**

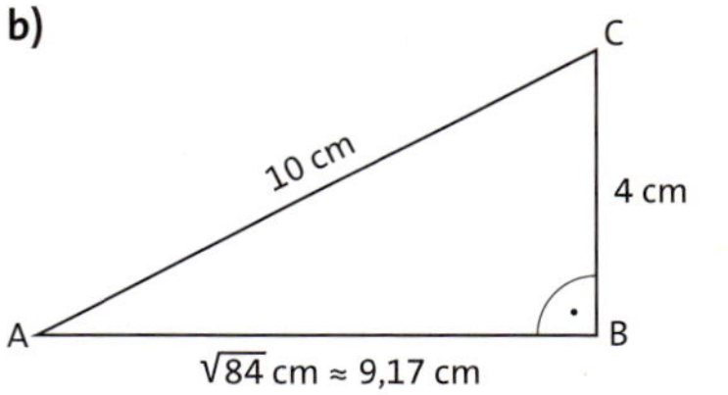


**c)** $\sin\alpha = \cos\gamma \approx 0{,}4$; $\cos\alpha = \sin\gamma \approx 0{,}917$;
$\tan\alpha \approx 0{,}436$; $\tan\gamma \approx 2{,}291$

**ÜBUNG 4** **S. 71**

**a)** 0,5; **b)** 0,383; **c)** 0,955; **d)** 1; **e)** 0,5; **f)** 1,732

**ÜBUNG 5** **S. 72**

| Winkel α | sin α | cos α | tan α |
|---|---|---|---|
| 15° | 0,259 | 0,966 | 0,268 |
| 25° | 0,423 | 0,906 | 0,467 |
| 88° | 0,999 | 0,035 | 28,636 |
| 45° | 0,707 | 0,707 | 1,000 |

**ÜBUNG 6** **S. 72**

**a)** α = 40°; **b)** b ≈ 4,213 cm; **c)** a = 3,535 cm

**ÜBUNG 7** **S. 72**

**b)** β = 60°; **c)** c ≈ 3 cm, b ≈ 5,196 cm

**ÜBUNG 8** **S. 72**

Flugweite: 692,3 m; Gleitstrecke: 697,5 m

**ÜBUNG 9** **S. 75**

**a)** 0,26; **b)** 0,52; **c)** 0,79; **d)** 1,05; **e)** 1,57; **f)** 2,18;
**g)** 3,14; **h)** 3,93; **i)** 4,71; **j)** 6,28

**ÜBUNG 10** **S. 75**

**a)** 0; **b)** 0; **c)** nicht definiert; **d)** 0,638; **e)** –0,029; **f)** 1,158

**ÜBUNG 11** **S. 75**

**a)** 0,524; **b)** 1,047; **c)** 0,811; **d)** 1,935

**ÜBUNG 12** **S. 75**

| a) | b) | c) | d) |
|---|---|---|---|
| 6,807 | 7,330 | 7,094 | 8,218 |
| 30,000° | 60,000° | 46,469° | 110,855° |
| 390,000° | 420,000° | 406,469° | 470,855° |

**ÜBUNG 13** **S. 75**

Für x = 0, π und 2π ist sin x = 0.

**ÜBUNG 14** **S. 75**

**Sinusfunktion, z. B.:**
Hochpunkte: (2,5π|1) (0,5π|1) (4,5π|1)
Tiefpunkte: (3,5π|–1) (1,5π|–1) (–0,5π|–1)
**Kosinusfunktion, z. B.:**
Hochpunkte: (0|1) (2π|1) (–4π|1)
Tiefpunkte: (π|–1) (3π|–1) (–π|–1)

**ÜBUNG 15** **S. 76**

| | a) | b) | c) |
|---|---|---|---|
| **Bogenmaß** | 0,46 | 1,53 | –1,33 |
| **Gradmaß** | 26,6° | 87,6° | –76,0° |

**ÜBUNG 16** **S. 76**

Leonie hat recht. Hannah hat unrecht, denn sin 45° = sin 135° ≈ 0,707, aber cos 45° ≈ 0,707 und cos 135° ≈ –0,707.

**ÜBUNG 17** **S. 76**

Da gilt: $\tan x = \frac{\sin x}{\cos x}$, ist der Tangens nicht definiert für Werte, für die der Kosinus null ist.

**ÜBUNG 18** **S. 77**

**a)**

| **x** | 0,00 | 0,52 | 1,05 | 1,57 | 2,09 | 2,62 |
|---|---|---|---|---|---|---|
| **sin x** | 0,00 | 0,50 | 0,87 | 1,00 | 0,87 | 0,50 |
| **3 sin x** | 0,00 | 1,50 | 2,60 | 3,00 | 2,60 | 1,50 |
| **0,5 sin x** | 0,00 | 0,25 | 0,43 | 0,50 | 0,43 | 0,25 |
| **–2 sin x** | 0,00 | –1,00 | –1,73 | –2,00 | –1,73 | –1,00 |

| **x** | 3,14 | 3,67 | 4,71 | 5,24 | 6,28 |
|---|---|---|---|---|---|
| **sin x** | 0,00 | –0,50 | –1,00 | –0,87 | 0,00 |
| **3 sin x** | 0,00 | –1,50 | –3,00 | –2,60 | 0,00 |
| **0,5 sin x** | 0,00 | –0,25 | –0,50 | –0,43 | 0,00 |
| **–2 sin x** | 0,00 | 1,00 | 2,00 | 1,73 | 0,00 |

**b)**

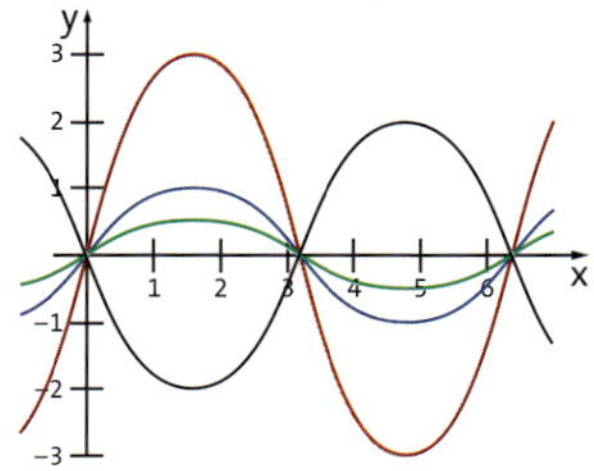


**c)**

| **Funktion** | sin x | 3 sin x |
|---|---|---|
| **Wertebereich** | W = {y\|–1 ≤ y ≤ 1} | W = {y\|–3 ≤ y ≤ 3} |
| **Funktion** | 0,5 sin x | –2 sin x |
| **Wertebereich** | W = {y\|–0,5 ≤ y ≤ 0,5} | W = {y\|–2 ≤ y ≤ 2} |

**d)**

| **Funktion** | **Hochpunkte** | **Tiefpunkte** |
|---|---|---|
| sin x | $\left(\frac{\pi}{2} + 2k\pi \middle| 1\right)$ mit $k \in \mathbb{Z}$ | $\left(\frac{3\pi}{2} + 2k\pi \middle| -1\right)$ mit $k \in \mathbb{Z}$ |
| 3 sin x | $\left(\frac{\pi}{2} + 2k\pi \middle| 3\right)$ mit $k \in \mathbb{Z}$ | $\left(\frac{3\pi}{2} + 2k\pi \middle| -3\right)$ mit $k \in \mathbb{Z}$ |
| 0,5 sin x | $\left(\frac{\pi}{2} + 2k\pi \middle| 0{,}5\right)$ mit $k \in \mathbb{Z}$ | $\left(\frac{3\pi}{2} + 2k\pi \middle| -0{,}5\right)$ mit $k \in \mathbb{Z}$ |
| –2 sin x | $\left(\frac{3\pi}{2} + 2k\pi \middle| 2\right)$ mit $k \in \mathbb{Z}$ | $\left(\frac{\pi}{2} + 2k\pi \middle| -2\right)$ mit $k \in \mathbb{Z}$ |

**ÜBUNG 19** **S. 77**

Es unterscheiden sich nur die Nullstellen, die Hoch- und Tiefpunkte und die Symmetrieeigenschaften. Definitionsmenge, Wertemenge, Periodizität sind gleich.

**ÜBUNG 20** **S. 80**

**a)** $\beta$; **b)** $\beta \approx 49°$; $\gamma \approx 64°$; **c)** $c \approx 5{,}6\,\text{cm}$

**ÜBUNG 21** **S. 80**

$\beta \approx 19{,}9°$; $a = 11{,}7\,\text{cm}$; $\alpha = 127{,}1°$

**ÜBUNG 22** **S. 80**

$\gamma = 90°$; $b \approx 4{,}4\,\text{cm}$; $c \approx 6{,}01\,\text{cm}$

**ÜBUNG 23** **S. 80**

$c \approx 4{,}86\,\text{cm}$

**ÜBUNG 24** **S. 80**

$a \approx 4{,}262\,\text{m}$; $\beta \approx 69{,}5°$; $\gamma \approx 57{,}5°$

**ÜBUNG 25** **S. 80**

$\cos\gamma = \frac{a^2 + b^2 - c^2}{2ab}$; $\frac{\sin\alpha}{\sin\gamma} = \frac{a}{c}$; $\alpha + \beta + \gamma = 180°$

**a)** $\gamma = 55{,}3°$; $\alpha = 46{,}2°$; $\beta = 78{,}5°$
**b)** $\gamma = 86{,}1°$; $\alpha = 41{,}0°$; $\beta = 52{,}9°$

**ÜBUNG 26** **S. 81**

$\beta = 121°$; Sinussatzes; $\frac{\sin\alpha}{\sin\gamma} = \frac{a}{c} = \frac{66}{c}$; $c \approx 93\,\text{m}$;

Sinussatzes; $\frac{\sin\alpha}{\sin\beta} = \frac{a}{b} = \frac{66}{b}$; $b \approx 139\,\text{m}$

Die Zaunlänge beträgt etwa 298 m.

**ÜBUNG 27** **S. 81**

**a)** $\sin 75° \approx 0{,}966$
**b)** $\cos 75° \approx 0{,}259$
**c)** $\sin(-15°) \approx -0{,}259$
**d)** $\cos(-15°) \approx 0{,}966$
**e)** $\sin 105° \approx 0{,}966$
**f)** $\cos 105° \approx -0{,}259$

**ÜBUNG 28** **S. 82**

$\sin 2x = \sin(x + x)$
$= \sin x \cos x + \cos x \sin x = 2 \sin x \cos x$

**ÜBUNG 29** **S. 82**

**a)** Ssw: $\alpha \approx 26°$; $\gamma \approx 39°$; $c \approx 4{,}3\,\text{cm}$
**b)** Ssw: $a \approx 9{,}3\,\text{cm}$; $\gamma \approx 15{,}7°$; $\beta = 36{,}3°$
**c)** sss: $\alpha \approx 48{,}2°$;
$\beta \approx 58{,}4°$;
$\gamma \approx 73{,}4°$

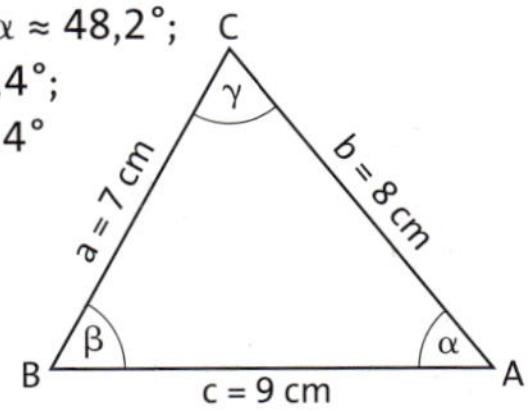


**d)** wsw: $\gamma = 52°$;
$b = 8{,}5\,\text{cm}$,
$a \approx 7{,}3\,\text{cm}$

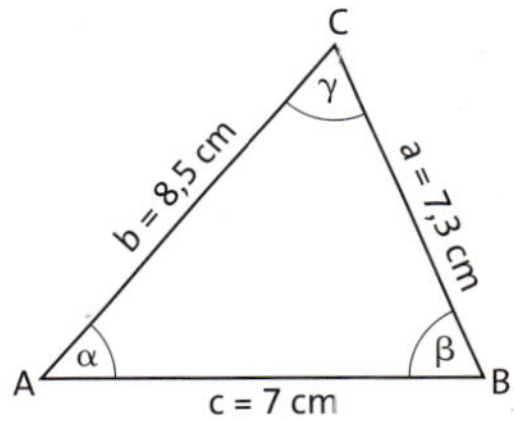


## Klassenarbeiten

**AUFGABE 1** **S. 83**

Nur zwei Antworten sind richtig, da
$\cos\gamma = \frac{3}{5}$; $\cos\beta = \frac{4}{5}$; $\tan\beta = \frac{3}{4}$.

**AUFGABE 2** **S. 83**

| | **Funktion** | $\cos\left(x + \frac{\pi}{2}\right)$ | $-2\cos x$ |
|---|---|---|---|
| | Farbe | blau | rot |
| **b)** | Wertebereich | $W = \{y \mid -1 \le y \le 1\}$ | $W = \{y \mid -2 \le y \le 2\}$ |
| **c)** | Hochpunkte | $\left(\frac{3\pi}{2} + 2k\pi \mid 1\right)$ mit $k \in \mathbb{Z}$ | $(\pi + 2k\pi \mid 2)$ mit $k \in \mathbb{Z}$ |
| | Tiefpunkte | $\left(\frac{\pi}{2} + 2k\pi \mid -1\right)$ mit $k \in \mathbb{Z}$ | $(2k\pi \mid -2)$ mit $k \in \mathbb{Z}$ |
| **d)** | Periodenlänge | $2\pi$ 360° | $2\pi$ 360° |
| **e)** | Nullstellen | … $-\pi$, 0, $\pi$, … … −180°, 0, 180° … | … $-\frac{\pi}{2}$, $\frac{\pi}{2}$, $\frac{3\pi}{2}$ … … −90°, 90°, 270° … |

| | Funktion | $\sin\left(\frac{1}{2}x\right)$ | $\sin(2x)$ |
|---|---|---|---|
| | Farbe | grün | schwarz |
| **b)** | Wertebereich | $W = \{y \mid -1 \leq y \leq 1\}$ | $W = \{y \mid -1 \leq y \leq 1\}$ |
| **c)** | Hochpunkte | $(\pi + 4k\pi \mid 1)$ mit $k \in \mathbb{Z}$ | $\left(\frac{\pi}{4} + k\pi \mid 1\right)$ mit $k \in \mathbb{Z}$ |
| | Tiefpunkte | $(-\pi + 4k\pi \mid -1)$ mit $k \in \mathbb{Z}$ | $\left(\frac{3\pi}{4} + k\pi \mid -1\right)$ mit $k \in \mathbb{Z}$ |
| **d)** | Periodenlänge | $4\pi$ 720° | $\pi$ 180° |
| **e)** | Nullstellen | $\ldots -2\pi, 0, 2\pi, \ldots$ $\ldots -360°, 0, 360° \ldots$ | $\ldots -\frac{\pi}{2}, 0, \frac{\pi}{2} \ldots$ $\ldots -90°, 0, 90° \ldots$ |

AUFGABE 3 **S. 84**

Der Turm ist ca. 28,9 m hoch.

AUFGABE 4 **S. 84**

$b \approx 9{,}03$ cm

AUFGABE 5 **S. 84**

Er startet aus einer Höhe von ca. 73 m und legt eine Gleitstrecke von ca. 696 m zurück.

AUFGABE 6 **S. 84**

**b)** Die Länge des Tunnels beträgt ca. 10,6 km.

AUFGABE 7 **S. 84**

Die beiden Orte liegen ca. 3,4 km (Luftlinie) voneinander entfernt.

# 7 Im Beruf: Prozent- und Zinsrechnung

ÜBUNG 1 **S. 86**

| | | | | |
|---|---|---|---|---|
| **G** | 120 € | 680 km | 775 € | 7,6 kg |
| **W** | 45 € | 17 km | 736,25 € | 1,9 kg |
| **p %** | 37,5 % | 2,5 % | 95 % | 25 % |

ÜBUNG 2 **S. 86**

27 % von 158 sind 42,66.
Es wurden 43 Fahrzeuge beanstandet.

ÜBUNG 3 **S. 86**

40 € von 450 € sind ca. 8,9 %.
Sie müssen ungefähr 8,9 % mehr Miete bezahlen.

ÜBUNG 4 **S. 86**

562 Fliesen entsprechen 92 %, daraus folgt:
100 % entsprechen 610,87 Fliesen.
Ein Fliesenleger benötigt für dieses Bad insgesamt ca. 611 Fliesen.

ÜBUNG 5 **S. 86**

80 % entsprechen 23 600 €. Daraus folgt: 100 % entsprechen 29 500 €.
Der Preis des Neuwagens betrug vor der Senkung 29 500 €.

ÜBUNG 6 **S. 86**

$$Z = \frac{K \cdot p}{100} = \frac{8\,000\,€ \cdot 6{,}9}{100} = 552\,€$$

Die Firma muss jährlich 552 € Zinsen bezahlen.

ÜBUNG 7 **S. 86**

$$p = \frac{Z \cdot 100}{K} = \frac{199\,€ \cdot 100}{1\,000\,€} = 19{,}9\,\%$$

Der Zinssatz beträgt 19,9 %. Diesen Zinssatz kann man als Wucher bezeichnen.

ÜBUNG 8 **S. 87**

**a)** 8 € (Jahreszins: 48 €)
**b)** 318 € (Jahreszins: 432 €)
**c)** 12,35 € (Jahreszins: 18,53 €)
**d)** 31,25 € (Jahreszins: 56,25 €)

ÜBUNG 9 **S. 87**

| | Guthaben | Zinsen | neues Guthaben |
|---|---|---|---|
| **2017** | 2 400,00 € | 60,00 € | 2 460,00 € |
| **2018** | 2 460,00 € | 61,50 € | 2 521,50 € |
| **2018** | 2 521,50 € | 63,04 € | 2 584,54 € |

ÜBUNG 10 **S. 87**

**Mit Zinseszins:**

$K_5 = 12\,000\,€ \cdot \left(1 + \frac{3}{100}\right)^5 \approx 13\,911{,}30\,€$

**Ohne Zinseszins:**

Jahreszins: 360 €

Kapital nach 5 Jahren:

12 000 € + 5 · 360 € = 13 800 €.

Werden die Zinsen mitverzinst, ist das Kapital um 111,30 € höher.

## Klassenarbeiten

AUFGABE 1 **S. 88**

Die Überschrift der Anzeige steht im Widerspruch zu ihrem Inhalt, denn jeder Vierte entspricht 25 % und nicht 4 % der Befragten.

AUFGABE 2 **S. 88**

6 Personen entsprechen 150 %, daher entsprechen 100 % 4 Personen. Der Fahrstuhl ist nur für 4 Personen zugelassen.

AUFGABE 3 **S. 88**

Preis nach der 1. Senkung: 465,50 €;

Preis nach der 2. Senkung: 418, 95 €;

Senkung gesamt: 71,05 €

$p = \frac{71{,}05 \cdot 100}{490} = 14{,}5\,\%$

Der Preis wurde insgesamt um 14,5 % (nicht um 15 %!) gesenkt.

AUFGABE 4 **S. 88**

Nettopreis ≙ 100 %; Bruttopreis ≙ 119 %

(Auf den Nettopreis werden noch einmal 19 % des Nettopreises aufgeschlagen.)

$179\,€ \mathrel{\hat{=}} 119\,\%;\ G = \frac{179\,€ \cdot 100}{119} = 150{,}42\,€$

Würde der Händler tatsächlich die Mehrwertsteuer vollständig übernehmen, würde das Bett nur 150,42 € kosten.

AUFGABE 5 **S. 88**

Bank A: 1 500 € Jahreszins, 125 € Monatszins;

Bank B: 1 900,08 € Jahreszins, Zinssatz: 9,5 %

Das Angebot der Bank A ist das wesentlich günstigere.

AUFGABE 6 **S. 88**

Jahreszins: 147 €; Zinsen für 165 Tage: 67,38 €

Die Zinsen für diesen Zeitraum betragen 67,38 €.

AUFGABE 7 **S. 88**

**a)** Zinsen nach 5 Monaten: 750 €, gesamte Rückzahlung: 15 750 €

**b)** $Z = 15\,000\,€ \cdot \left(1 + \frac{12}{100}\right)^5 = 26\,435{,}10\,€$

Die gesamte Rückzahlung beträgt 26 435,10 €, d. h., es sind 11 435,10 € Zinsen zu zahlen.

AUFGABE 8 **S. 89**

| | | | | | | |
|---|---|---|---|---|---|---|
| p | 12,5 % | 25 % | **20 %** | 175 % | **4 %** | 40 % |
| W | **50 kg** | 82 km | 0,8 km | 455 € | 400 m² | **84 m³** |
| G | 400 kg | **328 kg** | 4 000 m | **260 €** | 1 ha | 210 m³ |

AUFGABE 9 **S. 89**

Jahreszinsen: 199,95 €; Monatszinsen: 16,67 €

Er muss 11 Monate warten, bis er das Geld zusammen hat.

AUFGABE 10 **S. 89**

$Z_t = \frac{K \cdot p \cdot t}{100 \cdot 360}$; t = Anzahl Tage

Bis zur Auflösung des Kontos vergehen 139 Tage, die Zinsen betragen dann 33,73 €.

**AUFGABE 11** **S. 89**

| | a) | b) | c) | d) |
|---|---|---|---|---|
| Rückzahlung | 5 008,50 € | 4 919 € | 4 986 € | 4 986 € |
| zusätzliche Kosten | 508,50 € | 419 € | 486 € | 486 € |

Das günstigste Angebot ist b).

**AUFGABE 12** **S. 89**

**a)** $K_n = K \cdot \left(1 + \frac{p}{100}\right)^n = 2K$

n = 12,95 Jahre = 12 Jahre 342 Tage

Nach rund 13 Jahren verdoppelt sich das Vermögen.

**b)** $K_{10} = K \cdot \left(1 + \frac{x}{100}\right)^{10} = 2K$; x = 7,18

Damit sich das Vermögen schon in 10 Jahren verdoppelt, muss der Zinssatz 7,18 % betragen.

**c)** Ebenfalls nach 12 Jahren und 342 Tagen. Die Höhe des Kapitals hat keinen Einfluss auf die Dauer.

# 8 Zufallsversuche und Wahrscheinlichkeiten

**ÜBUNG 1** **S. 91**

**a)** + **b)** Individuelle Lösung

**c)** Je häufiger das Experiment wiederholt wird, desto mehr nähert sich die relative Häufigkeit der Wahrscheinlichkeit für das Eintreten eines Ereignisses.

**ÜBUNG 2** **S. 91**

$P(\text{Rot}) = \frac{2}{9}$; $P(\text{Blau}) = \frac{3}{9}$; $P(\text{Gelb}) = \frac{4}{9}$

Es ist mit einem Gewinn zu rechnen, da für den Erwartungswert E(X) gilt:

$E(X) = \frac{2}{9} \cdot 2\,€ + \frac{3}{9} \cdot 0{,}5\,€ - \frac{4}{9} \cdot 1\,€ \approx 0{,}17\,€$

**ÜBUNG 3** **S. 91**

**a)** $P(\text{Herz; Herz}) = \frac{1}{25}$;

$P(\text{2 gleiche (kein Herz)}) = \frac{4}{25}$;

Für den zu erwartenden Gewinn E(X) gilt:

$E(X) = \frac{1}{25} \cdot 6\,€ + \frac{4}{25} \cdot 1\,€ - \frac{20}{25} \cdot 1\,€ = -\frac{10}{25} = -0{,}40\,€$

Das Spiel ist nicht fair. Man muss im Schnitt mit einem Verlust von 0,40 € rechnen. Dies sind 40 % des Einsatzes.

**b)** Ja, denn es werden im Schnitt 60 % (60 ct pro 1 € Einsatz) aller Einsätze wieder ausgespielt.

**ÜBUNG 4** **S. 94**

**a)** $\overline{E}$: Er hat keine von vier Fragen richtig beantwortet.

**b)** $\overline{E}$: Er hat keine von vier Fragen falsch beantwortet.

**ÜBUNG 5** **S. 94**

**a)** $p = \frac{1}{81} \approx 1{,}2\,\%$

**b)** $p = 1 - \frac{1}{81} = \frac{80}{81} \approx 98{,}8\,\%$

**c)** $p = 1 - \left(\frac{2}{3}\right)^4 = 1 - \frac{16}{81} = \frac{65}{81} \approx 80{,}2\,\%$

**ÜBUNG 6** **S. 94**

**a)** $\binom{4}{3} = 4$; $P(x = 3) = 4 \cdot 0{,}9^3 \cdot 0{,}1 \approx 0{,}2916$

**b)** 11. Zeile pascalsches Dreieck:

1 10 45 120 210 252 210 120 45 10 1

$\binom{10}{5} = 252$; $P(x = 5) = 252 \cdot 0{,}4^5 \cdot 0{,}6^5 \approx 0{,}2007$

**c)** 8. Zeile pascalsches Dreieck:

1 7 21 35 35 21 7 1

$P(x \geq 4) = 35 \cdot 0{,}2^4 \cdot 0{,}8^3 + 21 \cdot 0{,}2^5 \cdot 0{,}8^2$
$+ 7 \cdot 0{,}2^6 \cdot 0{,}8^1 + 1 \cdot 0{,}2^7 \cdot 0{,}8^0 \approx 0{,}0333$

**ÜBUNG 7** **S. 95**

Mit einer Wahrscheinlichkeit von ca.

**a)** 0,168 07 trifft er fünfmal.

**b)** 0,997 6 trifft er mindestens einmal.

**c)** 0,836 9 trifft er mindestens dreimal.

**d)** 0,471 8 trifft er höchstens dreimal.

**ÜBUNG 8** **S. 95**

**a)** $P(x = 9) \approx 0{,}0404$; **b)** $P(x \geq 7) \approx 0{,}4628$;
**c)** $P(x \leq 4) \approx 0{,}0988$; **d)** $P(x = 0) \approx 0{,}000020$

**ÜBUNG 9** **S. 97**

**a)** Die Wahrscheinlichkeit, dass beide Kinder Mädchen sind, beträgt 0,5.
**b)** Die Wahrscheinlichkeit, dass beide Kinder Mädchen sind, beträgt $\frac{1}{3}$, also ca. 0,33.

**ÜBUNG 10** **S. 97**

D: Teilnehmer(in) ist Deutsche(r).
$\overline{D}$: Teilnehmer(in) ist Französin oder Franzose.
T: Teilnehmer(in) trinkt Orangensaft.
$\overline{T}$: Teilnehmer(in) trinkt keinen Orangensaft.

| | D | $\overline{D}$ | |
|---|---|---|---|
| T | 13 | 2 | 15 |
| $\overline{T}$ | 37 | 48 | 85 |
| | 50 | 50 | 100 |

13 der insgesamt 15 Orangensaft-Trinker(innen) sind Deutsche, d.h., mit einer Wahrscheinlichkeit von $\frac{13}{15} \approx 0{,}87$ handelt es sich um eine Deutsche bzw. einen Deutschen.

**ÜBUNG 11** **S. 98**

**a)** $\frac{14}{25}$; **b)** $\frac{13}{25}$; **c)** $\frac{7}{25}$; **d)** $\frac{8}{25}$; **e)** $\frac{(12+6)}{25} = \frac{18}{25}$;
**f)** $\frac{4}{25}$; **g)** $\frac{6}{14}$; **h)** $\frac{7}{11}$; **i)** $\frac{8}{14}$; **j)** $\frac{4}{11}$; **k)** $\frac{7}{13}$; **l)** $\frac{4}{12}$

**ÜBUNG 12** **S. 98**

| | Test + | Test – | |
|---|---|---|---|
| gesund | 2,997 | 996,003 | 999 |
| krank | 0,997 | 0,003 | 1 |
| | 3,994 | 996,006 | 1000 |

Die Wahrscheinlichkeit, bei einem positiven Testergebnis erkrankt zu sein, beträgt ca. 0,25.

**ÜBUNG 13** **S. 98**

Tim hat nicht recht, da er durch die Information, dass Jakob in jedem Fall bestraft wird, nichts wesentlich Neues erfährt: Dass einer der beiden bestraft wird, war schon bekannt. Dass er jetzt weiß, welcher der beiden bestraft wird, ändert nichts an der Wahrscheinlichkeit.

## Klassenarbeiten

**AUFGABE 1** **S. 99**

Gewinn = $0{,}015 \cdot 5\,€ + 0{,}03 \cdot 2\,€ - 0{,}075 \cdot 1\,€ \approx 0{,}06$
Es ist mit einem Gewinn von ca. 6 Cent zu rechnen.

**AUFGABE 2** **S. 99**

**a)** $P(x \geq 5) \approx 0{,}9527$
**b)** $P(X \leq 2) \approx 0{,}0016$
**c)** $P(x \geq 7) \approx 0{,}6496$

**AUFGABE 3** **S. 99**

**a)** 0,0970; **b)** 0,8390; **c)** 0,3660; **d)** 0,8394;
**e)** 0,1610; **f)** 0,1605; **g)** 0,1622

**AUFGABE 4** **S. 100**

**a)** 0 Erfolge: $\binom{5}{0} \cdot \left(\frac{1}{6}\right)^0 \cdot \left(\frac{5}{6}\right)^5 \approx 0{,}402 \approx 40{,}2\,\%$
1 Erfolg: $\binom{5}{1} \cdot \left(\frac{1}{6}\right)^1 \cdot \left(\frac{5}{6}\right)^4 \approx 0{,}402 \approx 40{,}2\,\%$
2 Erfolge: $\binom{5}{2} \cdot \left(\frac{1}{6}\right)^2 \cdot \left(\frac{5}{6}\right)^3 \approx 0{,}161 \approx 16{,}1\,\%$
3 Erfolge: $\binom{5}{3} \cdot \left(\frac{1}{6}\right)^3 \cdot \left(\frac{5}{6}\right)^2 \approx 0{,}032 \approx 3{,}2\,\%$
4 Erfolge: $\binom{5}{4} \cdot \left(\frac{1}{6}\right)^4 \cdot \left(\frac{5}{6}\right)^1 \approx 0{,}00321 \approx 0{,}321\,\%$
5 Erfolge: $\binom{5}{5} \cdot \left(\frac{1}{6}\right)^5 \cdot \left(\frac{5}{6}\right)^0 \approx 0{,}00013 \approx 0{,}013\,\%$
**b)** $1 - \left(\frac{5}{6}\right)^5 \approx 0{,}598 = 59{,}8\,\%$
**c)** zehnmal Werfen: $1 - \left(\frac{5}{6}\right)^{10} \approx 0{,}838 = 83{,}8\,\%$;
zwanzigmal Werfen: 97,3 %; fünfzigmal Werfen: 99,99 % ≈ 100 %

**AUFGABE 5** **S. 100**

**a)** $\frac{1}{8} \cdot \frac{1}{8} \cdot \frac{1}{8} \cdot = \frac{1}{512}$
**b)** $\frac{3}{8} \cdot \frac{3}{8} \cdot \frac{3}{8} \cdot \frac{3}{8} = \frac{81}{4096}$
**c)** $1 - P(\text{keine } 8) = 1 - \left(\frac{7}{8}\right)^5 \approx 0{,}487$
**d)** $\frac{1}{8} \cdot \frac{1}{8} \cdot \frac{7}{8} \cdot \frac{7}{8} = \frac{49}{4096} = 0{,}012$

**AUFGABE 6** **S. 100**

**a)** Wahrscheinlichkeiten:

„Sechs“: $\frac{1}{6}$; „keine Sechs“: $\frac{5}{6}$;

4-stufiges Experiment: $2 \cdot 2 \cdot 2 \cdot 2 = 16$ Ergebnisse; s. Grafik unten

**b)** 1 Ergebnis mit 4 Sechsen; 4 Ergebnisse mit 3 Sechsen; 6 Ergebnisse mit 2 Sechsen; 4 Ergebnisse mit 1 Sechs; 1 Ergebnis mit 0 Sechsen

**c)** $P(4\text{ Sechsen}) = 1 \cdot \left(\frac{1}{6}\right)^4 = 0{,}077\,\%$;

$P(3\text{ Sechsen}) = 4 \cdot \left(\frac{1}{6}\right)^3 \cdot \left(\frac{5}{6}\right)^1 = 1{,}543\,\%$;

$P(2\text{ Sechsen}) = 6 \cdot \left(\frac{1}{6}\right)^2 \cdot \left(\frac{5}{6}\right)^2 = 11{,}57\,\%$;

$P(1\text{ Sechs}) = 4 \cdot \left(\frac{1}{6}\right)^1 \cdot \left(\frac{5}{6}\right)^3 = 38{,}58\,\%$;

$P(0\text{ Sechsen}) = 1 \cdot \left(\frac{5}{6}\right)^4 = 48{,}23\,\%$;

Probe: $0{,}077\,\% + 1{,}543\,\% + 11{,}57\,\% + 38{,}58\,\% + 48{,}23\,\% \approx 100\,\%$

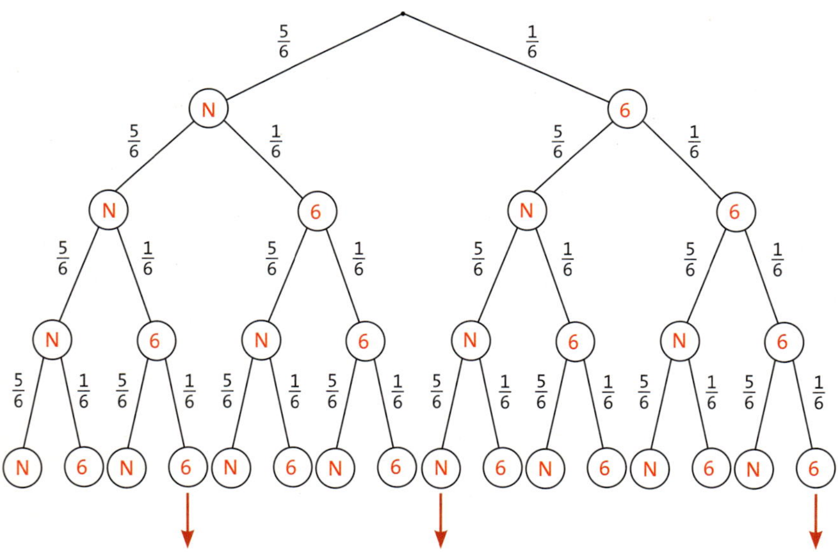


Beispiele: $\frac{5}{6} \cdot \frac{5}{6} \cdot \frac{1}{6} \cdot \frac{1}{6} = \left(\frac{5}{6}\right)^2 \cdot \left(\frac{1}{6}\right)^2$ $\quad \frac{1}{6} \cdot \frac{5}{6} \cdot \frac{5}{6} \cdot \frac{5}{6} = \frac{1}{6} \cdot \left(\frac{5}{6}\right)^3$ $\quad \frac{1}{6} \cdot \frac{1}{6} \cdot \frac{1}{6} \cdot \frac{1}{6} = \left(\frac{1}{6}\right)^4$

# 9 Ganzrationale Funktionen

**ÜBUNG 1** **S. 103**

**a)** Grad 3; Koeffizienten: 1, –5, 0, –7
**b)** Grad 5; Koeffizienten: 1, –9, 4, –5, –7, –12
**c)** Grad 4; Koeffizienten: 2, 1, –3, 0, 0
**d)** Grad 4; Koeffizienten: 2, 0, –1, 0, 3
**e)** Grad 0; Koeffizienten: –5
**f)** Grad 6; Koeffizienten: –1, 0, 0, 2, 0, –8, 17

**ÜBUNG 2** **S. 103**

**a)**

| x | –2,5 | –2 | –1 | 0 | 0,5 | 1 | 1,5 |
|---|---|---|---|---|---|---|---|
| $f_3(x)$ | –1,6 | 0 | 0,5 | 0 | 0,31 | 1,5 | 3,93 |

**b)**

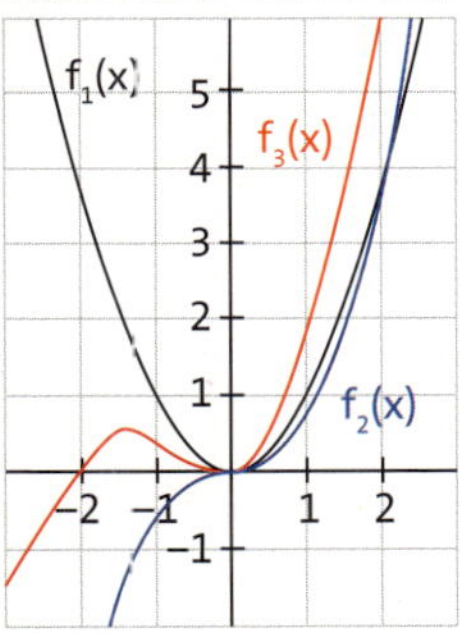


Jeder Funktionswert von $f_3$ entsteht durch die Addition der entsprechenden Funktionswerte von $f_1$ und $f_2$.

**ÜBUNG 3** **S. 103**

**a)** $-3{,}5x + 14{,}7 = 0;\ x_0 = 4{,}2$
**b)** $2x - 5 = 0;\ x_0 = 2{,}5$
**c)** Es existiert keine Nullstelle.
**d)** $x(x - 4{,}8) = 0;\ x_1 = 0,\ x_2 = 4{,}8$
**e)** $2x^2 - 18 = 0;\ x_1 = -3,\ x_2 = 3$
**f)** $3x^2 + 6x = 3x(x + 2);\ x_1 = 0,\ x_2 = -2$
**g)** $(x - 2)(x + 4{,}5) = 0;\ x_1 = -4{,}5,\ x_2 = 2$
**h)** $x^2 - 3x - 10 = 0;\ x_1 = -2,\ x_2 = 5$
**i)** $x^2 + 3x + 10 = 0$; die Gleichung hat keine Lösung, also gibt es keine Nullstellen.

**ÜBUNG 4** **S. 103**

**a)** $x(x^2 - 4x - 21) = 0;\ x_1 = 0,\ x_2 = 7,\ x_3 = -3$
**b)** $(x^3 + 4x^2 - 29x + 24) : (x - 1) = x^2 + 5x - 24;$
$x_1 = 1,\ x_2 = -8,\ x_3 = 3$
**c)** $z = x^2;\ z^2 - 13z + 36 = 0;\ z_1 = 4,\ z_2 = 9,\ x_1 = -2,$
$x_2 = 2,\ x_3 = -3,\ x_4 = 3$
**d)** $2x^3(3x^2 - 25) = 0;\ x_1 = 0,\ x_2 = -2{,}89,\ x_3 = 2{,}89$

**ÜBUNG 5** **S. 104**

**a)** $(x^3 + 2x^2 - 5x - 6) : (x + 1) = x^2 + x - 6;\ x_1 = -1,$
$x_2 = -3,\ x_3 = 2$
**b)** $x(x^3 - 3x^2 - 6x + 18) = 0 \Rightarrow x_1 = 0;$
$(x^3 - 3x^2 - 6x + 18) : (x - 3) = x^2 - 6 \Rightarrow x_2 = 3,$
$x_3 = -\sqrt{6},\ x_4 = \sqrt{6}$

**ÜBUNG 6** **S. 104**

**a)** $\frac{1}{4}x^3 + \frac{1}{4}x^2 - 3x = \frac{1}{4}x(x^2 + x - 12);$
$(x^2 + x - 12) : (x - 3) = x + 4;$
$f(x) = \frac{1}{4}(x - 3)(x + 4)x$
**b)** $f(x) = (x - 3{,}5)(x + 3{,}5)(x - 2)(x + 2)$

**ÜBUNG 7** **S. 104**

**a)** 4; **b)** 3; **c)** 2; **d)** 1

**ÜBUNG 8** **S. 104**

Multipliziert man $f(x) = x^3 - x^2 + 2x - 3$ mit dem Faktor $-\frac{1}{6}$, erhält man $g(x)$. Wenn gilt: $f(x) = x^3 - x^2 + 2x - 3 = 0$, so gilt auch: $-\frac{1}{6}(x^3 - x^2 + 2x - 3) = -\frac{1}{6} \cdot 0 = 0$ (beide Seiten der Gleichung mit $\frac{1}{6}$ multipliziert). Damit gilt aber auch: $g(x) = 0$. Beide Funktionen haben also für dieselben Werte von x Nullstellen.

**ÜBUNG 9** **S. 104**

Nachvollziehen der Polynomdivision führt zu:
**a)** $a = -36$; **b)** $a = -1$

**ÜBUNG 10** **S. 104**

**a)** $f(x) = (-1)(x + 1)(x - 2)(x - 4)$
$= -x^3 + 5x^2 - 2x - 8$
**b)** $f(x) = -2x^2(x - 5)^3 = -2x^5 + 30x^4 - 150x^3 + 250x^2$

**ÜBUNG 11** **S. 106**

**a)** Glied mit dem höchsten Exponenten: $3x^5$; für $x \to -\infty$ gilt: $f(x) = -\infty$; für $x \to \infty$ gilt: $f(x) = +\infty$

**b)** $f(x) = -x^4 - 6x^3 - 12x^2 - 8x$; Glied mit dem höchsten Exponenten: $-x^4$; für $x \to \pm\infty$ gilt: $f(x) = -\infty$

**c)** $f(x) = -x^4 + 4x^3 - 5x^2 + 4x - 4$; Glied mit dem höchsten Exponenten: $-x^4$; für $x \to \pm\infty$ gilt: $f(x) = -\infty$

**ÜBUNG 12** **S. 106**

**a)** $\left(-\frac{1}{2}x - 1\right)(x-2)(x+3) = 0$; $x_1 = -2$; $x_2 = 2$; $x_3 = -3$; Glied mit dem höchsten Exponenten: $-\frac{1}{2}x^3$; für $x \to -\infty$ gilt: $f(x) = +\infty$; für $x \to \infty$ gilt: $f(x) = -\infty$

**b)** $x^2(x-3) = 0$; $x_1 = 0$; $x_2 = 3$; für $x \to -\infty$ gilt: $f(x) = -\infty$; für $x \to \infty$ gilt: $f(x) = +\infty$

**ÜBUNG 13** **S. 106**

$f(x) = 0{,}5x^3 - 2x$ hat nur ungerade Exponenten; $f(3) = 7{,}5$; $f(-3) = -7{,}5$; also: $f(-x) = -f(x)$
f(x) ist symmetrisch zum Koordinatenursprung.
$g(x) = 0{,}2x^4 - 2{,}1x^2 + 0{,}5$ hat nur gerade Exponenten; $g(2) = -4{,}7$; $g(-2) = -4{,}7$; also: $g(-x) = g(x)$
g(x) ist symmetrisch zur y-Achse.

**ÜBUNG 14** **S. 106**

**a)** achsensymmetrisch
**b)** nicht symmetrisch
**c)** punktsymmetrisch
**d)** $f(x) = x^3 - 4x$; punktsymmetrisch
**e)** $f(x) = 2x^3 - 3x$; punktsymmetrisch
**f)** $f(x) = x^2 - 5x + 4{,}25$; nicht symmetrisch
**g)** $f(x) = x^5 - 12x^4 + 36x^3$; nicht symmetrisch
**h)** achsensymmetrisch
**i)** achsensymmetrisch

**ÜBUNG 15** **S. 106**

**a)** Scheitelpunkt (Minimum): $S(-1|-4)$:
$-\infty < x < -1$: monoton fallend;
$-1 < x < \infty$: monoton steigend
**b)** Scheitelpunkt (Maximum): $S(2|4)$:
$-\infty < x < 2$: monoton steigend;
$2 < x < \infty$: monoton fallend

**ÜBUNG 16** **S. 106**

Nein. Die Definition einer Funktion verlangt Eindeutigkeit der Abbildung (jedem x muss genau ein Funktionswert zugeordnet werden), das wäre dann nicht der Fall.

**ÜBUNG 17** **S. 106**

**a)** 3; **b)** 4; **c)** 1; **d)** 2

**ÜBUNG 18** **S. 107**

**a)** Grad 3; **b)** $P_2(1|-2)$; $P(-2|6)$; **c)** $a = -2$;
**d)** $S(0|0)$; **e)** $\frac{1}{3}x(x^2 + 2x - 9) = 0$; $x_1 = 0$;
$x^2 + 2x - 9 = 0$; $x_2 = -4{,}2$; $x_3 = 2{,}2$;
**f)** nicht symmetrisch; **g)** + **h)**

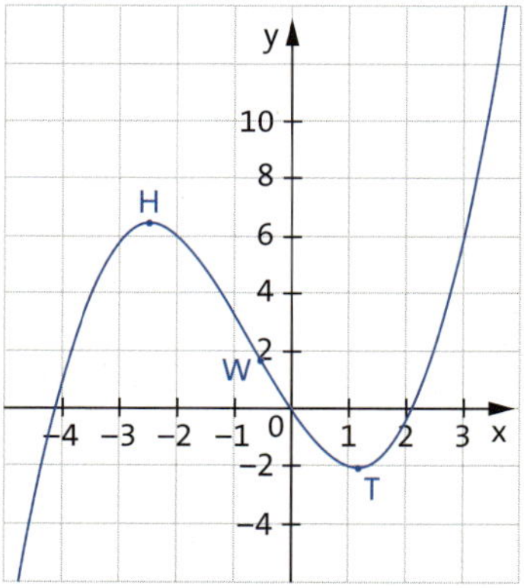


**ÜBUNG 19** **S. 107**

**a)** $x(x^4 + 7{,}25x^2 + 2{,}25) = 0$; $x = 0$; $x^4 + 7{,}25x^2 + 2{,}25 = 0$; die Gleichung hat keine Lösung.

**b)** punktsymmetrisch; nur ungerade Exponenten bzw. $f(-1) = -10{,}5$; $f(1) = 10{,}5$; also $f(-x) = -f(x)$;

**c)** $f(x) = g(x)$
$x^5 + 7{,}25x^3 + 2{,}25x = 2{,}25x$;
$x^5 + 7{,}25x^3 = 0$; $x^3(x^2 + 7{,}25) = 0$;
(I) $x^3 = 0$; $x = 0$
(II) $x^2 + 7{,}25 = 0$; $x^2 = -7{,}25$; keine Lösung
Der einzige gemeinsame Punkt beider Graphen liegt bei $x = 0$; $P(0|0)$. Die Graphen berühren sich hier.

## Klassenarbeiten

**AUFGABE 1 S. 108**

**a)** Grad: 5; Koeffizienten: $-3{,}1; \frac{5}{8}; -\sqrt{3}; 0; -7$

**b)** $f(x) = 0{,}24x^6 + 0{,}72x^5 - 0{,}96x^4 - 2{,}88x^3$;
Grad: 6; Koeffizienten: 0,24; 0,72; −0,96; −2,88; 0; 0; 0

**AUFGABE 2 S. 108**

**a)** $x^2 + 1{,}6x - 0{,}36 = 0; x_1 = 0{,}2; x_2 = -1{,}8$

**b)** $x^2 + \frac{5}{12}x - \frac{1}{4} = 0; x_1 = -\frac{3}{4}, x_2 = \frac{1}{3}$

**c)** $x(x^2 + 0{,}5x - 18) = 0; x_1 = 0, x_2 = -4{,}5; x_3 = 4$

**d)** $x^3(x - 1) = 0; x_1 = 0, x_2 = 1$

**e)** $\left(\frac{1}{4}t + 3\right)\left(2 - \frac{3}{5}t\right) = 0; t_1 = -12, t_2 = \frac{10}{3}$

**f)** $12r^2(r^2 - 0{,}36) = 0; r_1 = 0, r_2 = -0{,}6, r_3 = 0{,}6$

**AUFGABE 3 S. 108**

achsensymmetrisch: $a = 0; b \in \mathbb{R}; c = 0$;
punktsymmetrisch: $a \in \mathbb{R}; b = 0; c \in \mathbb{R}$

**AUFGABE 4 S. 108**

**a)** keine Symmetrie, weil gerade und ungerade Exponenten vorhanden sind

**b)** Probieren mit den Teilern von 16: $x_1 = 1$;
Polynomdivision: $x^2 - 8x + 16 = 0; x_2 = 4$

**c)** $f(2) = 4; f(3) = 2; f(4) = 0$

$m = \frac{y_2 - y_1}{x_2 - x_1}$; aus $f(2) = 4$ und $f(3) = 2$ folgt:

$m = \frac{2-4}{3-2} = -2; b = 8$

$y = -2x + 8; P(4|0): (-2) \cdot 4 + 8 = 0$

**AUFGABE 5 S. 108**

**a)** $z = x^2; z_1 = 6{,}25; z_2 = 1; x_1 = 2{,}5; x_2 = -2{,}5; x_3 = 1; x_4 = -1$

**b)** $P_1(-2|-6{,}75); P_3(2|-6{,}75)$

**c)** achsensymmetrisch; da nur gerade Exponenten bzw. $f(2) = f(-2) = -6{,}75$, also $f(-x) = f(x)$

**d)**

| | | | |
|---|---|---|---|
| **x** | −3 | −2 | −1,5 |
| **y** | 22 | −6,75 | −5 |
| **x** | −1 | −0,5 | 0 |
| **y** | 0 | 4,5 | 6,25 |

Aufgrund der Achsensymmetrie gleiche Funktionswerte für $x > 0$.

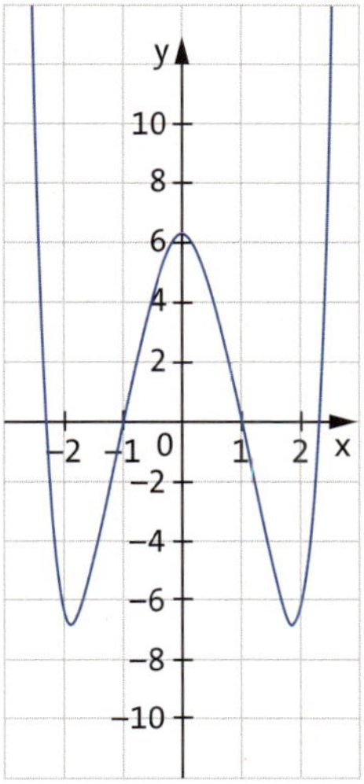


**e)** $g(x) = x^4 - 7{,}25x^2$

**f)** $x^4 - 7{,}25x^2 + 6{,}25 = -x^2 + 2{,}25$; Lösen der Gleichung ergibt:
$x_1 = -2{,}34; x_2 = -0{,}88; x_3 = 0{,}88; x_4 = 2{,}34$;
$S_1(-2{,}34|-3{,}22); S_2(-0{,}88|1{,}48); S_3(0{,}88|1{,}48); S_4(2{,}34|-3{,}22)$

**AUFGABE 6 S. 108**

**a)** $f(x) = (x-2)(x+4)x^2 = x^4 - 2x^2 + 4x^3 - 8x$

**b)** $f(x) = (x+3)(x+\sqrt{5})x(x-\sqrt{5})(x-3)$
$= x(x^2-9)(x^2-5) = x^5 - 14x^3 + 45x$

# 10 Ableitung und Eigenschaften von Funktionen

**ÜBUNG 1** **S. 110**

$m = \frac{f(x_1) - f(x_0)}{x_1 - x_0}$

**a)** $m = \frac{0{,}5 - (-1)}{2 - 1} = 1{,}5$

**b)** $m = \frac{4{,}625 - 3}{3{,}5 - 3} = 3{,}25$

**c)** $m = 11$

**ÜBUNG 2** **S. 110**

**a)** $m = 6{,}8$; **b)** $m = 6{,}8$; **c)** $m = 330{,}8$

**ÜBUNG 3** **S. 110**

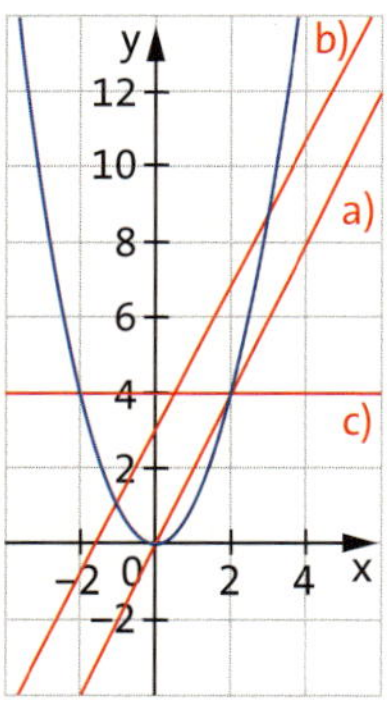


**a)** $m = 2$; **b)** $m = 2$; **c)** $m = 0$

**ÜBUNG 4** **S. 110**

a)

| $x_n$ | $x_n - x_0$ | $f(x_n) - f(x_0)$ | $\frac{f(x_n) - f(x_0)}{x_n - x_0}$ |
|---|---|---|---|
| 3 | 1 | 5 | 5 |
| 2,5 | 0,5 | 2,25 | 4,5 |
| 2,3 | 0,3 | 1,29 | 4,3 |
| 2,1 | 0,1 | 0,41 | 4,1 |
| 2,01 | 0,01 | 0,0401 | 4,01 |
| 1 | −1 | −3 | 3 |
| 1,5 | −0,5 | −1,75 | 3,5 |
| 1,7 | −0,3 | −1,11 | 3,7 |
| 1,9 | −0,1 | −0,39 | 3,9 |
| 1,99 | −0,01 | −0,0399 | 3,99 |

**b)** Sowohl das rechts- als auch das linksseitige Herangehen liefern den Grenzwert 1.

**ÜBUNG 5** **S. 110**

**a)** $f(2) = 3$; $P(2|3)$; $y_T = 2x - 1$

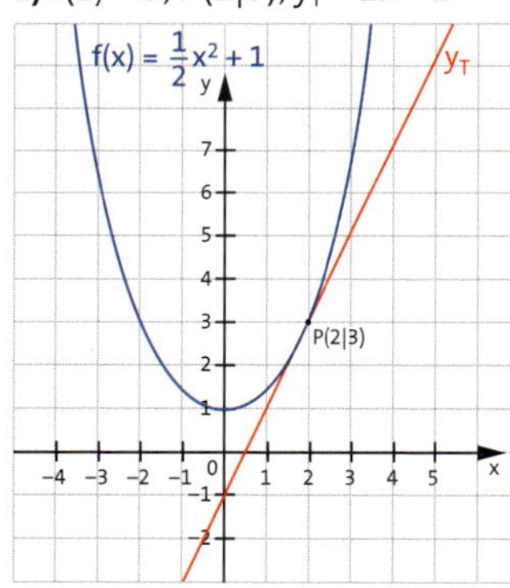


**b)** $f(1) = 0$; $P(1|0)$; $y_T = 3x - 3$

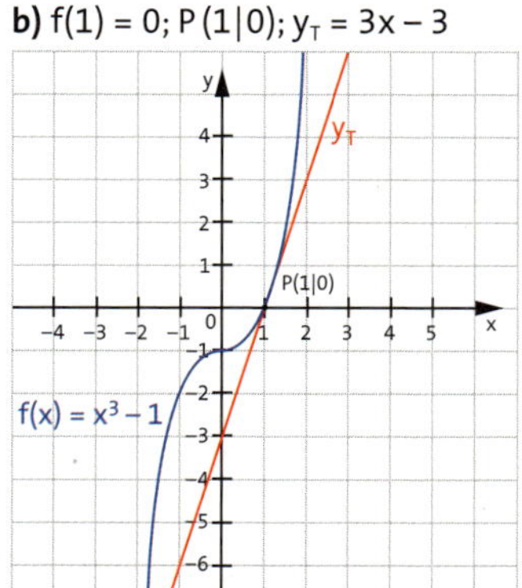

**ÜBUNG 6** **S. 112**

$f'(x_0) = \lim\limits_{h \to 0} \frac{f(x_0 + h) - f(x_0)}{h}$

**a)** $f'(x) = 2x; f'(2) = 4$
**b)** $f'(x) = 6x; f'(1) = 6$
**c)** $f'(x) = 15x^2; f'(-2) = 60$
**d)** $f'(x) = 2x - 6; f'(3) = 0$
**e)** $f'(x) = 2x - 1; f'(4) = 7$
**f)** $f'(x) = -3x^2; f'(0) = 0$

**ÜBUNG 7** **S. 112**

**a)** $f'(x) = 3x^2; f'(2) = 12$; **b)** $f'(x) = -x; f'(-1) = 1$;
**c)** $f'(x) = -9x^2; f'(0) = 0$; **d)** $f'(x) = -4x; f'(1) = -4$;
**e)** $f'(x) = 3x^2 + 5; f'(2) = 17$

**ÜBUNG 8** **S. 112**

$f'(x) = \frac{3(x_0 + h)^2 + 5(x_0 + h) - 2 - 3x_0^2 - 5x_0 + 2}{h} = 6x + 5$

Die Funktion ist an jeder Stelle differenzierbar.

**ÜBUNG 9** **S. 112**

**a)** $f'(x_0) = \lim\limits_{h \to 0} \frac{f(x_0 + h) - f(x_0)}{h}$

$= \lim\limits_{h \to 0} \frac{(x_0 + h)^3 + (x_0 + h)^2 - x_0^3 - x_0^2}{h}$

$= \lim\limits_{h \to 0} 3x_0^2 + 4h + h^2 + 2x_0 = 3x_0^2 + 2x_0$

$f'(-1) = 1; f'(0) = 0; f'(1) = 5; f'(1,5) = 9,75;$

$f'(2) = 16; f'(3) = 33$

**b)**

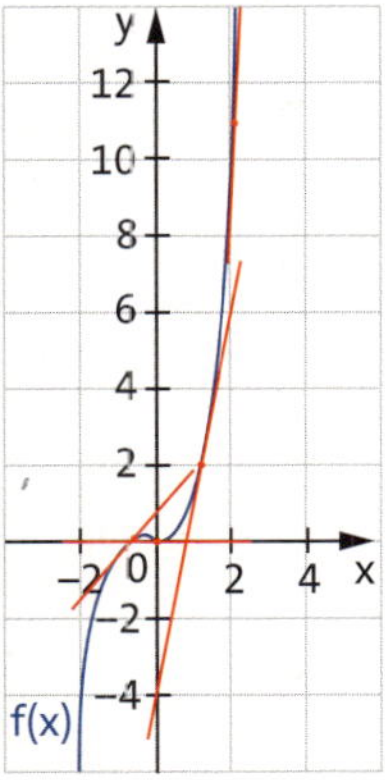


Die berechneten Grenzwerte sind die Steigungen der Tangenten an den Graphen der Funktion.

**ÜBUNG 10** **S. 112**

**a)** $f(-2) = 2; f(-1) = 0,5; f(0) = 0; f(0,5) = 0,125;$
$f(1,5) = 1,125; f(2) = 2$
**b)** $f'(-2) = -2; f'(-1) = -1; f'(0) = 0; f'(0,5) = 0,5;$
$f'(1,5) = 1,5; f'(2) = 2$

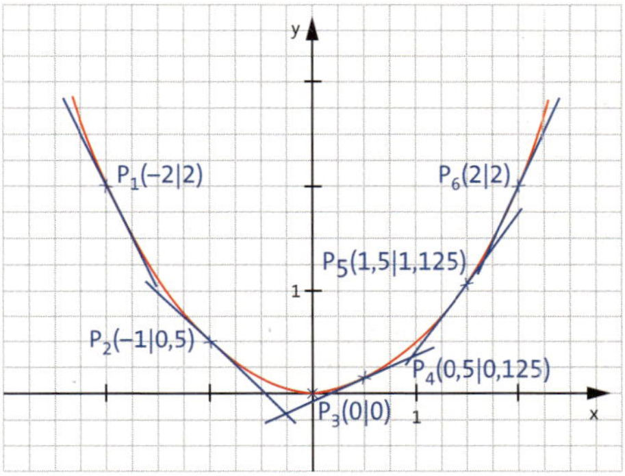


**ÜBUNG 11** **S. 113**

$\overline{v} = \frac{\Delta s}{\Delta t}$

**a)** $\overline{v} = 24 \frac{m}{s}$
**b)** $\overline{v} = 54 \frac{m}{s}$
**c)** Durchschnittsgeschwindigkeiten in
**a)** $86,4 \frac{km}{h}$; in **b)** $194,4 \frac{km}{h}$

**ÜBUNG 12** **S. 113**

**a)** $s(t) = \frac{a}{2}t^2$

Bildung des Grenzwertes des Differenzenquotienten:

$s'(t) = \lim\limits_{h \to 0} \frac{\left(\frac{a}{2}(t + h)^2\right) - \frac{a}{2}t^2}{h} = \lim\limits_{h \to 0} \frac{a}{2} \cdot \frac{t^2 + 2ht + h^2 - t^2}{h}$

$= \lim\limits_{h \to 0} \frac{a}{2} \cdot \frac{2ht + h^2}{h} = \lim\limits_{h \to 0} \frac{a}{2}(2t + h) = at = v(t)$

**b)** $v'(t) = \lim\limits_{h \to 0} \frac{(a(t + h)) - at}{h} = \lim\limits_{h \to 0} a \cdot \frac{t + h - t}{h} = a$

**ÜBUNG 13** **S. 113**

**a)** $P(1,5 | 3,375); f'(1,5) = 6,75$
$3,375 = 6,75 \cdot 1,5 + n; n = -6,75;$
$y_T = 6,75x - 6,75$
**b)** $P(2 | 10); f'(2) = 9$
$10 = 9 \cdot 2 + n; n = -8; y_T = 9x - 8$

**ÜBUNG 14** **S. 113**

**a)** Bestimmung der Koordinaten des Berührungspunktes durch Gleichsetzen von Funktionsgleichung und Tangentengleichung:

$2x + \frac{1}{2} = x - \frac{1}{2}x^2$; $x = -1$; $P(-1|-1{,}5)$

Bestimmen der Tangente an f(x) in P:

Ableitung an der Stelle −1: $f'(-1) = 2$

$-1{,}5 = 2 \cdot (-1) + n$ ; $n = 0{,}5$; $y_T = 2x + 0{,}5$

$y_T = f(x)$

**b)** $y_N = m_N x + n$; $m_N = -\frac{1}{m_T} = -\frac{1}{2} = -0{,}5$

Einsetzen der Koordinaten von P:

$-1{,}5 = (-1) \cdot (-0{,}5) + n$; $n = -2$; $y_N = -0{,}5x - 2$

**c)**

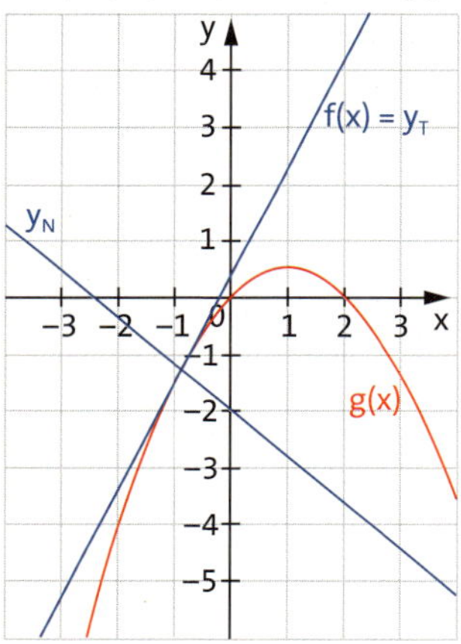


**ÜBUNG 15** **S. 115**

**a)** $f'(x) = 3x^2$; $f'(0) = 0$; $f'(2) = 12$

**b)** $f'(x) = 4x^2 - 1$; $f'(0) = -1$; $f'(2) = 15$

**c)** $f'(x) = -15x^4$; $f'(0) = 0$; $f'(2) = -240$

**d)** $f(x) = 3x^{-1} + 2$; $f'(x) = -3x^{-2}$;

$f'(0)$ = nicht definiert; $f'(2) = -0{,}75$

**ÜBUNG 16** **S. 115**

**a)** $f'(x) = 2x$; $x = 0$

**b)** $f'(x) = 3x^2 - 4x$; $x_1 = 0$; $x_2 = \frac{4}{3}$

**c)** $f'(x) = x^2 - 3$; $x_1 = -\sqrt{3}$; $x_2 = \sqrt{3}$

**ÜBUNG 17** **S. 115**

**a)** $f'(x) = 12x^2 - 2x + 5$; $f''(x) = 24x - 2$; $f'''(x) = 24$

**b)** $f'(x) = \frac{5}{2}x^5 + 4x^4$; $f''(x) = \frac{25}{2}x^4 + 16x^3$;

$f'''(x) = 50x^3 + 48x^2$

**c)** $f'(x) = 6x - 7$; $f''(x) = 6$; $f'''(x) = 0$

**d)** $f'(x) = 0{,}9$; $f''(x) = 0$; $f'''(x) = 0$

**e)** $f(x) = 2x^4 + 3x^3$; $f'(x) = 8x^3 + 9x^2$;

$f''(x) = 24x^2 + 18x$; $f'''(x) = 48x + 18$

**f)** $f'(x) = 3\sqrt{5}x^2$; $f''(x) = 6\sqrt{5}\,x$; $f'''(x) = 6\sqrt{5}$

**ÜBUNG 18** **S. 115**

**a)** $f'(x) = 2x - 4$; $f''(x) = 2$; **b)** $f'(x) = x - 2$; $f''(x) = 1$

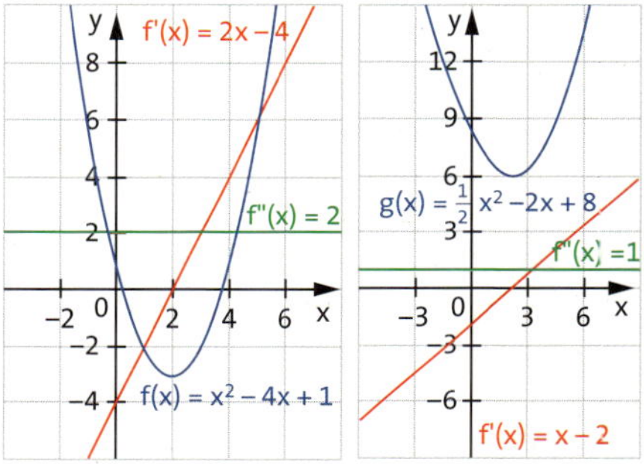


**ÜBUNG 19** **S. 115**

**a)** $f'(x) = 4{,}5 \cos x$; **b)** $f'(x) = -9 \cos x$;

**c)** $f'(x) = \cos x$; **d)** $f'(x) = 2x - 3 \sin x$;

**e)** $f'(x) = -2 \sin x - 5 \cos x$; **f)** $f'(x) = 16x^3 - 2 \cos x$

**ÜBUNG 20** **S. 116**

**a)** $f'(x) = 6x$; **b)** $f'(x) = -4x^{-5}$; **c)** $f'(x) = 8x^3 - 7{,}5x^2$;

**d)** $f'(x) = -3x^{-4}$; **e)** $f'(x) = -2x^{-3} - 3x^{-2}$;

**f)** $f(x) = 7x^3 - x^2$; $f'(x) = 21x^2 - 2x$;

**g)** $f(x) = 4x^2 + 16x + 16$; $f'(x) = 8x + 16$;

**h)** $f'(x) = 1 + 5 \sin x$; **i)** $f'(x) = 2 \cos x + 5 \sin x$

**ÜBUNG 21** **S. 116**

**a)** $f(x) = 7x^2 - x^3$; $f'(x) = 14x - 3x^2$

**b)** $f'(x) = -4x^{-5} - 10x^{-6}$

**c)** $f'(x) = 2x^7 + 6x^{-3}$

**d)** $f(x) = -x^{-2} - 5x^{-4}$; $f'(x) = 2x^{-3} + 20x^{-5}$

**e)** $f(x) = 8x^3 - 24x^2 + 18x$; $f'(x) = 24x^2 - 48x + 18$

**f)** $f'(r) = 16r^3 + 21r^2 - \frac{3}{2}r$

**g)** $f(c) = 3c^3 + 12c^2 + 12c$; $f'(c) = 9c^2 + 24c + 12$

**h)** $f'(b) = \frac{2}{3}b^5 - 10b$

**i)** $f'(x) = 0$

**ÜBUNG 22** **S. 116**

**a)** $f'(x) = 4 - 2x;\ 4 - 2x = 0;\ x = 2$
$x < 2$ streng monoton steigend
$x > 2$ streng monoton fallend
**b)** $f'(x) = -2x^3 + 2;\ -2x^3 + 2 = 0;\ x = 1$
$x < 1$ streng monoton steigend
$x > 1$ streng monoton fallend
**c)** $f'(x) = 3x^2 - 4x;\ 3x^2 - 4x = 0;\ x_1 = 0;\ x_2 = \frac{4}{3}$
$x < 0$ streng monoton steigend
$0 < x < \frac{4}{3}$ streng monoton fallend
$x > \frac{4}{3}$ streng monoton steigend

**ÜBUNG 23** **S. 116**

**a)** $f'(x) = x^2 + x - 2;\ x^2 + x - 2 = 0;\ x_1 = -2;\ x_2 = 1$
$x < -2$ und $x > 1$: streng monoton steigend
$-2 \le x \le 1$: monoton fallend
**b)** $f'(x) = 1 - x^{-2};\ 1 - x^{-2} = 0;\ x_1 = -1;\ x_2 = 1$
$x < -1$ und $x > 1$: streng monoton steigend
$-1 \le x < 0$ und $0 < x \le 1$: monoton fallend

**a)**

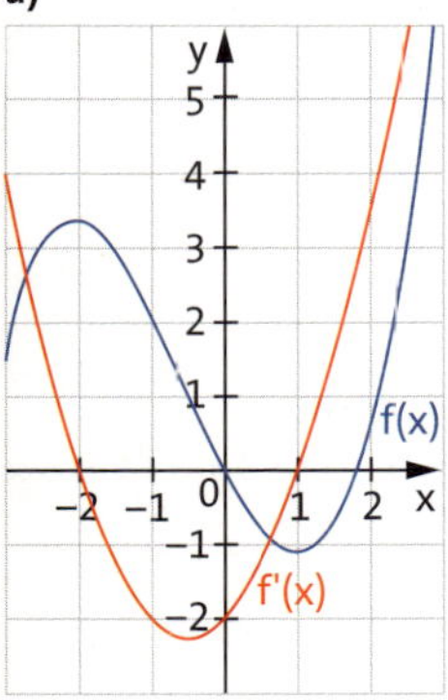


**b)**

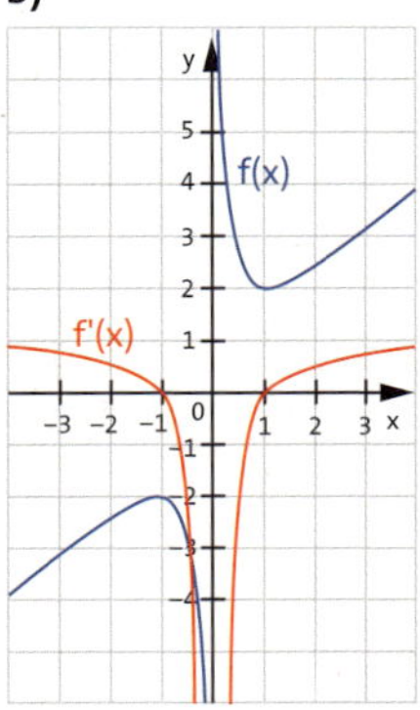


**ÜBUNG 24** **S. 116**

**a)** $f'(x) = -2{,}5$; für alle x streng monoton fallend
**b)** $f'(x) = \frac{3}{5}x^2 - x$ ; $x < 0$: streng monoton steigend;
$x > \frac{5}{3}$: streng monoton steigend;
$0 < x < \frac{5}{3}$: streng monoton fallend
**c)** $f'(x) = \frac{1}{2}x^3 + 4$; $x < -2$: streng monoton fallend;
$x > -2$: streng monoton steigend
**d)** $f'(x) = -\frac{1}{2}x^{-2}$; $x \neq 0$: streng monoton fallend

**ÜBUNG 25** **S. 117**

**a)** $f(x) = 2x^4;\ f'(x) = 8x^3$
**b)** $f(x) = 2x^3;\ f'(x) = 6x^2$
**c)** $f(x) = \frac{4}{2x} + \frac{x}{2x} = \frac{2}{x} + \frac{1}{2} = 2x^{-1} + 0{,}5;\ f'(x) = -2x^{-2}$
**d)** $f'(x) = atx^{t-1}$
**e)** $f'(x) = mrx^{r-1} + 3m(r-1)x^{r-2}$
**f)** $f'(e) = -2e$
**g)** $f'(a) = 0$ (a ist die Variable, kommt aber in der Funktionsgleichung gar nicht vor. Diese ist daher eine Konstante.)
**h)** $g'(a) = 2bxa$
**i)** $f'(x) = 10u^2x^4 - \frac{1}{4}w^{-2}$

**ÜBUNG 26** **S. 117**

Verläuft die Tangente parallel zur x-Achse, ist ihre Steigung gleich null: $m = f'(x) = 0$

**ÜBUNG 27** **S. 117**

Verläuft die Tangente parallel zur x-Achse, ist $f'(x)$ im Berührungspunkt gleich null.
**a)** $f'(x) = -6x^2;\ f'(x_0) = 0;\ x_0 = 0;\ P\,(0|0)$
**b)** $f'(x) = -8x;\ x_0 = 0;\ P\,(0|-6)$
**c)** $f'(x) = x^2 + 3x - 10;\ x_1 = -5;\ x_2 = 2;$
$P_1\,(-5|53{,}8);\ P_2\,(2|-3{,}3)$
**d)** $f'(x) = \cos x;\ x_1 = \frac{\pi}{2};\ x_2 = \frac{3}{2}\pi;$
$P_1\left(\frac{\pi}{2}|1\right);\ P_2\left(\frac{3}{2}\pi|-1\right)$

**ÜBUNG 28** **S. 117**

**a)** $f'(x) = 0{,}3x^2;\ f'(3) = 2{,}7;\ P_0\,(3|2{,}7);\ n = -5{,}4;$
$f_T(x) = 2{,}7x - 5{,}4$
**b)** $f'(x) = -1{,}4x;\ f'(0{,}5) = -0{,}7;\ P_0\,(0{,}5|-5{,}175);$
$n = -4{,}825;\ f_T(x) = -0{,}7x - 4{,}825$
**c)** $f'(x) = -4x^3;\ f'(3) = -108;\ P_0\,(3|-79);\ n = 245;$
$f_T(x) = -108x + 245$
**d)** $f'(x) = -x^{-2};\ f'(2) = -0{,}25;\ P_0\,(2|0{,}5);\ n = 1;$
$f_T(x) = -0{,}25x + 1$

**ÜBUNG 29** **S. 118**

$f'(x) = \cos x$
**a)** $f'\left(\frac{\pi}{3}\right) = 0{,}5;\ f\left(\frac{\pi}{3}\right) = 0{,}867;\ P_0\left(\frac{\pi}{3}|0{,}867\right);$
$n = 0{,}344;\ f_T(x) = 0{,}5x + 0{,}344$
**b)** $f'\left(\frac{\pi}{2}\right) = 0;\ f\left(\frac{\pi}{2}\right) = 1;\ P_0\left(\frac{\pi}{2}|1\right);\ n = 1;\ f_T(x) = 1$
**c)** $f'\left(-\frac{\pi}{4}\right) = 0{,}71;\ f\left(-\frac{\pi}{4}\right) = -0{,}71;$
$P_0\left(-\frac{\pi}{4}|-0{,}71\right);\ n = -0{,}15;\ f_T(x) = 0{,}71x - 0{,}15$

**ÜBUNG 30** **S. 118**

**a)** $f'(x) = 3x^2 - 12$; $x_1 = -2{,}08$; $x_2 = 2{,}08$;
$f(-2{,}08) = 15{,}94$; $f(2{,}08) = -15{,}94$;
$P_1(-2{,}08|15{,}94)$; $P_2(2{,}08|-15{,}94)$;
$y_{T1} = x + 18{,}02$; $y_{T2} = x - 18{,}02$
**b)** $f'(x) = 3x^2 - 3$; $x_1 = -1$; $x_2 = 1$; $f(-1) = 8$; $f(1) = 4$;
$P_1(-1|8)$; $P_2(1|4)$; $y_{T1} = 8$; $y_{T2} = 4$
**c)** $f'(x) = 5x^4 + 15x^2$; $x_1 = -1$; $x_2 = 1$; $f(-1) = -3$;
$f(1) = 9$; $P_1(-1|-3)$; $P_2(1|9)$; $y_{T1} = 20x + 17$;
$y_{T2} = 20x - 11$
**d)** $f'(x) = 8x + 4$; $x = 0{,}5$; $f(0{,}5) = 4$; $P(0{,}5|4)$;
$y_T = 8x$

**ÜBUNG 31** **S. 118**

**a)** $f'(x) = -x$; $f'(2) = -2$; $f(2) = -2$; $n = 2$;
$f_T(x) = -2x + 2$; $\tan\alpha = -2$; $\alpha = 116{,}6°$
**b)** $f'(x) = 3x^2 - 8x$; $f'(2) = -4$; $f(2) = -8$; $n = 0$;
$f_T(x) = -4x$; $\tan\alpha = -4$; $\alpha = 104°$
**c)** $f'(x) = 6x^2 - 2$; $f'_1(1) = 4$; $f_1(1) = 0$; $n_1 = -4$;
$f_{T1}(x) = 4x - 4$; $\tan\alpha_1 = 4$; $\alpha_1 = 76°$
$f'_2(0{,}4) = -1{,}04$; $f_2(0{,}4) = -0{,}672$; $n_2 = -0{,}256$;
$f_{T2}(x) = -1{,}04x - 0{,}256$; $\tan\alpha_2 = -1{,}04$;
$\alpha_2 = 133{,}9°$
**d)** $f'(x) = 2\cos x$; $f'\left(\frac{\pi}{6}\right) = 1{,}73$; $f\left(\frac{\pi}{6}\right) = 1$; $n = 0{,}09$;
$f_T(x) = 1{,}73x + 0{,}09$; $\tan\alpha = 1{,}73$; $\alpha = 60°$

**ÜBUNG 32** **S. 118**

**a)** $f(x) = g(x)$ liefert: $x = 2$; $S(2|0{,}5)$;
$f'(x) = 0{,}25x$; $f'(2) = 0{,}5$; $g'(x) = -x^{-2}$;
$g'(2) = -0{,}25$; $\alpha_1 = 27°$; $\alpha_2 = 166°$
**b)** $\varepsilon = 41°$
**c)**

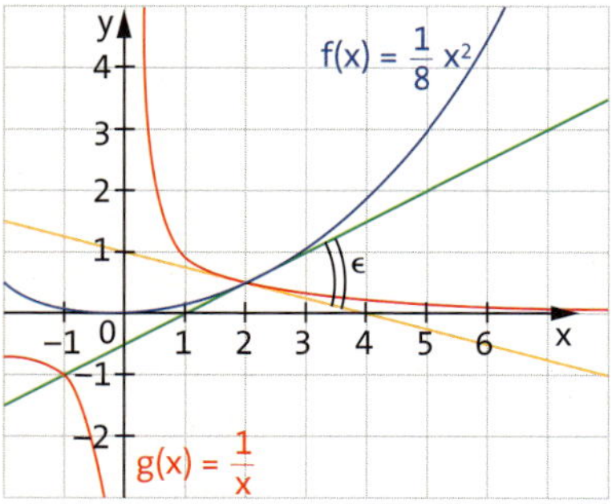


**ÜBUNG 33** **S. 118**

**a)** $P(2|2)$; $f'(x) = x$; $m_T = 2$; $y_T = mx + n$;
$m_T = 2$ und $P(2|2)$ eingesetzt: $n = -2$
Gleichung der Tangente: $t(x) = 2x - 2$
Anstieg der Normalen: $m_n = -\frac{1}{2}$;
$m_n = -\frac{1}{2}$ und $P(2|2)$ eingesetzt: $n = +3$;
Gleichung der Normalen: $n(x) = -\frac{1}{2}x + 3$;
**b)** $\frac{1}{2}x^2 + \frac{1}{2}x - 3 = 0$; $x_1 = +2$; $x_2 = -3$;
$P_1(2|2)$; $P_2(-3|4{,}5)$

**ÜBUNG 34** **S. 118**

$f'(x) = -3x^2 + x$; $g'(x) = 3x^2$; $f'(x) = g'(x)$;
$x_1 = 0$; $x_2 = \frac{1}{6}$
An den Stellen $x_1 = 0$ und $x_2 = \frac{1}{6}$ haben die Funktionen den gleichen Anstieg.

**ÜBUNG 35** **S. 118**

$f(x) = g(x)$; $\tan x = 1$; $x = \frac{\pi}{4}$;
$\sin\frac{\pi}{4} = \cos\frac{\pi}{4} = 0{,}71$; $S\left(\frac{\pi}{4}|0{,}71\right)$
$f'(x) = \cos x$; $f'\left(\frac{\pi}{4}\right) = 0{,}71$; $\alpha_1 = 35{,}4°$;
$g'(x) = -\sin x$; $g'\left(\frac{\pi}{4}\right) = -0{,}71$; $\alpha_2 = 144{,}6°$;
Schnittwinkel $\varepsilon = 109{,}2°$

**ÜBUNG 36** **S. 122**

**a)** $T(2{,}5|4)$ globaler Extremwert (Minimum)
**b)** $H(0{,}33|0{,}5)$; $T(3|-9)$ lokale Extremwerte (Maximum und Minimum)
**c)** $H(4|6)$ globaler Extremwert (Maximum)

**ÜBUNG 37** **S. 122**

$f'(x) = 4x^3 - 6x^2$; $f'(x) = 0$: $x_1 = 0$; $x_2 = 1{,}5$
Vorzeichenwechsel der 1. Ableitung:
$x_1$ keine Extremstelle;
$x_2$ Extremstelle $T(1{,}5|-1{,}68)$ (Minimum)

**ÜBUNG 38** **S. 122**

T = Tiefpunkt; H = Hochpunkt
**a)** $T(3|-1)$
**b)** $T(2|4)$
**c)** $H(2{,}5|0)$
**d)** $H(0|0)$; $T(2|-4)$
**e)** $H(0|0)$; $T(4|-5{,}12)$
**f)** $T_1(-\sqrt{2}|-1)$; $H(0|3)$; $T_2(\sqrt{2}|-1)$

**ÜBUNG 39** **S. 122**

**a)** $f(x) = 30 - 24x + 9x^2 - x^3$
$f'(x) = -3x^2 + 18x - 24$; $x_1 = 2$; $x_2 = 4$
$f''(x) = -6x + 18$; $f''(2) = 6 > 0$: f(2) ist ein Minimum.
$f''(4) = -6 < 0$: f(4) ist ein Maximum.
T (2|10); H (4|14)
**b)** H (−2|0,8); T (0|0)

**ÜBUNG 40** **S. 123**

Nullstellen: $x_{N1} = -2{,}63$; $x_{N2} = 0$; $x_{N3} = 2{,}63$
Ableitungen: $f'(x) = x^4 - \frac{19}{5}x^2 - \frac{4}{5}$;
$f''(x) = 4x^3 - \frac{38}{5}x$;
Extrempunkte $f'(x) = 0$; $x_{E1} = -2$; $x_{E2} = 2$;
Nachweis:
2. Ableitung: $f''(-2) = -16{,}8 < 0$: Maximum
$f''(2) = 16{,}8 > 0$: Minimum
Vorzeichenwechsel der 1. Ableitung:
$f'(-2{,}1) = +1{,}9$; $f'(-1{,}9) = -1{,}5$: Maximum
$f'(1{,}9) = -1{,}5$; $f'(2{,}1) = +1{,}9$: Minimum
H (−2|5,33); T (2|−5,33)

**ÜBUNG 41** **S. 123**

**a)** $f'(x) = 3x^2 - 3$; $f''(x) = 6x$
$f'(-1) = 0$; $f''(-1) = -6 < 0$: Maximum
**b)** $f'(x) = 3x^2 + 11x - 2{,}5$; $f''(x) = 6x + 11$
$f'(4) \neq 0$: kein Extremwert
**c)** $f'(x) = 4x^3 - 9x^2$; $f''(x) = 12x^2 - 18x$
$f'(2) \neq 0$: kein Extremwert
**d)** $f'(x) = x^3 - ax^2$; $f''(x) = 3x^2 - 2ax$
$f'(a) = 0$; $f''(a) = a^2 > 0$: Minimum

**ÜBUNG 42** **S. 123**

**a)** $f'(x) = 12x - 8x^3$; $f''(x) = 12 - 24x^2$;
$f'''(x) = -48x$
$12 - 24x^2 = 0$; $x_1 = -0{,}71$; $x_2 = 0{,}71$
$f'''(-0{,}71) \neq 0$; $f'''(0{,}71) \neq 0$
$W_1$ (−0,71|2,5); $W_2$ (0,71|2,5)
**b)** $f'(x) = \frac{3}{4}x^2 - 4x$; $f''(x) = \frac{3}{2}x - 4$; $f'''(x) = \frac{3}{2}$;
$\frac{3}{2}x - 4 = 0$; $x = 2{,}67$; $f'''(2{,}67) \neq 0$
W (2,67|−9,48)
**c)** quadratische Funktion:
$f(x) = ax^2 + bx + c$; $f'(x) = 2ax + b$; $f''(x) = 2$
2. Ableitung kann nicht 0 werden.
lineare Funktion: $f(x) = mx + n$; $f'(x) = m$;
$f''(x) = 0$; $f'''(x) = 0$
3. Ableitung ist nie ungleich null.

**ÜBUNG 43** **S. 123**

**a)** Nullstellen: $x_{N1} = -1{,}85$; $x_{N2} = 0$; $x_{N3} = 4{,}85$
Ableitungen: $f'(x) = 3x^2 - 6x - 9$; $f''(x) = 6x - 6$
Extrempunkte: H (−1|5); T (3|−27)
Verhalten im Unendlichen: $x \to \pm\infty$: $f(x) \to \pm\infty$
Monotonie: $x < -1$ streng monoton steigend;
$-1 < x < 3$ streng monoton fallend;
$x > 3$ streng mononton steigend
Symmetrie: nicht symmetrisch
**b)** Nullstellen: $x_{N1} = -2{,}45$; $x_{N2} = -1{,}41$;
$x_{N3} = 1{,}41$; $x_{N4} = 2{,}45$
Ableitungen: $f'(x) = -2x^3 + 8x$; $f''(x) = -6x^2 + 8$
Extrempunkte: H (−2|2); T (0|−6); H (2|2)
Verhalten im Unendlichen: $x \to \pm\infty$: $f(x) \to -\infty$
Monotonie: $x < -2$ streng monoton steigend;
$-2 < x < 0$ streng monoton fallend;
$0 < x < 2$ streng monoton steigend;
$x > 2$ streng monoton fallend
Symmetrie: symmetrisch zur y-Achse

**a)**

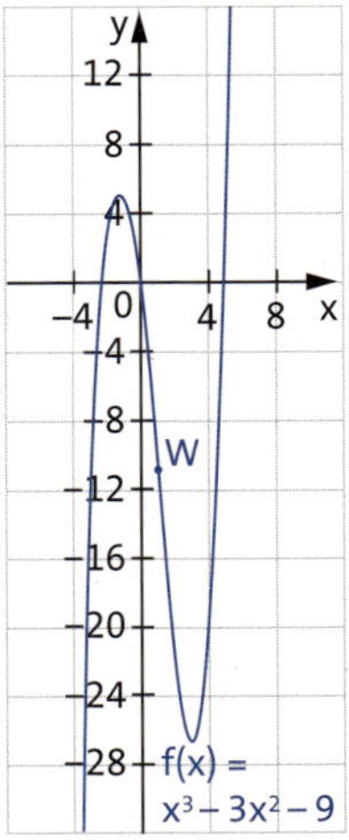


**b)**

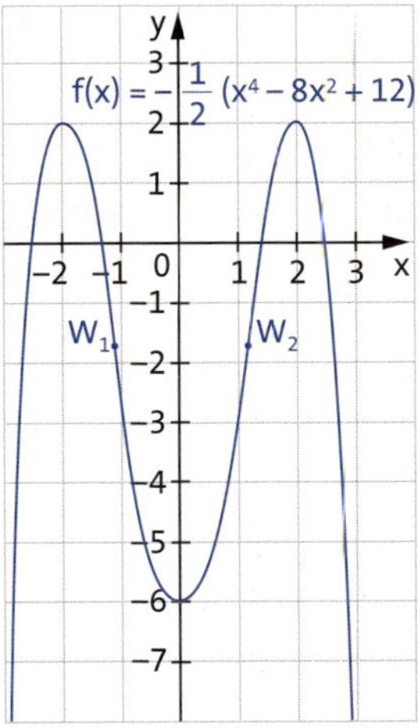


**c)** zu **a)**: $f'''(x) = 6$; $f''(x) = 0$; $x_W = 1$; $f'''(1) \neq 0$
W (1|11)
zu **b)**: $f'''(x) = -12x$; $f''(x) = 0$; $x_{W_1} = -1{,}16$;
$f'''(-1{,}16) \neq 0$; $x_{W_2} = 1{,}16$; $f'''(1{,}16) \neq 0$
$W_1$ (−1,16|−1,56); $W_2$ (1,16|−1,56)

**ÜBUNG 44** **S. 124**

$f(x) = \frac{1}{4}(x-1)(x-2)(x+3{,}5)$

$= 0{,}25x^3 + 0{,}125x^2 - 2{,}125x + 1{,}75$

**a)** Nullstellen: $x_{N1} = -3{,}5$; $x_{N2} = 1$; $x_{N3} = 2$

Ableitungen: $f'(x) = 0{,}75x^2 + 0{,}25x - 2{,}125$;

$f''(x) = 1{,}5x + 0{,}25$

Schnittpunkt mit y-Achse: $S_y(0|1{,}75)$

Extrempunkte: $x_{E1} = -1{,}85$; $x_{E2} = 1{,}5$

$f''(-1{,}85) = -2{,}5 < 0$ Maximum;

$f''(1{,}5) = 2{,}5 > 0$ Minimum;

$H(-1{,}85|4{,}53)$; $T(1{,}5|-0{,}31)$

Verhalten im Unendlichen: $x \to \pm\infty$; $f(x) \to \pm\infty$

Monotonie: $x < -1{,}85$: streng monoton steigend;

$-1{,}85 < x < 1{,}5$ streng monoton fallend;

$x > 1{,}5$ streng monoton steigend

Symmetrie: nicht symmetrisch

**b)**

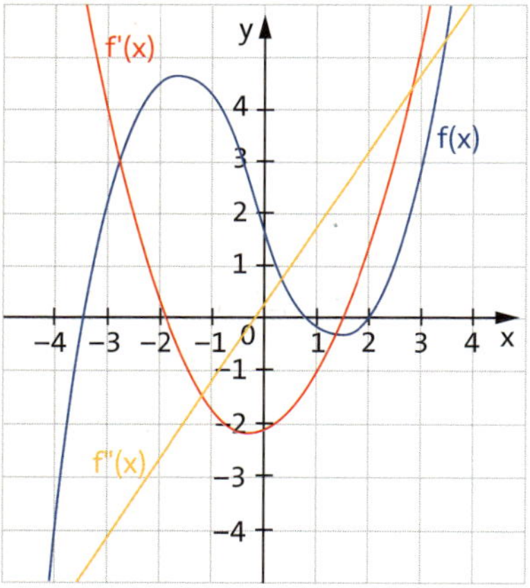


Verhalten im Unendlichen: $x \to \pm\infty$: $f(x) \to +\infty$

Monotonie: $x < -2$ streng monoton fallend;

$-2 < x < 0$ streng monoton steigend;

$0 < x < 1$ streng monoton fallend;

$x > 1$ streng monoton steigend

Symmetrie: nicht symmetrisch

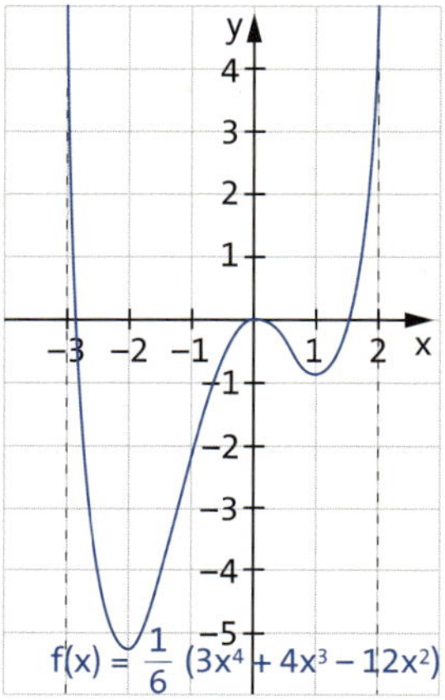


**ÜBUNG 45** **S. 124**

$f(x) = \frac{1}{6}(3x^4 + 4x^3 - 12x^2) = \frac{1}{2}x^4 + \frac{2}{3}x^3 - 2x^2$

Nullstellen: $x_{N1} = -2{,}77$; $x_{N2} = 0$; $x_{N3} = 1{,}44$

Ableitungen: $f'(x) = 2x^3 + 2x^2 - 4x$;

$f''(x) = 6x^2 + 4x - 4$; $f'''(x) = 12x + 4$

Extrempunkte: $x_{E1} = -2$; $x_{E2} = 0$; $x_3 = 1$

$f''(-2) = 12 > 0$: Minimum;

$f''(0) = -4 < 0$: Maximum;

$f''(1) = 6 > 0$: Minimum

$T_1(-2|-5{,}33)$; $H(0|0)$; $T_2(1|-0{,}83)$

Wendepunkte: $x_{w1} = -1{,}22$; $x_{w2} = 0{,}55$

$f'''(-1{,}22) \neq 0$; $f'''(0{,}55) \neq 0$

$W_1(-1{,}22|-3{,}06)$; $W_2(0{,}55|-0{,}45)$

**ÜBUNG 46** **S. 124**

Volumen: $V = a \cdot b \cdot c$;

Zielfunktion (ohne Einheiten):

$V(x) = (35 - 2x)(35 - 2x)x = 4x^3 - 140x^2 + 1\,225x$

$V'(x) = 12x^2 - 280x + 1\,225$

$V''(x) = 24x - 280$

$V'(x) = 0$: $12x^2 - 280x + 1\,225 = 0$

$x_1 = 17{,}51$; $x_2 = 5{,}83$

$V''(17{,}51) = 140{,}24 > 0$: Minimum

$V''(5{,}83) = -140{,}08 < 0$: Maximum

Für $x = 5{,}83$ cm wird $V = 3\,176$ cm³.

Wenn $x = 5{,}83$ cm gewählt wird, ist das Volumen der Schachtel maximal, es beträgt 3 176 cm³.

**ÜBUNG 47** **S. 124**

$A = a \cdot b$; $a + b = 100 : 2 = 50$

Zielfunktion: $A(a) = a(50 - a) = -a^2 + 50a$

$A'(a) = -2a + 50$; $A''(a) = -2$

$A'(a) = 0$: $a_1 = 25$; $a_2 = -25$

$A''(25) < 0$: Maximum;

Ergebnis: $a = 25$ cm; $b = 25$ cm; $A = 625$ cm³

Bei $a = 25$ m und $b = 25$ m beträgt die Fläche 625 m² und ist maximal.

**ÜBUNG 48 S. 124**

Fläche: $A = 2xy + 0{,}5\pi x^2$
Umfang: $10 = 2x + 2y + \pi x$
Zielfunktion: $A(x) = 10x - (2 + 0{,}5\pi)x^2$
$A'(x) = 10 - 2(2 + 0{,}5\pi)x$; $A''(x) = -2(2 + 0{,}5\pi)$
$A'(x) = 0$: $x = 1{,}4$; $A''(1{,}4) < 0$ für alle x: Maximum
$x = 1{,}4$; $y = 1{,}4$; $A = 7{,}0\ \text{m}^2$
Bei x = 1,4 m und y = 1,4 m ist der Flächeninhalt maximal. Er beträgt 7,0 $\text{m}^2$.

**ÜBUNG 49 S. 124**

Einsetzen der Punktkoordinaten in die allgemeine Funktionsgleichung liefert ein Gleichungssystem:

$f(x) = ax^2 + bx + c$: (I) $a - b + c = 2$
(II) $c = -3$
(III) $a + b + c = 6$

$a = 7$; $b = 2$; $c = -3$; $f(x) = 7x^2 + 2x - 3$

**ÜBUNG 50 S. 124**

$f(x) = ax^3 + bx^2 + cx + d$
$f'(x) = 3ax^2 + 2bx + c$
$f(0) = 0$: (I) $d = 0$
$f'(0) = 0$: (II) $c = 0$
$f(2) = 0$: (III) $8a + 4b + 2c + d = 0$
$f'(2) = 10$: (IV) $12a + 4b + c = 10$
$a = 2{,}5$; $b = -5$; $c = 0$; $d = 0$
Die Funktionsgleichung lautet $f(x) = 2{,}5x^3 - 5x^2$.

## Klassenarbeiten

**AUFGABE 1 S. 125**

$$\lim_{h \to 0} \frac{3(2 + h)^2 + (2 + h) - 3 \cdot 2^2 - 2}{h} = \lim_{h \to 0} 3h + 13 = 13$$

**AUFGABE 2 S. 125**

**a)** $f'(x) = -6x$; **b)** $f'(x) = -8x^{-5}$; **c)** $f'(x) = 2x^3 - 12x^2$;
**d)** $f(x) = x^2 - 4x + 4$; $f'(x) = 2x - 4$;
**e)** $f'(x) = 1 - 4\cos x$; **f)** $f'(x) = 3{,}4\cos x + 0{,}9\sin x$;
**g)** $f(x) = 4x^5 - x^2$; $f'(x) = 20x^4 - 2x$

**AUFGABE 3 S. 125**

**a)** $f'(x) = -1{,}5x^2 - 6x$; $T(-4|-15)$; $H(0|1)$; kleinster Funktionswert: $f(-4) = -15$
**b)** $f'(x) = -8x + 4$; $H(0{,}5|1)$; kleinster Funktionswert: $f(5) = -80$

**AUFGABE 4 S. 125**

**a)** $f'(x) = 6 - 4x = 0$; $x = 1{,}5$
**b)** $f'(x) = 4x^3 - 12x^2 + 8x = 0$; $x_1 = 0$; $x_2 = 1$; $x_3 = 2$

**AUFGABE 5 S. 125**

**a)** $\lim\limits_{x \to \pm\infty} x^3 = \pm\infty$; $f(x) = -f(-x)$: punktsymmetrisch zum Ursprung
**b)** $f'(x) = 3x^2 - 6$; $f''(x) = 6x$;
$f'(x) = 0$: $x_1 = -\sqrt{2}$; $x_2 = \sqrt{2}$
$f''(-\sqrt{2}) < 0$: Maximum; $H(-\sqrt{2}|5{,}66)$
$f''(\sqrt{2}) > 0$: Minimum; $T(\sqrt{2}|-5{,}66)$
**c)** $f''(x) = 0$: $x_w = 0$; $f'''(x) = 6 \neq 0$
$W(0|0)$

**AUFGABE 6 S. 125**

$f(x;y) = x \cdot y$; $y = 18 - x$
Zielfunktion: $f(x) = 18x - x^2$
$f'(x) = 18 - 2x$; $f''(x) = -2$
$f'(x) = 0$: $x = 9$; $f''(x) = -2 < 0$: Maximum
Die Zahl 18 muss in 9 + 9 zerlegt werden.

**AUFGABE 7 S. 125**

$f(x) = ax^2 + bx + c$: (I) $c = 0$
(II) $a + b + c = 1$
(III) $4a + 2b + c = 3$

$a = \frac{1}{2}$; $b = \frac{1}{2}$; $c = 0$; $f(x) = \frac{1}{2}x^2 + \frac{1}{2}x$

**AUFGABE 8 S. 126**

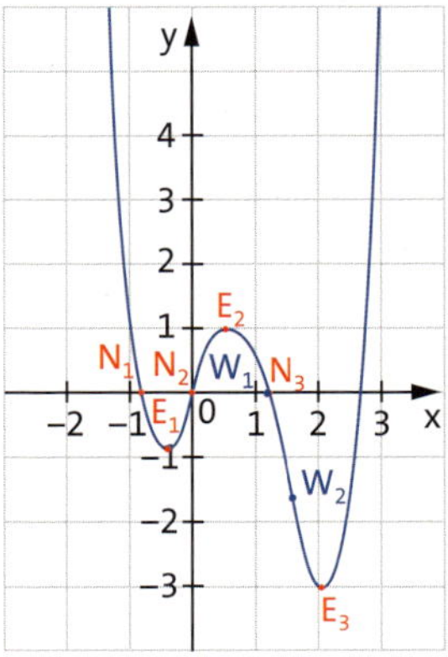


Nullstellen: $N_1(-0{,}9|0)$; $N_2(0|0)$; $N_3(1{,}2|0)$
Extrempunkte: $E_1(-0{,}5|-0{,}8)$; $E_2(0{,}6|1)$; $E_3(2{,}1|-3)$
Wendepunkte: $N_2 = W_1$; $W_1(0|0)$; $W_2(1{,}5|-1)$

**AUFGABE 9 S. 126**

**a)** $f'(x) = 5x^4 - 14x^3 - 4x - 1$

**b)** $f(x) = \frac{1}{6}x^4 - \frac{2}{3}x^3 + 2$; $f'(x) = \frac{2}{3}x^3 - 2x^2$

**c)** $f(x) = 6x^4 - 8x^3 - 8x^2$; $f'(x) = 24x^3 - 24x^2 - 16x$

**d)** $f(x) = \frac{1}{56}x^8 - \frac{1}{2}x^4$; $f'(x) = \frac{1}{7}x^7 - 2x^3$

**e)** $f'(x) = -2 \sin x - 3 \cos x$

**f)** $f'(x) = 6x + 2{,}5 \sin x$

**AUFGABE 10 S. 126**

$f'(x) = \cos x$; $f'\left(\frac{\pi}{2}\right) = 0$

Die Tangente ist parallel zur x-Achse, ihre Gleichung lautet: $y = 1$.

**AUFGABE 11 S. 126**

**a)** $f'(x) = 2{,}5x^4 + 3$; $2{,}5x^4 + 3 = 0$
Die Gleichung hat keine Lösung, also existieren keine Extremstellen.

**b)** Eine Funktion 4. Grades hat höchstens 3 Extremstellen, da die 1. Ableitung gleich Null gesetzt ($f'(x) = 0$) eine Gleichung 3. Grades ergibt, die höchstens 3 Nullstellen haben kann.

**c)** $f'(x) = 3x^2 - 9x + 6$; $f''(x) = 6x - 9$
$E_1(1|2{,}5)$ Maximum; $E_2(2|2)$ Minimum

**AUFGABE 12 S. 126**

$f(x) = -\frac{1}{2}x^2 + 4x - 2$

$f'(x) = -x + 4$; $f''(x) = -1$; $f'''(x) = 0$

Symmetrie: nicht symmetrisch

Nullstellen: $x_1 = 0{,}54$; $x_2 = 7{,}46$

Extrempunkte: $E(4|6)$

Wendepunkte: keine

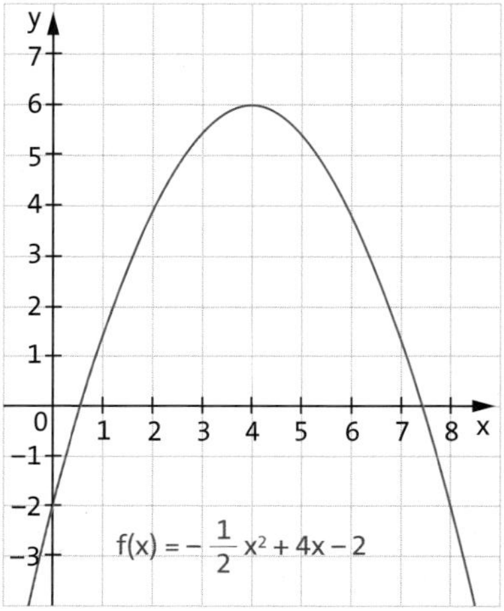


**AUFGABE 13 S. 126**

$f(x; y) = x \cdot y^2$; $20 = x + y$

Zielfunktion: $f(y) = (20 - y)y^2 = 20y^2 - y^3$

$f'(y) = 40y - 3y^2 = 0$: $y_1 = 0$; $y_2 = \frac{40}{3}$

$f''\left(\frac{40}{3}\right) = -40 < 0$: Maximum

$x = \frac{20}{3}$ und $y = \frac{40}{3}$ sind die gesuchten Zahlen.

DUDEN


ISBN 978-3-411-72584-7